# 现代农业与信息化技术

谭 娟 著

中国农业出版社

北 京

**图书在版编目（CIP）数据**

现代农业与信息化技术／谭娟著．—北京：中国
农业出版社，2021.12
ISBN 978-7-109-28731-0

Ⅰ.①现…　Ⅱ.①谭…　Ⅲ.①计算机应用－农业－研
究　Ⅳ.①S126

中国版本图书馆 CIP 数据核字（2021）第 170704 号

中国农业出版社出版

地址：北京市朝阳区麦子店街 18 号楼
邮编：100125
责任编辑：张林芳　胡　键
版式设计：杨　婧　　责任校对：吴丽婷
印刷：北京大汉方圆数字文化传媒有限公司
版次：2021 年 12 月第 1 版
印次：2021 年 12 月北京第 1 次印刷
发行：新华书店北京发行所
开本：700mm×1000mm　1/16
印张：14.5
字数：265 千字
定价：79.00 元

现代农业是一种发达、先进、高效的新型农业生产方式和产业体系，是世界农业发展之所向，建设和发展现代农业是大幅度提高农产品产量、产值与质量，增强农业素质、效益和竞争力，保障农产品有效供给和全球粮食安全的根本途径。

随着信息技术的不断发展及广泛运用，改变了人们的工作及生活习惯，极大地推动了社会的发展。在现代信息技术不断发展的情况下，农业生产发展面临新的机遇和挑战，为提高农业生产水平，必须与时俱进，积极融合信息技术，探索改变和创新农业生产模式的有效策略，提高农业生产的自动化、信息化水平，为新时期我国农业生产发展寻找发展之路。

鉴于此，笔者编著了本书，在内容编排上分为三大部分共九章：前面三章构成第一部分，阐述现代农业相关问题，围绕现代农业的形成与特点、现代农业生产经营主体与体系、现代农业的农产品产销与生态农业等方面展开论述；中间三章构成第二部分，阐述信息技术相关问题，围绕计算机与通信技术、计算机科学与技术学科、数据库的建设与采集管理系统等方面展开论述；后面三章构成第三部分，阐述信息技术应用于现代农业相关问题，围绕现代农业信息技术的建设、计算机及信息技术在农业上的应用、现代农业环境中信息技术的应用等方面展开论述。

本书内容严谨、结构完善，本着理论和实际相结合的原则，较为系统地介绍了现代农业生产与计算机信息技术的相关内容，探讨了农业生产范畴应用计算机信息技术的优势，剖析了计算机信息技术的农业应用层次，使全书丰富而实用，各章既具独立性又有连贯性，以期在进一步优化农业生产效率，推进农业科技创新，助推我国农业持续发展方面发挥应有的作用。

笔者在编写本书的过程中，得到了许多专家学者的帮助和指导，在此表示诚挚的谢意。由于笔者水平有限，加之时间仓促，书中所涉及的内容难免有疏漏之处，希望各位读者多提宝贵意见，以便笔者进一步修改，使之更加完善。

作　者

2021 年 2 月

# 目 录 《

# 第 一 章 <<<

## 现在农业的形成与特点

农业是国民经济的基础，是与自然最为紧密的生态产业，农业发展对于生态文明建设影响较为深远。本章重点围绕现代农业的形成与发展、现代农业的类型与特点、现代农业与城镇化等方面进行论述。

## 第一节　现代农业的形成与发展

### 一、现代农业的形成过程

#### （一）原始农业

原始农业始于史前文化后期的新石器时代。在新石器时代以前，人类获得生活资料的主要方式是采集和狩猎。随着生活经验的积累，人类逐渐了解了一些动植物的生活习性和生长发育过程，开始懂得栽培植物和驯养动物以及制造和使用从事这些生产活动所需要的工具，从而产生了原始农业。原始农业的基本特征是：使用简单的石制农具，采用刀耕火种的耕作方法，单纯依赖自然界的物质循环来恢复地力，劳动者还不能离开群体，只能实行以部落内部简单协作为主的集体劳动。原始农业的生产力很低，人们只能获得有限的生活资料来维持低水平的共同生活需要。[①]

#### （二）古代农业

古代农业泛指从原始农业到近代农业之间的农业。古代农业的基本特征是：以手工业制造的铁木农具为操作工具；以人畜力为主要动力；生产技术主要依靠农民在长期实践中逐步积累起的传统经验；农业生产社会化程度低，基本上处于自给自足型的自然经济状态；农业生产效率低，而且进步缓慢。

---

① 李勇亮，万妮，张学芳．现代农业与生产经营［M］．北京：中国农业科学技术出版社，2016.

## （三） 近代农业

近代农业是介于古代农业和现代农业之间，大体上是指 19 世纪中叶到 20 世纪 40 年代经济发达国家的农业发展阶段。近代农业的基本特征是：机器大工业制造的半机械化和机械化农机具成为农业的主要生产工具；大工业生产的其他各种农用生产资料在农业生产中的应用日益增多；农业技术开始采用近代自然科学和农业科学的成果；农业生产的社会化程度逐渐提高，自给自足的自然经济向商品化生产转变；农业发展加快，农业和农民的比重开始下降。在我国，通常把古代农业和近代农业合称为传统农业。

## （四） 现代农业

现代农业是农业生产力发展的最新阶段，代表着当代世界先进水平。现代农业的基本特征主要有以下方面：

### 1. 在生产资料方面

现代农业广泛使用现代工业为农业提供的物质技术装备和其他农用投入品。农机工业为农业提供各种性能优良的拖拉机、播种机、联合收割机、灌溉设备，甚至农用飞机，农用机械的自动化程度越来越高，提高了农业生产的效率。工业还为农业提供各种人工控制温湿度等小气候条件的仓储设备、温室设备、地膜覆盖设备等现代农业设施，使农业适应自然的能力增强。农用化学工业则为农业提供高效、长效的复合肥料及高效低毒的农药和除草剂，成倍提高农产品产量。现代的水利工程、公路网络等劳动资料成为现代农业生产力的重要部分。一些国家在畜牧业、蔬菜温室等生产中已出现了高度自动化、工厂化的生产。

### 2. 在生产技术方面

现代农业广泛采用现代科学技术，科技进步在农业发展中的作用日益显著。一方面，在现代自然科学的基础上建立起来的一整套现代农业科学技术得到普遍应用；另一方面，传统农业技术通过现代科学的总结提高，成为现代农业科学技术的重要组成部分。人们利用生物学知识，可以模拟生物生长发育的环境条件，使作物栽培、动物饲养、微生物培养实现工厂化生产。利用遗传学知识，可以创造杂交优势，培育出更能满足人类需要的新物种。利用物理学、化学、土壤学等知识可以开发利用过去人类无法利用的农业自然资源。电子信息技术、原子能技术、航天技术等也广泛应用到农业生产。

### 3. 在生产力组织方面

农业已成为高度社会化的产业部门，一方面，农业的地域分工、企业分工日益发展，形成了农业生产的区域化和专业化；另一方面，农业生产中的许多环节，如良种繁育、病虫害防治、农产品加工贮运等，不断从农业中分离出来，形成一系列为农业生产服务的工商和科技服务部门，并在此基础上形成各种类型的产供销联合、农科贸联合、农工商一体化的经济联合体。同时，信息技术在农业生产和经营管理中得到广泛应用。这一切使得农业无论在宏观组织上还是微观经营上日益依赖于科学管理，现代农业中广泛运用了现代管理的方法和手段。

## 二、现代农业的发展趋势

随着我国改革开放的不断深入，农村劳动力大量转移到城市；同时，伴随农民经济收入的大增和科技的日新月异，以及社会主义新农村的建设，加大了土地流转进程，这些因素的综合作用促进我国现代农业格局和模式都发生了天翻地覆的变化，生产技术现代化、生产手段机械化、农业经济管理智能化，使得现代农业最有效地利用自然资源，特别是可更新资源，如阳光、降水等；生产效率最大化，从而提高农业经济效益；最有效地保护环境，促进农业低碳化；最大程度地市场化运作；最大可能的规模化生产；最大可能地孕育现代高新技术，促进现代农业新技术的发展。

现代农业发展趋势体现在以下方面：

### （一）由"平面式"向"立体式"发展

农业生产中巧用各类作物的"空间差"和"时间差"，进行错落组合、综合搭配，构成多层次、多功能、多途径的高效生产系统，如华北平原"杨上粮下"种植模式。

### （二）由"自然式"向"车间式"发展

现在多数农业依赖自然条件，经常遭受自然灾害的袭击，受自然变化的干扰。未来农业生产多在"车间"中进行，由现代化设施来武装，这些设施有玻璃温室和日光温室、植物工厂、气候与灌溉自动测量装备等，在这些设施中进行无土栽培、组织培养等。现在已经有相当部分的农作物由田间移到温室，再由温室转移到具有自控功能的环境室，这样农业就可以全年播种、全年收获了。

### （三）由"固定型"向"移动型"发展

在发达国家，出现了一种被称为移动农业的"手提箱和人行道农业"的农业经营方式，形成农民居住地与耕地相分离的格局。人分别在几个地方拥有土地，在耕作和收获季节往往都是一处干完活，提上手提箱再到另一处去干，以期最大限度地提高农具使用率并不误农时。"手提箱和人行道农业"基本上以栽培谷物类为主，谷物类作物一般不需要经常性的管理，就能长得很好。另外，便利的交通运输工具，优良的农业机械促成了"手提箱和人行道农业"的发展。

### （四）由"石油型"向"生态型"发展

根据生态系统内物质循环各能量转化规律建立起来的一个复合型生产结构。

### （五）由"粗放型"向"精细型"发展

精细农业又叫作数字农业或信息农业。精细农业就是指运用数字地球技术，包括各种分辨率的遥感、遥测技术、全球定位系统、计算机网络技术、地球信息技术等技术结合高新技术系统。

### （六）由"农场式"向"公园式"发展

农业将由单位经营第一产业到兼营第二产业和第三产业发展。农业将变为可供观光的公园，呈现出一派优美的自然风光，农业种植布局美观、合理并富有艺术观赏的价值。

### （七）由"机械化"向"自动化"发展

农业机械给农业注入了极大的活力，带来了巨大的效益，从而节约了劳动力，推动了城市化进程，也促进了第二、第三产业的发展。

### （八）由"陆运式"向"空运式"发展

所谓"空运农业"，就是利用飞机将各种蔬菜、水果、花卉等从原产地源源不断地空运到大工业城市，满足市民的需要。

### （九）由"化学化"向"生态化"发展

减少化学物质、农药、植物生长调节剂的使用，转变为依赖生物，依赖生物自身的性能进行调节，使农业生产处于良性生物循环的过程，使人与自然在遵循自然规律的前提下，协调发展。

### （十）由"单一型"向"综合型"发展

在现代集约种植业中，种植作物比较单一，随着生态农业和有机农业以及旅游农业的发展，使得单一的种植业向种植—养殖—沼气—加工等多位一体发展，发展旅游农业使得第一、第二、第三产业相结合，农业逐渐从单一的种植业向多产业综合发展，延长产业链条，不断提高农业综合效益。

# 第二节 现代农业的类型与特点

## 一、现代农业的类型

通过现代的生产管理方法和科学技术来集约化、规模化、农场化和市场化农业的生产活动是现代农业。现代农业的经营方式是产销一体化，实行企业化管理，受市场经济的引导，主要建立在企业发展上。下面是现代农业的八种类型[①]：

### （一）绿色农业

通过协调环境和农业来推动可持续发展，提高农户的收入，同时保障良好的环境和农产品安全性。"绿色企业"的实践内容包括营养物综合管理技术（INM）、农药安全管理技术（IPM）、轮耕技术和生物学技术等，灵活利用物质循环系统和生态环境，进一步保护农业环境。低投入农业和有机农业是绿色农业的大概分类。

### （二）休闲农业

这种农业可以供游客农作体验、采果、观光；了解农民生活等，同时提供游乐度假和住宿，是综合性的农业休闲区。休闲农业是指在规划设计的基础上，利用农村的农业生产场地、人文资源、自然环境、空间设备，发挥出它们的农村与农业休闲旅游功能，提高当地农民收入，推动农村发展。

### （三）工厂化农业

这种农业会在高层次上设计农业。综合利用现代新设备、高科技和管理方法进行自动化、全面机械化技术高度密集型生产，能够将连续作业的整体过程安置在人工创造的环境中，进而不再受自然约束。

### （四）特色农业

这种农业会监测到当地的特有名优产品开发特有农业资源，如产业基础、地理、资源和气候等，并进一步向特色商品的现代农业转化。这种农业的特色

---

① 李勇亮，万妮，张学芳．现代农业与生产经营［M］．北京：中国农业科学技术出版社，2016.

在于消费者会被当地产品吸引，这些产品是不可替代的，并能够以绝对优势打入外地市场甚至国际市场。

### （五） 观光农业

观光农业又称为绿色旅游业和旅游农业，是新型的生态旅游业，将农村和农业作为载体。农民可以在当地进行活动场所的开辟，吸引游客来提高自身收入。除了风景游览，旅游活动内容还包括水面垂钓、林间狩猎和采摘果实等农事活动。观光农业甚至在一些国家用来推动农业综合发展。

### （六） 立体农业

立体农业又被称作层状农业。在垂直空间上开发利用资源是立体农业的农业形式。通过立体农业的定义，合理利用自然资源、人类生产技能和生物资源，优化立体模式。

## 二、现代农业的特点

### （一） 综合生产率高

现代农业的劳动生产率和土地产出率都较高。农业这项产业逐渐拥有了更高的市场竞争力和经济效益，现代农业发展水平的衡量以这两项为标志。

### （二） 可持续发展农业

农业发展伴随着良好的区域生态环境，具备可持续性。广泛利用绿色农业、有机农业和生态农业等生产模式与技术，进而可持续的利用土地和淡水等农业资源，建立良性的生态循环系统。

### （三） 农业走向高度商业化

农业生产主要受市场引导，商品率较高，资源的配置也受市场机制的引导。市场体系是商业化的基础，这要求现代农业建立包括农产品现代流通体系在内的完善的市场体系。现代农业存在的前提是市场体系的存在。一个国家如果拥有较高的农业现代化水平，那么通常会拥有 90％以上的农产品商品率，有的甚至达到 100％。

### （四） 建立现代农业生产物质条件

利用较完善的基础设施、现代化物质装备和生产条件来对电力、肥料、水、农药和机械等各种现代生产投入要素进行高效集约化的使用，进而提高农业的生产率。

### （五） 建立现代农业科技

为了使农产品能够适应市场的多样化、优质化和标准化的需求，广泛采用先进适用的生物技术、农业科学技术和生产模式，降低农产品的生产成本并提高品质。从本质上来看，现代农业发展的过程就是农业领域广泛应用先进科学技术的过程、通过现代科技对传统农业改造的过程。

### （六） 实现现代化管理方式

对先进的管理手段和技术、经营方式进行广泛采用形成农业生产的全过程产业链条，整体有机连接，紧密联系，提升农业生产的组织化程度。加工转化和销售农产品的渠道更加高效稳定，能够将分散的农民高效地组织起来，建立高效的现代农业管理体系。

### （七） 实现现代化的农民素质

要想建设现代农业，人才和劳动力则必须具有较高的农业素质，这一特征在现代农业中比较突出。

### （八） 实现生产的区域化、 规模化和专业化

以专业化、区域化、规模化的农业生产经营来降低外部和公共成本，促进提升农业竞争力和效益。

### （九） 形成完善的农业知识保护体系

建立合适的政府宏观调控机制适用于现代农业。建立包括政策和法律体系在内的完善的农业知识保护体系。

总之，农业劳动的生产率、农产品商品率和土地生产率在现代农业的产生和发展过程中得到了大幅提高，也大大改变了农村面貌、农业生产和农户的行为。

# 第三节　现代农业与城镇化

中国现阶段存在较为突出的是"三农"问题。我国在全国城镇化快速发展的过程中开始关注"三农"问题，在城镇化可持续发展和问题演化趋向方面展开了大量研究。农村以农业为主要产业和主要经济来源，因此在"三农"问题中，农业问题是十分重要的。农业未来一定会走向农业现代化，这在"三农"问题的解决中是关键。

下面是农业现代化内涵的主要体现：变幻的农业经营和生产模式、逐渐增加的农业产业效率和不断提升的农业生产技术等。城镇化进程和农业现代化之间的因果关系十分复杂，需要分析现阶段对我国农业现代化与城镇化协调发展产生影响的核心因素，并提出二者的优化完善关系，推动社会经济的发展。[①]

## 一、农业现代化与城镇化的逻辑关系

### （一） 农业现代化依赖城镇化

农业发展走到高级阶段，就会自然走向农业现代化，这一现代化存在于农业管理、农业结构和农业技术等的内容中。雄厚的资金、市场、技术和人才是任何一项现代化实现的前提，此外，还需要高度发达的信息化、城镇化和工业化。[②]

城镇化是农业现代化的前提：

1. 许多的就业岗位会在城镇发展的过程中出现，许多农村人口会转向城镇地区，耕地的占有人数减少进而促使农业的专业化、规模化和机械化的生产创造。根据相关研究，农业土地的规模化、集约化和专业化生产，只有在农村人口下降到原来的 25％时，才能够达到相当水平，才能大幅提高农业的服务水平和科技含量，明显提升农民的整体素质与收入水平。

2. 城市非农产业的发展将硬件与软件的支撑提供给农业现代化。农用机械设备等硬件服务是第二产业发展主要提供的内容，人才、技术和信息等多样化的社会化服务是第三产业提供的内容。

3. 消费群体和农产品生产之间的规模差距与数量差距在城镇化进程不断发展的过程中会越来越大，会提升农产品消费需求档次。为了保障市场中农产品的质与量的需求，必须提高农业生产率，推动农业现代化。

### （二） 农业现代化推动城镇化

整个社会经济的发展必然会带来城镇化水平的不断发展与提高，农业现代化做出了巨大贡献。

1. 需求的劳动力数量在农业现代化的发展中大幅减少，使农村的富余劳动力，能够转向城市，是相对廉价且充足的劳动力涌入第二、三产业的发展。同时，这些劳动力在农村的土地已经产业化，规模化生产，不会花费太多心思，保障了他们稳定的城市生活，能促进城市社会问题的减少，便于城市管理，使这些农民能够逐渐向市民转化，推进城镇化的发展。

① 孙月强．计算机技术与农业现代化［M］．成都：电子科技大学出版社，2015.
② 刘西涛，王炜．现代农业发展政策研究［M］．北京：中国财富出版社，2016.

2. 农业企业在农业现代化的带动下会不断扩大集中，进而推动了农村城镇化进程。

3. 农村经济在农业现代化的推动下走向繁荣，农业现代化缩小了城乡差距，提高了人民生活水平并推动城乡一体化进程。

4. 城镇的二、三产业会在农业现代化发展的推动下迅速发展。城乡联系的加强和城市经济的繁荣在农产品物流服务、农用机械设备需求和农业企业的咨询、金融、法律等服务下会拥有更多的条件与机遇。

## 二、农业现代化与城镇化发展的制约因素

近年来，我国城镇化和农业现代化都快速发展，但农业现代化的发展程度不管相比于我国整体现代化进程还是发达国家都远远不足，许多问题还存在于城镇化的进程中。

我国城镇化进程和农业现代化水平的制约因素有多方面：

### （一）农村经济脱节于城镇经济

现代化农业这项产业应当高效，在管理与经营方面应当以市场规律为标准。我国城镇经济是现代经济、规模经济、集聚经济，而农村经济是典型的传统经济、小农经济、分散经济。总的来说，我国农村经济发展还未明显受城镇经济先进、高效而节约的管理理念和经营模式的影响，这导致我国农业生产效率低下，无法拥有较高的农村经济多元化和正规化发展水平。

### （二）农业脱节于现代工业与服务业

产业和人口的绝对空间位移并不是城镇化过程的最终走向，城镇化最终会带来农村的改变，包括现代文明理念和生产生活方式，因此，城镇化进程的推动内容中本身就包括加速现代工业与传统农业和现代服务业的融合。

除了农业装备和投入以外，农业现代化还主要表现在农业的产出水平方面。这一表现既存在于农业生产本身过程中，也存在于生产的前后关联活动中；既存在于农业技术层面，也存在于组织层面等。现代化农业应当紧密联系第二、第三产业。要想实现农业现代化，就必须存在高度发达的社会化服务和市场化管理。

农业与现代服务业、工业融合，一方面体现在城市非农产业部门将更好的服务与产品提供给农业，例如将更优质的种子、机械和化肥等农用物资提供给农业生产；将物流、金融、销售和咨询等配套服务提供给农业企业；将更多的专业科技人才输送到农业现代化工作中；另一方面，还体现在农业发展思路的拓展上，结合了现代工业和农产品深加工，结合了观光农业、生态农业和旅游

业等现代服务业，充分挖掘出农业资源价值，提升产品档次。

现阶段中国的农业发展还无法紧密联系于现代服务业、工业和整个社会的发展，整体较为孤立，无法高效地利用各种社会资源。例如，工业产品生产供应脱节于农业需求，无法满足农业生产资料的需求；没有大量的社会服务，如农产品市场需求与销售方面的金融、宣传、信息和法律等，无法将人才配置到有效岗位，急缺农业技术人员等。结果导致农产品不具备较高生产率和较高加工度，没有稳固的合作与联系来连接生产—加工—销售等环节；还存在不健全的农产品销售体系和不规范的农业生产资料供应等问题。

### （三） 农民脱节于城镇市民

大批拥有现代理念和知识的农民是农业现代化实现的必须内容。长期以来，我国广大农民和城镇市民在体制等多方面影响下，几乎在完全不同的两个环境中生活。农民生活环境，如公共服务水平低、基础设施差等问题导致农民缺乏竞争力，使农业的生产经营无法赶上城镇的非农业产业。

更多的农村剩余劳动力在经济社会发展的过程中开始进城务工。但与城镇原有居民相比，他们的整体竞争力低，因此从事的工作多为低收入、低技术水平的工作，生活在城镇的底层。他们也因户口上的福利与权利与城镇的社会相分离，致使他们必须保留农村的土地和房屋来保障生存，将子女留在农村，或在某个时期回到农村考学。巨大的城乡差距让农民们在十分艰苦的城镇生活中依旧不断坚持。此外，城镇化的过程是人口由农村转向城镇，产业从农业转向非农产业，文明从乡村转向城市的过程。但我国的城镇化进程由于农民和城镇市民的诸多差异而无法彻底进行，只能停留在表面，局部实现城镇化。

## 三、农业现代化与城镇化发展的重点

农业现代化应当同步发展于工业化和城镇化。由上可知，解决技术、土地和市场因素约束，是未来中国农业现代化发展的重点。此外，还要在经营与管理农业时遵循现代企业制度，使农业发展与城镇化、工业化和国家现代化的大潮流充分相融。

### （一） 推进农业产业化与规模化经营

只有将农业作为一种产业才能够实现农业现代化，按照规律，应当推动农产品的深加工发展，提高劳动生产率和农业商品化率。产业发展普遍会走向规模效益，这也作为一项基本条件推动着农业的产业化。

下面列举农业产业化与规模化发展的推进措施：第一，制定符合实情的土地政策，将农村土地流转制度完善，优化配置农村的土地资源，进而推动农业规模化和产业化的发展。第二，加快建设小城镇，通过城镇化，让更多的农村人口转向城镇，将更多的空间腾出来进行农业的规模化和产业化发展，同时将农业从业人员的数量减少，提高劳动生产率。为了使农业商品化率提高，可以将农产品供应提供给更多的非农产业就业人员。第三，调整农业内部空间布局和生产结构。要加快建设粮食生产功能区，并根据实地情况对果树栽培、畜牧养殖等拥有较高经济收益的产业进行扩大，形成特色鲜明的农业专业化生产地域。

### （二）培育现代农业企业

农业规模化、产业化的发展会使农业的专业化分工细致化，紧密连接加工、生产和销售各个环节，在这一方面，专门的企业在市场化规律下的协调、管理和组织十分重要。改变传统农业生产与经营模式和理念，真正连接农业与市场经济的根本途径是农业企业化发展。

下面列举现代化农业企业培育的过程中需要注意的问题：一方面，对农民企业家和农民的素质进行提高。企业与农户合作在我国现阶段是比较普遍的农业发展模式。农民企业家和农民的素质十分密切地影响着企业与产业的高效益、深层次合作。我国农民企业家和农民的淡薄法律观念和低文化素质水平等都一定程度上带来了我国订单农业合同履约率低等问题。另一方面，广大农民的利益和社会的和谐与稳定发展也受农业企业决策与行为的直接影响，因此，企业家的素质十分重要。农民企业家是我国经营农业企业的主力军，相比于大型工业企业的管理和经营者，他们比较缺乏正规训练和教育，因此，需要提高素质。此外，生产与销售领域并不应当涵盖培育现代农业企业的所有领域，培育应当向外扩展，走向高科技领域。不仅仅是销售、种植和加工环节，中介、流通和技术信息等方面也对实力雄厚的农业企业的运作需求较大。

### （三）加强全社会对农业发展的支持

农业的知识是城镇化和工业现代化的基础，同样的，农业现代化的发展也不能脱离城镇化、工业化、信息化和全社会各方面的支持而发展。全社会对农业的支持包括硬件支持和软环境支持，硬件包括机械设备和基础设施等，软环境包括行政管理和社会服务等。

第二产业发展是硬件支持的主要依靠，如今已经出现了许多农业现代化量化指标的研究，虽然不同研究之间有差异，但在农业现代化衡量的指标方面，农业水利化、化学化、机械化等方面的指标往往是基础指标。提高这些基础指标水平，必须依靠道路、水利等基础设施和灌溉设备、农用车辆以及化肥和农药等农用物资的生产。因此，农业现代化受工业现代化程度的直接影响。

对于农业现代化发展来说，行政管理和社会服务等软环境建设也十分重要。其中，农产品和农业的咨询、科技、信息、物流和宣传方面的服务属于社会服务，通常在第三产业领域集中。这些环节在农业专业化、产业化、规模化发展的过程中已经十分明显地影响了农业产出效益。政府培育并供应农产品种子、更新技术、供应化肥和农药等属于行政管理。食品安全和农业发展的大方向都会受这些环节的影响，因此，要加强政府的行政服务与管理进行，例如专门指定负责种子、化肥和农药销售的机构等。

综上所述，城镇化的推进和农业现代化的发展是社会经济进步的最终体现和当前中国经济社会发展的重要任务。要想对城镇化的持续健康发展进行有效推动并加速实现农业现代化，可以尝试理清二者的内在联系，并找出它们互相制约和促进的核心要素。中国城镇与农村经济、农民与城镇居民、农业与非农产业之间的长期脱节阻碍了农业现代化的发展和城镇化的可持续发展。因此，要想推动城镇化进程的顺利发展、实现农业现代化，可以加速融合农业与现代服务业和现代工业、农村与城镇，加速农村富余劳动力转向城镇非农产业，使农业在国民经济的整个发展体系中有机融入，从而提升农业发展水平和经济水平。

# 第二章 <<<

## 现代农业生产经营主体与体系

现代农业的发展离不开为其挥洒汗水的生产经营主体，还有为其保驾护航的科学有效的生产经营体系。本章重点围绕农业生产经营主体及其建设、农业生产经营体系及其特点展开论述。

## 第一节 农业生产经营主体及其建设

### 一、农业生产经营主体

#### （一）专业大户

专业大户包括种养大户、农机大户等，即以种养大户为主要对象。一般是指比当地传统农户具有更大规模的种植和养殖生产专业农户，他们通常以专业化生产和种植为特征。专业大户作为一种规模化的经营主体，主要负责农产品的生产和商品生产等职责，起到带头模范的作用，因此需要能够合理地利用技术和资金等生产要素，促进生产往先进化和科学化方向发展。[①]

#### （二）家庭农场

家庭农场是指以农民家庭成员为主要劳动力，利用家庭承包土地或流转土地，从事规模化、集约化、商品化农业生产，以农业经营收入为家庭主要收入来源的新型农业经营主体，是农户家庭承包经营的"升级版"。家庭农场经营范围除从事种植业、养殖业、种养结合，还可兼营与其经营产品相关的研发、加工、销售或服务。

家庭农场是以家庭为单位来开展生产作业、要素投入、成本核算、收益分配以及产品销售等活动；家庭农场具有较高的专业化生产程度和农产品商品率，并以养殖业和种植业生产为主要方向，农业生产模式以一业为主和种养结

---

① 李勇亮，万妮，张学芳. 现代农业与生产经营［M］. 北京：中国农业科学技术出版社，2016.

合为主；只有达到了一定规模才能称为家庭农场，并需要开展规模化经营，这也是和传统小农户生产所不同的主要区别。在作用和职责上来说，家庭农场和专业大户基本相同，都采用了规模化经营主体化生产，并以商品化生产为主要目标，能够带动小规模农户的生产积极性，因此需要加强运用生产手段和先进科技，并充分发挥资本和技术的优势，以提升集约化生产水平。

**1. 家庭农场的特征**

一般来说，家庭农场主要有以下四个方面的特征：

（1）以家庭为生产经营单位。农民和家庭为单位是家庭农场的主要主体。这和合作社、专业大户以及龙头企业不同的是，它主要劳力来自家庭成员，其核算单位为家庭。并以家庭为基础来进行生产作业、产品销售、成本核算、收益分配以及要素投入等，因此优势在于具有清晰的经营产权、明确一致的目标、迅速决策以及较低的劳动监督成本等。当然，家庭成员来自两个方面：一是户籍上的家庭成员，二是具有血缘和姻缘关系的家庭成员。当然，家庭农场也可以雇用工人生产，不过雇工人数往往要低于家庭成员，通常以临时雇工形式为主。

（2）以农为主业。家庭农场的专业化生产主要是以商品性农产品的生产和提供为主要目的，这也和农户性的自给自足和小而全有着本质的区别。家庭农场具有较高的专业化生产水平和农产品商品率，并以养殖业和种植业为主，是符合市场需求的生产发展模式。家庭成员一般以农场生产为主并以农场收入为家庭的主要来源，在农闲时也可外出工作。

（3）以集约生产为手段。家庭农场经营者需要采用先进技术、装备，还要具备较好的农业技能、管理水平以及资本投入能力等，并需要将财务收支进行完整记录。这都有利于提升生产的集约化水平和经营管理水平，从而促进家庭农场提升土地产出率、资源利用率和劳动生产率，有利于对其他农户生产产生较好的促进作用。

（4）以适度规模经营为基础。家庭农场和传统小农户的主要区别在于种植和养殖的规模。从国内农业资源的发展现状来看，家庭农场经营的规模化也需要考虑适度性，主要有以下几个方面的体现：家庭成员的劳动能力是决定经营规模的主要基础和条件，这样才能有效深入挖掘所有家庭成员的潜力，也能有效解决因雇工所产生的劳动率不高的问题；同时还要求相对体面的收入和经营规模也要相适应，也就是说能够确保家庭农场的人均收入能够和当地的城镇居民收入水平持平或高于当地水平。

**2. 家庭农场的重要性**

现在，随着新阶段的农业农村发展趋势，很多农业农村问题也越加突显出来，如农民老龄化、农村空心化、农业兼业化等问题，这都需要加强新型农业经营体系的专业化、组织化、社会化以及集约化的发展。家庭农村和农户家庭经营的内核一致，这也就肯定了家庭经营的基础性作用，也是我国发展的国情需要所决定的，更是基于农业生产特征和经济社会发展阶段的需要而进行的一种规模化农业生产经营模式，将对新型农业经营体系和农业适度规模经营的发展产生重大推动力。

（1）发展家庭农场是应对"谁来种地、地怎么种"问题的需要。首先，随着城镇化发展的加速，很多农村青壮年都进城务工，导致农村农业兼业化和土地粗放经营问题不断加剧，为此，应该将土地分配给专业农民来予以耕种；其次，由于过分的租种农民承包地的现象产生，导致农民就业空间被压缩，产生了大量的非农化和非粮化问题。因此，积极促进家庭农场的生产和经营，是为了有效改变这一农村现状的有效方式，这对农业的集约化和规模化经营产生了一定的动力，也能有效改善农田租种所带来的各种问题。

（2）发展家庭农场是坚持和完善农村基本经营制度的需要。市场经济的不断发展，使传统农户生产和市场对接问题也越演越烈，很多人甚至开始怀疑家庭农场的经营模式能否适应现代农业发展的需求。家庭农场在承包农户的基础上产生，不但有利于发挥家庭经营优势，也是农业生产需要所决定的，并在一定程度上解决了承包农户小而全的问题，与现代农业发展需求相适应，生命力和发展前景都比较远大。对家庭农场进行培养和发展，既有利于突显出家庭经营的主体性地位，也是双层经营体制的一种完善措施。

（3）发展家庭农场是发展农业适度规模经营和提高务农效益，兼顾劳动生产率与土地产出率同步提升的需要。随着土地经营规模的不断变化，也会影响土地产出率、劳动生产率等各个因素。过小的土地经营规模尽管不会对土地产出率产生影响，不过却对劳动生产率产生一定制约作用。现在，由于土地经营规模达不到要求，使很多农户放弃农业生产而参与到进城务工的队伍中。一户半公顷地是无法规模化生产，也无法提供务农收益。但是过大的土地经营规模，也会导致土地产出率提升，对农业增产产生较大的抑制作用，这和国内人多地少的基本国情不符。为此，劳动生产率和土地产出率是进行规模经营时需要考虑的两个基本要素，只有确保规模的适度化，才能确保不会对两个要素形成制约。家庭农场的主要劳动力来自家庭成员，所以在经营作物品种、农业机械化水平、家庭成员劳动能力以及土地自然状况等基础要求下可以促进经营规模的合理化发展，不但有利于提升家庭收入，也能确保最优配置土地产出率和劳动生产率。

## （三）　农民合作社

基于农村家庭承包经营的基础之上通过自愿联合和民主管理的方式所进行

的同类农业生产经营服务的提供者和利用者的联合组织被称为农民合作社，农民合作社和成员是其主要的服务对象和服务方式，并提供销售、加工、运输、储藏农产品；进行农业生产资料的购买等主要的农业服务。

**1. 农民合作社的功能**

农民合作社有效联合了各个农户，可以对农户起到带动和组织的作用，并有利于农户和市场以及企业之间的联合。因此也是符合国内市场需求和国家基本国情的一种经营模式，应予以重点培育和发展。通过农民合作社，不但有利于传统农户家庭经营规模化生产不足的问题，还能促进资金和技术的合作，为农户生产的集约化发展提供了优势条件。

**2. 农民合作社的经营模式**

现在，国内逐步向现代农业转变，为此有必要加强农业生产经营体系的不断创新和发展，为了有效促进构建新型农业生产经营体系，应该注重农民合作社的培养和发展。通过对农民合作社的发展和培养过程，促进不断完善和改进农民合作社经营管理模式，促进现代农业化发展水平，为新农村的建设产生较好的促进作用。

（1）竞价销售模式。竞价销售模式的招标管理方式主要包括登记数量、评定质量、拟定基价、投标评标、结算资金等环节，即农户先就要隔天在合作社进行采摘量登记，合作社统计数量后公布，吸引客商竞标。之后并安排收购、打包、装车等工作，然后由合作社和客商来结算，结算后收取一定的管理费用后和社员核算。这一模式对于社员的销售难和增收难的问题有较好的解决作用。

（2）资金互助模式。为了有效改善社员融资难和结算难的问题，提出了资金互助模式，例如福建省有很多的合作社就有了股金部，并提供了资金互助、资金代储、资金转账等功能和服务。只要客商参与到交易中，就应该提供统一的收购发票，由合作社代收货款并转入股金部，然后通过股金部和社员单独核算，农户收到货款时间不会超过两天。通过金融互助合作机制的运用，为农户提供了较大的便利，社会效益也得到了显著提升。该模式最大的优势就是农户不需要和客商直接进行货款结算，有效简化了结算手续和有利于提升工作效率；农户资金存储更加便利，省去了进城存储的时间和资金成本，也有利于现金的安全；此外，农户去合作社农资超市进行农药和化肥的购买都只需要出示股金证即可；而且合作资金互助模式也能够有效地集合农户的闲散资金，为其他社员的生产提供了资金互助，有利于缓解合作社发展资金问题。

（3）股权设置模式。大部分的合作社结合松散，联结也不够突出，没有形成有效的利益共同体。为了缓解这一问题带来的不利影响，可以加强产品经营合作社的股权设置，要求所有的社员都进行股金认购，社员的产品交货总量和股本结构保持一致，股份购买由社员自行决定，但是不能超过总股份的百分之二十以上，并向生产者分配股金总额的三分之二，由股权数来决定社员大会的决策权，这对合作社的可持续发展也非常有利。

（4）全程辅导模式。目前很多合作社的领导不具备市场驾驭能力，项目运作能力较弱，不能科学分析和预测市场信息，没有具备必要的服务带动能力，为此应该发挥农业科研单位、基层农业服务机构以及农业大中专院校等的功能，促进辅导作用，提高管理创新。在创业辅导中充分发挥科研单位的作用，并进行全程创业辅导机制的构建。促进合作社的规范化和是示范化发展，同时，政府组织还可以加强对农民合作社的资质认证力度，对运行良好、管理规范和规模较大的合作社认证。然后，再发挥有关部门和科研单位的带动作用，构建和完善全程辅导机制，对农民合作社进行长期的跟踪服务和定向扶持等。

（5）宽松经营模式。可以适当放宽注册登记和经营服务范围，以便环境的宽松化发展。农民专业合作组织的注册登记只要符合合作组织的基本要求和标准即可。工商部门要协助办理好营利性合作组织的登记发照工作；民政部门则负责非营利性协会的登记和发照、年检工作；农民合作社可以从自身条件出发来选择各种国家没有限制和禁止的经营服务范围。当然，还可以进行高级合作经济组织的创建，并成立各级农业协会，有效指导农业生产经营，为新型合作组织的行业体系构建创造发展平台。

（6）土地股份合作模式。以农业发展方式的转型为契机，加强农业经营机制、土地流转机制和现代农业发展的适应性发展。并促进农业发展向着资源节约型和环境友好型方向转变，将质量效益的同时提升取代传统的数量追求，以此促进农业科技的先进化，新型职业农民的培养、农业组织化和集约化发展。创新农民合作社经营管理模式，并提高普及率，这对农民合作社的可持续发展也非常有利，并在实践中来对其发展提供必要的条件和依据。

### （四） 农业龙头企业

农业龙头企业是指以农产品加工或流通为主，通过各种利益联结机制与农户相联系，带动农户进入市场，使农产品生产、加工、销售有机结合、相互促进，在规模和经营指标上达到规定标准并经政府有关部门认定的企业。

农业龙头企业为农业生产经营主体提供社会化服务具有其独特特征：

**1. 夯实农业社会化服务的基础**

农业龙头企业坚持服务"三农"，不断创新与相关农业生产经营主体的利益联结机制，为相关农业生产经营主体提供技术、信息、农资、购销等系列化服务，使农户、合作社与企业之间利益联结关系更加紧密，农业社会化服务的基础更加牢固。

**2. 提供具有公益性的社会化服务**

农业龙头企业植根于"三农"，在追求自身赢利、尊重市场规律的同时，根据农业生产发展需要，开展具有公益性的农业社会化服务活动。不仅适应了市场供需形势，满足了相关农业生产经营主体需求，而且具有保障食品安全、吸纳农民就业、带动农民增收、稳定农产品市场、缓解农产品价格波动、降低农业产业风险等特征。

**3. 发展标准化和规模化的现代农业**

农业龙头企业通过为农民购置生产设备并开展农机作业等服务，建设了一批高标准生产基地，促进了农业生产的规模化、标准化和集约化，增强了农业综合生产能力和现代化水平，确保了农产品有效供给和质量安全，提高了企业加工原料质量和数量保障能力。

**4. 注重农业生产的组织化和专业化**

农业龙头企业在为相关农业生产经营主体提供社会化服务过程中，依托企业自身、专业合作社、专业协会等各类现代产业组织形式，不断创新和丰富服务方式，通过订单合同、股份合作、委托合作等形式，实行统一培训、供种、技术、销售等服务，以组织化和专业化的服务带动相关农业生产经营主体发展生产。

**5. 提供全产业链条的综合性服务**

实践中，大多数龙头企业服务环节不局限于单个环节、单项内容，基本涉及全产业链上的综合性服务。众多农业龙头企业已经和相关农业生产经营主体紧密合作，组建了涵盖科研、种植（养殖）、加工、销售等各个环节的全产业链的社会化协作体系。

## 二、农业生产经营主体建设

### （一）新型农业经营主体间的区别与联系

**1. 新型农业经营主体之间的区别**

新型农业经营主体主要指标的区别，见表 2-1[①]。

表 2-1　新型农业经营主体主要指标对照表

| 类别 | 领办人身份 | 雇工 | 其他 |
| --- | --- | --- | --- |
| 专业大户 | 没有限制 | 没有限制 | 规模要求 |

① 李勇亮，万妮，张学芳. 现代农业与生产经营［M］. 北京：中国农业科学技术出版社，2016.

（续）

| 类别 | 领办人身份 | 雇工 | 其他 |
|------|-----------|------|------|
| 家庭农场 | 农民（有的地方＋其他长期从事农业生产的人员） | 雇工不超过家庭劳力数 | 规模要求、收入要求 |
| 农民合作社 | 执行与合作社有关的公务人员不能担任理事长；具有管理公共事务的单位不能加入合作社 | 没有限制 | 5人以上，农民占80%；团体社员20人以下的1个 |
| 农业龙头企业 | 没有要求 | 没有限制 | 注册资金要求 |

**2. 新型农业经营主体之间的联系**

专业大户、家庭农场、农民合作社和农业龙头企业是新型农业经营体系的骨干力量，是在坚持以家庭承包经营为基础上的创新，是现代农业建设、保障国家粮食安全和重要农产品有效供给的重要主体。随着农民进城落户步伐加快及土地流转速度加快、流转面积的增加，专业大户和家庭农场有很大的发展空间，或将成为职业农民的中坚力量，将形成以种养大户和家庭农场为基础，以农民合作社、龙头企业和各类经营性服务组织为支撑，多种生产经营组织共同协作、相互融合、具有中国特色的新型经营体系，推动传统农业向现代农业转变。

专业大户、家庭农场、农民合作社和农业龙头企业，他们之间在利益联结等方面有着密切的联系，紧密程度视利益链的长短，形式多样。例如：专业大户、家庭农场为了扩大种植影响，增强市场上的话语权，牵头组建"农民合作社＋专业大户＋农户""农民合作社＋家庭农场＋专业大户＋农户"等形式的合作社。这种形式在各地都占有很大比例，甚至在一些地区已成为合作社的主要形式。农业龙头企业为了保障有稳定、质优价廉的原料供应，组建"龙头企业＋家庭农场＋农户""龙头企业＋家庭农场＋专业大户＋农户""龙头企业＋合作社＋家庭农场＋专业大户＋农户"等形式的农民合作社。但是他们之间也有不同之处。

**（二）培育新型农业生产经营者队伍**

培育新型职业农民是一项系统工程和长期任务，有着多年农民教育培训实践的中央农业广播电视学校及其全国体系，作为农民教育培训专门机构性质的"国家队"，迫切需要系统总结基本经验、全面夯实主体支撑、不断创新机制模式，有序有效有力推进新型职业农民培育工作扎实深入开展，加快培养造就新型农业生产经营者队伍。

**1. 抓住三条工作主线夯实主阵地**

（1）着力打造新型职业农民培育基础平台。充分发挥决策参谋、技术支撑和政策执行等公共服务职能，配合农业行政部门做好新型职业农民培育基础工作。先后承担新型职业农民教育培养等重大课题研究，研究起草新型职业农民培育试点方案和指导意见、新型职业农民培育工程和现代青年农场主培养计划实施方案等工作文件，举办各级管理人员业务培训班，总结推广新型职业农民培育十大模式。实施农业国际交流合作项目，借鉴发达国家专业农民教育培训经验做法，加强典型宣传。

（2）努力构建新型职业农民教育培训"一主多元"体系。我国农民教育培训资源总体丰富与实力不强、注重统筹与机制缺失并存，构建"一主多元"新型体系需要加强建设壮主体、创新机制活多元。第一，抓好农广校建设，强化基础依托。要稳定机构队伍、明确职能任务、改善公益基础设施、完善公共服务条件，农广校教育培训服务能力进一步增强。第二，充分发挥全国农业职业教育教学指导委员会作用，参与组建中国农业职业教育校企联盟及现代农业、现代畜牧业、现代渔业、都市农业和现代装备五大职教集团，积极构建现代农业职业教育体系。同时，研究谋划农职院校与农广校系统点面联动机制，统筹组建培养基地，用好农职院校和农广校两个资源，创新新型职业农民培育模式。第三，以农广校为平台载体，加快建立农民教育培训师资库和导师制度。吸引农业科研院所、农业院校、农技推广机构专家教授和技术人员、农业企业管理人员、优秀农村实用人才担任兼职教师，分级建立规模较大的高素质师资库。同时，在县级农广校推行新型职业农民培育导师制度，对新型职业农民全程开展教育培训辅导、产业发展引导和生产生活指导。第四，研究制订农民田间学校建设方案，通过政策推动、扶持拉动、任务带动和机制联动，引导农民合作社等新型经营主体普及农民田间学校。同时，抓紧研究乡镇（区域）农技推广机构在新型职业农民培育工作中的组织延伸功能，以及在现代农业示范园区、农业企业建立新型职业农民实训实践基地的办法措施。

（3）大力加强新型职业农民教育培训工作。深入推进农广校中等职业教育改革发展，及时推出家庭农场生产经营专业，指导基层院校抓好招生和教学工作。创新培训方式，开展务农农民和新型经营主体摸底调查，建立培育对象数据库，在培育对象上实现与新型生产经营主体的对接和融合；围绕产业开展从种到收、从生产决策到产品销售全程培训，在培育目标上实现与现代农业产业发展的对接和融合；适应农民学习和生产生活特点，推行"分段式、重实训、参与式"培训，在培育方式上实现与农民学员实际要求的对接和融合。

**2. 推进三种力量结盟实现全覆盖**

农民教育培训最大的问题是组织问题，创新农民教育培训模式，首先要创新农民教育培训组织方式，有效破解教育培训"低水平简单重复"和"搞培训不抓队伍"的问题。农广校坚持开放的大体系观，创新机制模式打造资源集合平台，推进专门机构、相关资源和市场主体三种力量结盟，探索建立政府部门统筹领导下的新型职业农民教育培训"苹果型"组织服务方式。"一个果柄"是作为"国家队"的专门机构，由中央、省、市、县四级建制农广校组成，起组织支撑和资源保证作用。"三片叶子"是相关资源的有序高效利用。"第一片叶子"是依托乡镇（区域）农技推广机构建立新型职业农民培育基层站，将专门机构的组织支撑和资源保证作用进一步向乡镇（区域）延伸；"第二片叶子"是对接农职院校建立培养基地，提供新型职业农民高端培训和高职教育；"第三片叶子"是联系现代农业园区、农业企业建立产业实训基地，服务新型职业农民实习实践。"一个果实"是作为市场主体的新型农业经营主体。引导农民合作社等建立农民田间学校，以"一社一校"的布局实现对产业和农民的全覆盖。"苹果型"有机统一体，把政府部门的统筹主导职能、专门机构的支撑保证作用、相关资源的有序高效利用机制导入市场主体，共同培育和服务新型职业农民。

**3. 新型农业经营主体在生产经营中的作用**

新型农业经营主体有以下作用：

（1）在农产品的质量安全监管过程中发挥有利作用，帮助全程控制。对于农产品的质量安全监管来说，生产环节是重点和难点，因此，在整个生产的全过程中，都需要控制农产品的质量安全。对于生产的源头，要进行强化管理，这就要求安全评价和监控农产品的产地环境，对产地编码，并监管和规范农业投入品的情况。现代农业经营主体整合了农业资源，在很多方面都发挥了有利作用，比如生产资料的统一供应、技术服务标准和质量标准的统一以及营销运作的推广等。对于农业投入品的监管也变得更加有效，对农业的品牌化、标准化建设进行了推动，对于基地农产品的准出以及追溯管理等的深入探索都是有利的。

（2）在经营理念方面，促进发生转变。对于从"自然农户"转变到"法人农户"方面，现代农业经营主体发挥了巨大作用，不仅仅能够切实提升农业生产组织化率，对于农业生产者转变经营理念、经营模式、运行机制等，也都起到了有效的促进作用，农产品的供给链被有效缩短，越来越多的农业生产者开始自觉对安全优质的农产品进行生产、经营；与此同时，在寻求市场机会和价格改革的过程中，现代农业经营主体也能够发挥重大作用，对于实施品牌经营战略十分有利，更加重视农产品的安全生产，有效推动和促进了产业的健康持续发展。

（3）对于抵御风险的能力具有一定提升作用。在保证农村的土地承包关系保持稳定的情况下，提升农户进行集约经营的水平，使他们能够更加有效地采用、利用先进的实用技术以及现代生产要素等，和那些分散的农户相比，现代农业经营主体在很多方面的抗风险能力都得到了提升，比如自然风险、市场风险、技术风险、经济风险等，这也使农产品的质量安全水平得到了全面提高。

（4）在科技方面发挥示范带头作用。在实际应用、运用农业科技创新成果方面，现代农业经营主体能够起到很好的带动、示范、引领等作用。相较来说，现代农业经营主体对农业资源的掌握比较集中，生产规模也比较大，并能够借助于一些形式（如购买研究成果、出资进行研发等）和相关的科研院所、大专院校等合作，建立起密切联系，使整个产业机制形成一种良性互动模式，借助应用促进研发，使科研、生产、推广、教学等进行更加密切的合作，借助科技切实保障农产品的质量安全。

# 第二节　农业生产经营体系及其特点

## 一、农业生产经营体系分析

### （一）构建现代农业生产体系

现代农业生产体系的构建需要以农业供给的市场需求为核心进行，这样才能促进资源和环境的适应性能力，并为其长远发展提供强大的动力和保障。国内的农业虽然有着飞速的发展，但面临的资源环境挑战也越来越突出，很多农产品也出现了短期的过剩现象，棉花和粮食的产量过剩现象尤其严重。此外，却也有一些农产品供不应求，需要进口来补充。现代农业生产体系的构建需要建立在人的需求基础上，不但要保证农产品的产量满足需求，更需要不断地提升品种和质量，以更好地满足消费者需要，以此来促进农产品的供给更加合理、有保障。

为了达到这一目标，就需要加强农业基础建设，对耕地予以保护并对永久基本农田予以规划，积极改造中低产农田、进行土地整治，强化农田水利建设，以此为农业生产提供全面的物质技术保障；优化农业资源配置，为国家的粮食安全提供保障，提高国家的粮食产能，强化大食物观念，对国内的农业资源潜力给予合理的审视，并对农产品的生产顺序予以科学安排，这对于农业结构的优化调整也具有一定意义；对于消费者的需求升级也要不断地适应，确保粮食产业的优化和精进发展，优化农产品的品种和品质，并加强农牧的融合，以便更好地发展果蔬菌茶和肉蛋奶鱼等相关产业，从而满足消费者多样化的消费需求；充分发挥资源优势，合理规划粮、牧、渔、林等区域优势，保障大宗农产品主产区建设，以打造强大的支柱产业、知名品牌等，为现代化生产基地的鲜明化、多样化和强竞争力发展提供有利条件。

### （二）构建现代农业经营体系

构建现代农业经营体系，核心是发挥多种形式农业适度规模经营引领作用，形成有利于现代农业生产要素创新与运用的体制机制。我国现代农业发展面临的最大制约是农业经营规模过小，无论是先进科技成果应用、金融服务提供，还是农产品质量提高、生产效益增加、市场竞争力提升，都要以一定的经营规模为前提。构建现代农业经营体系，要大力发展多种形式的规模适度经营，积极培育新型农业经营主体，引导和支持种养大户、家庭农场、农民合作社、龙头企业等发展壮大，并使其逐步成为发展现代农业的主导力量。要大力发展农业产前、产中、产后服务业，健全农业社会化服务体系。国家在财税、信贷保险、用地用电、项目支持等方面，都有向新型经营主体、农业适度规模经营倾斜的相关政策。

## 二、农业生产经营的特点

随着我国农业农村经济的不断发展，以农业专业大户、家庭农场、农民合作社和农业企业为代表的新型农业经营主体日益显示出生机与发展潜力，已成为中国现代农业发展的核心主体。

家庭承包经营制的产生也促进了农业经营主体的确定，这是在市场经济和农业生产力发展的前提下而产生的一种制度，有利于生产的集约化、专业化、组织化和社会化发展。以现状来说，家庭农场、农民合作社、产业化龙头企业以及专业大户都是新型农业经营主体。主要针对家庭农场主、产业化龙头企业、农民合作社理事长等新型职业农民，是一种个体化的农业经营主体。主要有以下几个显著的特征：

### （一）以市场化为导向

传统农户一般都具有较低的商品率，常以自给自足为目标。工业化和城镇化的发展下，新型农业经营主体开始以市场需求为发展基础。为此，各个农业经营主体如专业大户、农民合作社、龙头企业以及家庭农场的经营活动都以农业产品的提供和服务的组织为前提开展。

### （二）以专业化为手段

小而全是传统农户的主要特征，具备明显的兼业化趋势。而在农村生产力水平不断提升的促使下，专业大户如农机和种养等都开始了农业生产经营的集中化发展，并促进了生产经营模式的专业化发展。

### （三）以规模化为基础

传统农户的生产力水平较为低下，这也导致无法有效扩大生产规模。而在农业生产技术装备水平和基础设施条件的不断提升下，很多农村劳动力向城市转移等，导致了很多土地资源闲置，这为农业经营主体的规模化发展提供了基础和条件。

（四） 以集约化为标志

传统农户不具备资金和技术上的优势，因此其土地产出率也比较有限。而新型农业经营主体集合了装备、人才、技术以及资金等各方面的优势，为各类生产要素的集成利用提供了条件，从而促进提升生产经营效益。

# 第三章 <<<

## 现代农业的农产品产销与生态农业

现代农业要获得良好的发展，农产品的质量安全与销售是关键，而随着人民生活水平不断提高，加上环境问题日益受到政府重视，发展生态农业是必然趋势。本章重点论述农产品市场营销及其模式、生态农业发展及经济效益等问题。

## 第一节 农产品产销模式

### 一、农产品生产与市场营销的特性

优质安全的农产品只有成为商品并且销售出去，农民才能真正得到收益。因此，要做好农产品商品化生产、了解农产品营销组织、熟悉农产品消费新特点，进而拓展农产品营销，让农民既增产又增收。[①]

#### （一）农产品生产特性

**1. 农产品生产的季节性**

由于作物生长发育受热量、水分、光照等自然因素影响，这些自然因素随季节而有变化，并有一定的周期，所以农业生产的一切活动都与季节有关。从播种到收获需要按季节顺序安排，季节性和周期性都很明显。由此可见，要根据季节不同，合理安排农业生产，利用科技手段生产高效、高产、优质的农产品，实现规模化、集约化经营，变温饱农业为致富农业。

**2. 农产品生产的区域性**

农业生产的对象是动植物。动植物生长发育需要空气、水分、阳光和各种养料，不同生物生长发育规律不同，各自要求适应不同的自然环境。世界各地的自然条件、经济技术条件和国家政策差别很大，因而形成农业生产极为明显的地域性。农业生产的区域性，为农民朋友提供了农产品进行商品流通的可能性。比如，利用区域间的产品生产的时间差和地区差异，把本地区的特色农产

---

① 衣明圣，曹德贵，杨光领. 现代农业生产经营［M］. 北京：中国林业出版社，2017.

品销售给没有该农产品的其他区域市场，实现农产品的相互流通，互通有无，赚取差价，获得收入。这就要求农民朋友充分了解市场信息，根据市场需求，及时组织生产和销售。

### （二） 农产品营销特性

农产品市场营销是农产品生产者与经营者个人和组织在变化的市场环境中，为满足消费者对农产品的需要，实现产品生产、经营企业目标的商务活动。它包括农产品市场调研、目标市场选择、产品开发和定价、渠道选择、产品促销、储存、运输和销售及提供服务等一系列与市场有关的企业业务经营活动。

农产品营销特性主要有以下方面：

**1. 农产品具有生物性和自然性**

绝大多数的农产品，像水果、蔬菜、花卉、牛奶、鲜肉等，都是生物性自然产品，是鲜活的，不好储存，极易腐烂，也很容易失去鲜活性。然而，一旦农产品失去了本身具有的鲜活性之后，价值就大不如前。此外，还有一些农产品，像冬瓜之类的，体积比较大，单位重量具备的价值也比较低。

**2. 极强的季节性**

在短期供给时，弹性不足。在时间方面，农产品的供给呈现出季节性特点，同时，农产品的生产周期也比较长。比如说，在我国，水稻通常是一年一熟或者一年两熟，即使是在南方气温较高的地区，最多也只能做到一年三熟；而棉花一般在 9 月份之前就要集中采摘；像葡萄、西瓜等水果，上市时间大多都集中在 7～9 月。尽管随着现代科学技术的不断发展进步，农产品的生长周期有了一定程度的缩短，不少农产品的上市时间也和过去有所不同，很多反季节的水果、蔬菜纷纷上市，但总体来说，农产品的供给还是存在季节性特点。

**3. 需求的连续性、多样性**

对农产品需求的连续性、多样性特点，需求量较大，弹性比较小。首先，对于人类来说，吃、穿等基本生活需求都离不开农产品，因此，农产品表现出了大量性和普遍性的特点。除此之外，人们每天消耗的服装用品、食品等，都以农产品为原料进行加工生产，因此我们对农产品的需求也具有连续性。其次，不同的人对农产品的需求是不一样的，喜好也有所不同，而有不少的农产品之间互为替代品。比如说，人们关于动物蛋白的需求，除了可以借助牛肉来进行满足之外，羊肉也可以使人们得到满足；人关于御寒穿衣的需求，主要表现在面料方面，羊毛、棉花等都可以满足。再次，我们每天需要摄入的热量和蛋白质是差不多的，因此，在这方面对农产品，特别是食品的需求变化比较小，即所说的弹性较小。即使农产品的价值出现了变化，在一定的时期内，人们并不会改变对农产品的基本需求。

**4. 大宗农产品营销的稳定性**

对于大宗主要农产品来说，品种的营销相对表现得比较稳定。农产品的生产者大多都有生命，即由植物或者动物进行生产的，不管是调整改变还是更新其品种，所需的时间都比较长，因此，在品种方面，农产品的经营表现出了一定稳定性。当然，在现在这个情况下，技术不断地发展革新，一些新产品的产生时间被大大缩短，但是在一定的时期，人们对农产品的品种的消费仍然比较稳定。

**5. 宏观政策调控的特殊性**

政府在借助宏观政策调控时具有一定特殊性。在我国，国民经济就是以农业为基础的，农产品具有十分重要的地位，是和国计民生息息相关的，同时，农业生产具有一定分散性，农户对于市场风险的抵御能力也十分有限，因此，政府需要制定特殊政策，对农业的生产和经营进行调节和扶持。

## 二、农产品的质量安全与产销方式

### （一）农产品的质量安全

**1. 农业安全与农产品安全**

（1）农业安全

农业安全（或农业产业安全）是指采取有效的国家行动，避免内部和外在因素的变化危及我国农业在国民经济中的基础产业地位，确保农业可持续发展。

农业安全主要包括四个方面：①确保粮食安全；②确保实现农业的可持续发展，主要有生态的可持续性、经济的可持续性、生产可持续性和社会可持续性；③解决农民问题，确保农民安全；④调整农业产业结构，确保农业产业的国际竞争力。所以，农业安全包括粮食安全、农业生产安全、农产品安全和农民安全。

（2）农业生产安全

农业生产安全指影响农业生产健康运行的各因素处于良好的状态。农业生产安全包括农业环境安全（或农业生态安全）、农业生物安全、农业资源安全和农业体制安全。

（3）农产品安全

农产品质量安全含义为：食物应当无毒无害，不能对人体造成任何危害。也就是说，食物必须保证不致人患病和引起慢性疾病或者潜在危害。

（4）农民安全

农民安全主要指农民作为社会生活的主体其发展状态的不稳定，包括农民的生存安全（指中国农民的绝对贫困和相对贫困共存的状态以及实现现代化过程中所面临的不断被边缘化的趋势，涉及农民的贫困状况、受教育程度、健康状况和失业问题)、收入安全(收入水平低、增收困难、收入不稳定)和社会地位安全(即社会、文化、政治地位上的贫困以及风险和面临风险的脆弱性)。

**2. 农业生产安全的主要内容**

(1) 农业环境安全

①农业环境安全问题。目前,我国农业环境安全问题主要有三个方面:一是灾害频发;二是温室气体排放及其对全球气候的不良影响;三是农业生态环境不断恶化。

②影响农业环境安全的因素。一是人类活动对农业生态系统和农业环境的破坏,如环境的破坏、土地沙化、污染等;二是农业生产过程对农业生态系统内部的破坏和外部环境的污染,如化肥、农药的使用等;三是外来生物入侵对生态系统平衡的破坏。

③农业环境安全对策。一是加强环境保护的制度建设和法规执行力度;二是加强保护环境的宣传,提高全民的环保意识;三是提高农业生态系统的防灾减灾能力。

(2) 农业生物安全

①农业生物安全问题。主要的农业生物安全问题:一是生物多样性丧失和物种退化;二是生物入侵;三是转基因生物风险。

②农业生物安全对策。一是加强科学研究;二是加强生物多样性和物种保护;三是加强农业生物安全的预警体系建设;四是科学进行农业生物管理。

(3) 农业资源安全

①农业资源安全问题。农业资源安全的突出问题有:一是水资源。水资源危机表现在为人均水资源占有量少;水资源空间分布不均衡;农用水资源污染严重。二是土地资源。耕地资源的危机主要表现为人均耕地资源少,耕地质量差,后备资源不足;荒漠化和非农建设用地造成耕地资源快速减少;耕地污染严重。三是种植资源,主要是农业种植资源的丧失和保护问题。

②农业资源安全对策。加强资源的保护和科学利用可加强农业资源安全。

(4) 农业体制安全

①农业体制安全问题。主要表现在:一是在经营体制上,以家庭为单位的分散经营方式与农业生产力发展要求的不协调;二是在管理体制上的部门分割、行业分割等阻碍农业整体素质和效益的提高;三是在制度上,城乡二元结构及其农业产业政策不适应当今中国社会和经济发展的需要。

②农业体制安全对策。设计城乡一体化制度;管理体制上的协调统一;经营体制上向大生产方式转变。

**3. 农产品安全问题与对策**

广义的农产品是指人类有意识地利用动植物生长机能以获得生活所必需的

食物和其他物质资料的经济活动的产物。一般将其中可以直接作为食物或作为食物的主要原料产品的那部分，称为可食用农产品，它是研究农产品质量安全的主要对象。食品（食物）是指人类生存与发展所需的最基本的物质生活资料。食品和农产品的内涵有差异，外延有交叉。

（1）现阶段农产品质量安全水平

有机农产品：有机农产品所强调的是有机农业的产物，通常是指来自有机农业生产体系，根据国际有机农业生产要求和相应的标准生产的，并通过独立的有机食品认证机构认证的农产品。

绿色农产品：绿色农产品是遵循可持续发展原则，按照特定生产方式生产，经专门机构认定，许可使用绿色食品商标标志的无污染的安全、优质、营养类食品。绿色农产品分 A 级和 AA 级。

无公害农产品：无公害农产品是指产地环境、生产过程和产品质量符合国家有关标准和规范的要求，经认证合格获得认证证书，并允许使用无公害农产品标志的未经加工或者加工的安全、优质、面向大众消费的农产品。

（2）我国农产品质量安全问题

我国目前农产品质量安全存在的主要问题包括四个方面：①化肥农药等残留污染问题；②食物加工中滥加化学添加剂，导致食物中毒现象；③食物健康污染问题；④农产品及其加工产品出口面临挑战。

（3）农产品质量安全的影响因素

①生产环境的污染。生产环境污染主要来源于产地环境的土壤、空气和水。农产品在生产过程中造成污染主要表现为过量使用农药、兽药、添加剂和违禁药物造成的有毒有害物质残留超标。

②遭受有害生物入侵的污染。农产品在种植（养殖）过程中可能遭受致病细菌、病毒和毒素入侵的污染。

③人为因素导致的污染。农产品收获或加工过程中混入有毒有害物质，导致农产品受到污染。

**4. 农产品质量安全保障**

（1）农产品质量安全生产的内部保障

①激发生产企业内在动力。农产品生产企业按照无公害农产品质量标准组织生产的积极性是保障产品质量安全的前提。

②产地环境管理。农产品产地环境质量包括空气环境、土壤环境和水环境等。无论是无公害农产品还是绿色农产品的生产，产地环境建设都是保证农产品质量安全首先要考虑的问题。

③投入物的使用管理。农业生产系统的质量管理不仅体现在生产中，还需要向前延伸紧密结合投入物的质量监控，才能为产后环节提供良好的起点。

④开展良好农业规范认证工作。

（2）农产品质量安全供给的外部保障

①制度环境建设。建立一个良好的制度环境是保障农产品质量安全的前提，农产品质量安全生产环节的内部管理和发展，必须与外部相关制度环境相适应。

②市场环境建设。要充分考虑农产品生产和经营者过于分散的现实特点：一方面通过各种专业组织形式加强生产环节的联合与协作；另一方面通过非正式组织渠道使小生产者联合起来组建小企业集群，增强交易信息透明度，减少交易费用，缓解农产品小生产和大市场的矛盾，并创建一个易于规范的农产品市场交易主体环境。

③监管体系建设。监管体系的建设纵向涉及国家、省部和地方各级机构建设，横向涉及环保、质检及工商等多部门分工和协作。

（3）农产品质量安全保障对策

进一步完善法律体系，增强依法监管的力度；推广标准化生产，确保农产品安全；构建长效机制，提高监管实效；强化宣传教育，提高安全意识。

## （二） 农产品的产销方式

### 1. 农民专业合作社

我国颁布了《农民专业合作社法》，其中明确规定，农民专业合作社是一种互助性组织，此组织的基础仍然是农村家庭承包经营，在此基础之上，提供或者利用同一类型的农业生产经营服务的人或者是生产、经营同一类型农产品的人自愿联合，并进行民主式管理。农民专业合作社的主要服务对象就是各个成员，在购买生产资料，销售、加工、储藏、运输农产品等方面为他们提供一定服务和支持，同时，还会根据需要为他们提供进行农业生产经营所需的信息、技术等。借助合作社这种形式，农民难买难卖的问题能够得到一定程度缓解，降低农业生产的成本，也能有效提升农产品在市场上的竞争力，使农民的收入切实提高。

### 2. 农产品行业协会

从性质上来看，农产品行业协会应当划归为农业中介组织，农产品生产、加工、销售时，是作为市场主体存在的，这个组织并不以营利作为自己的目的，组织建立都是自愿自发的，主要目的就是为了提升和维护共同利益。它是作为纽带和桥梁存在的，通过它，农民可以和市场、农民企业以及政府联系，特征也比较明显，比如服务性、民间性、准政府性、准企业性等。

农产品行业协会的主要职能包括两方面：一方面，代表本行业，要和相关的立法机构以及政府等搞好关系，对于会员和金融机构、会员和政府之间的联系渠道，要进行疏通；另一方面，为会员提供一定服务，比如技术培训、业务指导、经验交流、市场咨询以及促进销售等，对于会员单位在实际经营管理过程中遇到的一些问题、难题，要尽可能地帮助他们解决，切实提升会员单位的农产品的销售业绩。

**3. 农产品经纪人**

所谓农产品经纪人，就是指那些收取佣金后专门进行农产品的交易的一些中间商人或者组织。农产品经纪人所从事的主要业务包括：为卖方寻找买方、为买方寻找卖方、为供求双方顺利完成交易提供一定的中介服务等。通常来说，对于农产品，农产品经纪人没有所有权，但是我国农村的市场经济发展具有一定特殊性，因此，一些农产品的经纪人对农产品也会拥有营销权和集采权等。他们获取利益的形式也不单一，除了能够借助提供中介服务赚取佣金之外，在农产品购销过程中，也可以赚取差价，但有一点需要特别强调，从买卖双方中的任何一方处获取固定薪金报酬，对农产品经纪人来说是绝对不可以的。

经纪人在农产品市场中进行经纪的方式有很多，总结归纳到一起来看，大致上可以分为以下四类：

（1）分购联销。这种形式下，许多个不同的农产品经纪人会设立多个不同的农村收购点，之后再统一到一起外销。

（2）产品运销。这种经纪形式下，产地的农产品经纪人会抢在产品正式上市前，先行寻找确认产品的销路，之后会采取临时设点或者订单的形式，由经纪人先行出资垫付进行收购，当收购的产品达到一定数量后，再自行运销或者装运交货。

（3）委托购销。针对本地农民生产出的农副产品，本地的经纪人会在目标市场建立起一些销售点，并联合当地的其他农产品经纪人一起，销售点主要负责销售渠道以及市场行情的提供，而当地的农产品经纪人则主要负责货源及其运输。

（4）代购代销。在这种经纪形式下，在外地客户的委托之下，经纪人会设立点位进行产品收购，之后再倒手批发给客户。此外，经纪人还会为外地的客户提供一些信息，帮助他们组织货源，协助他们和农民商谈价格，帮助他们维持交易秩序，并从中获取服务费。

## 三、农产品的品牌建设

农业品牌指的是在农业领域内用以区别主体与该领域或企业与企业产品等资源，包括标志与名称在内的标志性符号。相对于农产品品牌，农业品牌的概念更为广泛，包含了农业生产资料品牌、产品品牌、服务品牌等。农业生产资料品牌与服务品牌对于农产品品牌的建设有着一定影响，但并非消费者的最高关注点，消费者更多地将注意力集中在农业生产产品品牌上。因此，农产品品牌的界定可以归类如下：首先是附着在农产品上的区别于其他竞争者的独特标记符号系统，其次是对农产品拥有者与消费者关系的契约展现，也是农产品品牌对消费者的承诺与保障。农产品品牌的系统包含了农产品的质量、品种标志，涵盖了集体品牌与相对狭义的农产品品牌，使农产品品牌整体呈现出复杂多样的特性。

## （一）农产品品牌特性

### 1. 农产品品牌表现形式的多样性

广义上来讲，农产品品牌包含着农产品质量标志，品种标志，集体品牌与狭义的农产品品牌。由于农产品本身复杂多样使品牌表现形式也呈现出相应的特点，受农产品市场逆选择现象的影响，农产品质量需要得到具备一定公信力的机构给予的质量评价，通过展示评价结果，使农产品的质量等级与地理标志呈现在消费者面前，以供选择。质量标志与地理标志的出现，是对农产品本身所具有的自然人文特色功能的展示，成为独具特色的农产品标志。种质标志则是农产品种子品种的标志，种子对产品具有决定性，该标志的出现是人们辨别产品属性根源的重要依据。集体的质量品牌展示出相对明显的地域特征，可以帮助消费者更好地辨识农产品来源。相对狭义的农产品品牌，则是对农产品质量与功能等特征的集中表现。而这些农产品质量与特色的符号和标志，都是农产品品牌的多种表现形式。

### 2. 农产品品牌效应的外部性

农产品品牌效应的外部性集中表现在以下方面：

（1）地域品牌所产生的外部性。地域环境促成了地理标志产品的质量与典型特征，其中包含了鲜明的自然因素与人文因素。根据 WTO 的规则，原产地标识制度作为免费的制度，由国家担保，一旦出现假冒产品，应该由政府来提供保证，而非企业。如此一来，作为公共物品的地理标志就具备了十分明显的外部性。以"赣南脐橙"为例，除了使本地农产品收益增高，也为本地的农产品品牌树立起良好的口碑，提高了整个省市农产品的全国知名度。同样的还有寿光"乐义"牌绿色蔬菜，不仅为该企业争取了广袤的消费市场，还使整个寿光蔬菜驰名国内。

（2）无公害产品、绿色食品以及有机食品等品牌称号产生所导致的外部性。如此"三品"概念的形成，使农产品生产安全，尤其是食用农产品构建起了基本框架，这一概念由政府引导推行，以缓解近些年来日益严重的农产品质量安全问题。政府与社会各界的推行，引领起了绿色消费的潮流，使得"三品"标志的农产品更容易获得市场认同，可以通过较高的价格出售，生产者用低于市场的开发费用获得大批量的消费者。"三品"标志作为品牌形象，获得认证农产品整体的品牌。如此一来，使该品牌标志具有相当的外部性，一旦获得认证，农产品生产者就获得了免费的既定利益。

（3）某一品牌所产生的外部性。品牌的倡导作用越来越显著，如伊利牛奶对于自身草原品牌的概念宣传，使消费者对乳制品逐渐形成固定认知。农产品品牌的建设刚刚起步，一些小品牌通过已有的品牌效应用以攫取利益。继伊利之后，大量牛奶品牌借助内蒙古草原，新疆天山牧场等概念，无偿借用了伊利斥巨资打造起来的"草原"品牌。同类型企业中，如果品牌主题都大相径庭，过分强调某个显著特征，会直接影响到消费者的消费认知，类似这样的品牌概念由于脱离了企业特征，成为行业内的显著性特点，自然而然也将成为该行业的共同资产。农产品品牌对绿色自然、健康等概念的倡导，使一旦居于引导地位的农产品品牌提出了某些特色概念，借助品牌效应的外部性特征，足以使其他品牌的同类产品免费受益。

**3. 农产品品牌的脆弱性**

农产品的固有特点是作为农产品品牌脆弱性的主要内在：首先，质量的隐蔽性导致农产品品牌难以受到监管；其次，主体的复杂性，使多个主体之间难以做好质量管理的协调。农业企业作为农产品品牌的建设主体，地位毋庸置疑，但作为参与主体的政府与农户，还有行业组织也至关重要。然后，农产品的实用性特征，使消费者对质量要求更加严苛，质量安全事故的可能出现，都会对农产品品牌造成致命打击。最后，生物性特征也是对农产品品牌造成损害的重要原因之一，作为生鲜产品，生物性特征使得农产品在常温下极易腐烂变质，严重影响到品牌形象与产品质量，而新鲜的农产品伴随着销售时间的变化，质量也在不断变化，呈现出下降趋势。

**（二）农产品品牌分类**

按照不同的分类标准，农产品品牌可以呈现出不同的分类结果。如果按照品牌价值，根据消费层次加以区分，农产品品牌可以划分为低档、中档、高档三种产品品牌。如果是按照行业差别辨别，则可以将农产品品牌划分为种植业农产品品牌、养殖业农产品品牌与水产业农产品品牌。当然，若是依照技术含量加以区分，农产品品牌则涵盖了传统农产品品牌、科技产品品牌与高科技农产品品牌。一旦按照产品知名度划分，则涌现出初创农产品品牌、知名农产品品牌与著名农产品品牌。分类标准的多样化使分类结果同样异彩纷呈，由于多样化的分类标准在后文中也会涉及，因此不在此详细分析。

**1. 按照品牌范围进行的分类**

可以分为区域农产品品牌，区域农产品名牌，全国农产品品牌与国际农产品品牌。区域农产品品牌多用于某一固定区域，一般作为新注册的品牌，尚未形成相当的知名度。区域农产品名牌则是指在该地区已经具备了一定知名度的品牌，按照所在区域的大小，还可以划分为县市级、地市级与省级农产品名牌等。全国性农产品品牌则是在全国范围内都有了一定知名度的品牌，类似蒙牛牛奶等。国际农产品品牌则是已经在世界范围内得到认可的品牌，类似于雀巢咖啡等等。

**2. 按照市场地位差异的分类**

可以分为领导型农产品品牌与挑战型农产品品牌，还有跟随形成农产品品牌与补缺型农产品品牌。领导型农产品品牌在行业市场中占据最大份额，类似于食用油行业中的鲁花。挑战性农产品品牌则是该产品尽管在行业市场中并未占据领导地位，但能力与实力都已经具备，足以向行业领导者发起挑战的农产品品牌，同样以食用油行业为例，其中金龙鱼、胡姬花等都是此类品。而跟随型农产品品牌则是跟随着领导型品牌进行发展，不具备竞争威胁。补缺型农产品品牌则是在行业中查漏补缺，占领着不被主导品牌关注的细分市场的品牌。

**3. 按照品牌的生命周期分类**

可以分为初创阶段农产品品牌、成长阶段农产品品牌与成熟阶段农产品品牌还有衰退阶段农产品品牌。初创阶段的农产品品牌诞生在农产品品牌建立的初期，使用时间较短。成长阶段的农产品品牌已经被市场认可，飞速发展，具有一定成长空间。而成熟阶段的农产品品牌，品牌成长已经到了一定时期，具备这样足够大的市场占有率与知名度，后继发力不足，难以继续成长。衰退阶段农产品品牌缺乏创新力，没有新产品，逐渐被市场和消费者抛弃。

**4. 按照品牌内涵的差别分类**

可以分为广义农产品品牌与狭义农产品品牌。广义的农产品品牌可以展示出农产品的所有属性的标志，包括农产品质量，种质等标志，与集体品牌和狭义的产品品牌等等。狭义农产品品牌则局限于农业企业为自己产品注册的产品品牌，仅仅作为单一的产品品牌出现，类似正邦牌鲜肉与圣农牌鸡肉系列产品等。相对而言，广义农产品品牌的四种形式对于消费者的产品选择与企业提升自身竞争力具有十分重要的意义。

## （三）农产品品牌建设

农产品品牌建设是指农产品品牌建设主体对品牌进行的规划、创立、培育、扩张等行为过程。由于农产品品牌既包括狭义的农业企业产品品牌，也包括质量标志、集体标志等要素，所以农产品品牌建设的主体既包括基本建设主体——农业企业，也包括参与建设主体——政府、行业协会和农户。

**1. 农产品品牌建设的特征**

（1）农产品品牌建设受政策与法规的影响。农产品的质量安全与否直接关系到消费者的身体健康，如此一来，使农产品供给直接关系到整个社会层面，影响着国家政治稳定、社会安定以及经济发展，因此各个国家都对农产品的供给给予了相当多的关注。农产品的供给既要保证量，也要保证质。质就是质量，确保优质农产品的供给。农产品品牌的出现，成为农产品质量提升的一大有力措施，成为保障优质农产品供给的有效手段，此外，还可以保障农民增收，成为鼓励农民提供优质农产品的一项有效机制。除此之外，由于农产品品牌的建设本身就要涉及很多主体，因此单纯想要依靠农业企业控制农产品质量，做好农产品品牌建设，效果并不显著，还是需要政府通过政策法律来规范主体行为，如此一来，可以对农产品质量水平与农产品品牌建设加以规范化、制度化。因此，受国家政策法规影响大，成为农产品品牌建设的一大特点。

（2）农产品品牌建设过程更加复杂。一，农产品品牌的复杂性，使得其品牌建设也相对复杂。农产品品牌包含了质量标志，集体标志以及种质标志，使得大量主体需要加强合作，全身心投入才能达成标志建设，但由于多个经济主体的利益取向不同，如政府与农户，还有行业组织与企业等等之间的矛盾，使得对这些主体加以协调具备相当高的难度。二，一些农产品的食用性导致此类农产品的质量标准更加严格，品牌建设难度远远高于工业产品与服务业，而农产品本身的生物性特征，也导致农产品质量难以保证。三，除了上述之外，农产品的生产者农户在产品的整个生产过程与销售过程中不具备高效率的组织性，导致难以获得保障农产品质量。如此种种因素，使得农产品品牌建设道路往往比一般工业产品与服务产品更加曲折。

**2. 农产品品牌创建途径**

（1）实施农产品生产标准化。质量是农产品的生命线，是农产品创品牌的根本。在创建农产品品牌过程中，按标准组织生产管理，是提高农产品质量，保证农产品安全最有效的措施和手段，是打造农产品品牌的基石。

（2）形成规模效应。在生产方面，加入农民生产协会、专业性生产合作组织，内部实行不同程度的企业化管理与经营，以特色农业为龙头，走规模化道路。

（3）重视科技创新。农产品质量的提高关键在于科技的发展。技术的先进性可以有效保障品牌产品的质量与功能的先进性，使产品更容易获得市场认同。国际市场上，多个国家的农产品竞争，就其根源还是农业科技的竞争，科技水平决定农产品是否具备市场竞争力，能否获得市场领先权。因此，在农产品的生产过程中，不能忽视科技创新的重要作用，依据科技发展开发与培育新品种，有效提升自身产品的竞争力，通过源源不断的新产品与精深加工产品来保障农产品品牌竞争力。通过充分运用生物工程技术、现代先进种养技术、加工技术以及信息技术等，使这些品牌农产品具备更高的附加值与科技含量，如此一来，可以有效提高农业生产的综合效益。

（4）运用文化营销。伴随着社会的进步与发展，大量的产品品牌开始更加注重文化内涵，农产品品牌也不例外，通过注入文化，可以让自身产品区别于同类的其他产品，有效提升品牌价值。按照农业产业资源的特点与消费者的消费诉求，文化营销可以借助当地文化特色与底蕴，在农产品品牌的设计中，为品牌注入自身的人文与风土气息，强调个性塑造，加深文化内涵，有效提升品牌价值。

（5）建立绿色品牌形象。近年来，绿色产品的出现与健康消费观念的影响，使消费者对绿色产品认可度显著提高，绿色品牌的农产品受到国内外市场的肯定欢迎。绿色品牌的创建可以迅速向消费者传递自身产品的质量与信息，保障消费者的消费享受，感受到物超所值，从而减少其对产品价格的敏感度，反复多次购买，以此来增加优质绿色农产品的市场竞争力。

（6）注重品牌整合传播。创建农产品品牌，同样需要大量的宣传投入，以此来对品牌形象进行塑造，打响知名度。这一过程需要广泛利用社交媒体，加上类型多变的促销手段，对产品品牌加以整合宣传，一方面可以提升公众的认可度，另一方面就可以在此基础上获得市场的认同与赞誉，以此来保证自身品牌的做大做强。同时要与时俱进，关注现代物流新业态，借助现代配送体系与电子商务等方式方法，通过线上线下的有效结合，加以沟通交流，做好产需对接，使品牌效应有效运作，不断提升品牌价值，持续扩大品牌知名度。

## 四、农产品营销的主要策略

### （一）特色化与品牌化营销策略

在农产品营销过程中可采取的策略很多，归纳起来主要有以下方面：

#### 1. 特色化营销策略

现阶段，农产品市场供过于求的主要原因，一是产业结构的趋同化，二是产品的大众化。如此一来，想要有效实行农产品营销策略，就需要借助合作组织的作用，对农户加以引导，走特色化的发展道路。伴随着生活水平的提高与消费观念的变化，大量消费者开始倡导回归自然，开始回归吃粗粮和野生蔬菜等等，天然，野生与土特产成为主力需求。如江苏省南通市通州区就抓住了市场的脉搏，发展出两个特例，一个是金沙镇双龙菱角专业合作社通过引进潜水设施栽培技术，建立起全国最大的菱角设施栽培基地，使产品提前上市，抢占市场，获得了成倍的收益。另一个则是东社乡台特种蔬菜专业合作社，把野生香芋做成特色，亩收益倍增，获得了南通市政府领导的支持与肯定。

**2. 品牌化营销策略**

品牌化建立在优质化的基础上，作为一种无形资产，成为农产品能否进入大中型超市的关键。按照市场需求，商品匮乏使得消费者无权选择，导致卖方市场；一旦商品供应充足，消费者选择多样化，成为买方市场，对于品牌质量的要求也就更高。现如今的市场竞争早已进入品牌时代，专业的合作社以农产品营销作为一项主要功能，如此一来，要求必须具备自己的品牌，如此才能更好地占领市场。江苏省南通市东社镇景瑞蔬菜专业合作社通过绿色健康有机的生产管理，创办景瑞品牌，使蔬菜产品占据各大超市，进行销售。二贾海忠葡萄专业合作社，通过引进国内外品种，栽培技术的创新，培育出了大量优秀高产的葡萄品种，借助早熟优势占领市场，打造出奇园这一品牌，该专业合作社的多个葡萄品种常被省部级评为金奖，产品也受到市场欢迎，经常被多种单位团购预订。

**（二）优质化与超市化影响策略**

**1. 优质化营销策略**

生活质量能显著提高，使人们在食品安全与营养健康等方面的消费意识开始变化，对农产品的要求也更加严格。但是，小生产方式中仍不可避免地残留高毒的农药，有毒有害物质目前还是难以监控。为此，不少专业合作社起到了相当积极的作用。如金沙水芹菜专业合作社，通过制定"八不准"的产品质量要求，在生产过程中进行标准化生产，同时申领了无公害化的产地与产品证书，以此来确保产品质量。而近年来，该合作社的水芹菜品质优秀，质量上乘，受到消费者的青睐，产品远销国内外。而骑岸季庄青椒生产专业合作社，通过"五统一"的措施制定，其优质青椒的产出受到上海市场的肯定。

**2. 超市化营销策略**

主要指的是农超对接，通过农民专业合作社与商家协商，签订意向性协议书，以此来组织农户和基地生产试销对路的农产品，在经过一定整理包装后，直接输送向超市、市场或便民店，成为一种新型的农产品流通方式。其本质是借助现代流通方式，将农村千家万户的小生产与市场相对接，以此建立起产销一体化链条，一方面用来稳定农产品的销售渠道与价格，保证农产品生产者的利益，另一方面，可以减少产品流通环节，降低成本，使商家获利。如此相互合作，有效降低农产品的一应耗损，使消费者也可以从中获益。

**（三）加工化和订单化营销策略**

**1. 加工化营销策略**

一般的农产品加工，可以有效提高农产品价值，提高销售量。江苏省南通市通州区四方镇的万和家禽养殖专业合作社，积极与当地农业龙头企业进行合作，通过社员饲养羽家禽，再统一屠宰、分割、包装等，有些部分还会进行深加工，作为熟食售卖，既打开了销路，还可以满足消费者的不同需求。而江苏省南通市通州区二甲镇增福花生剥壳专业合作社，通过组织农户对花生进行剥壳，生产出的花生米直销苏浙皖沪鲁等各大城市。江苏省南通市通州区骑岸镇爱民草绳加工合作社更是变废为宝，将稻草加工销售到上海、浙江与福建等地，既解决了燃烧稻草造成的大气污染，还直接增加了水稻种植户的收益。

**2．订单化营销策略**

农产品市场发展到今天，在买方市场的主导情况下，订单农业的发展逐渐获得重视。农民专业合作社与不同销售主体签订产销合同，可以建立起长期的合作关系，以此来指导农民种植产品，划定生产标准，要求时间数量，使得农产品生产与销售更加稳定而有保障，构建起良好的销售渠道与农产品生产发展空间。江苏省南通青园蔬菜合作社就充分发挥了纽带作用，商家的需求成为农民生产的指导，农民生产积极性显著提高，一些胆大的农民，更是在自己的责任田种植出高效益的蔬菜后，还借助流转土地继续种植。

**（四） 规模化和外向化营销策略**

**1．规模化营销策略**

农业专业合作社走向规模化营销的关键，在以下两个方面：一是合作社规模的扩大。江苏省南通市通州区东社镇新街硕丰葡萄专业合作社，从最初的500亩葡萄发展成如今的千亩葡萄生产基地，一到葡萄的销售旺季，产品就供不应求，社员在足不出户的情况下，可以将所有产品卖出。四安镇永发和西亭镇李庄两个蔬菜专业合作社则觑准市场，把握行情，发展出800到1200亩设施的大棚蔬菜，也不为销路困扰。二则是发展横向联合。例如，南通绿青阳蔬菜专业合作联社，通过联合各个蔬菜专业合作社，发展出出口蔬菜生产，使得当地蔬菜复种面积高达两万余亩，蔬菜出口逐渐成为当地的主导产业，为农民增收提供来源。

**2．外向化营销策略**

伴随着我国农村经济的不断发展，农业结构的不断优化调整，农产品种类日新月异，不少品种在国内外市场都渐趋饱和，而另一些品种则可以借助外销获取更大收益，如此一来，对外的销售经营就更加重要。当然，农产品外销的道路注定会遇到许多困难，系列化国家标准与地方标准在农产品的生产中要严格执行，同时要广泛运用新品种、新技术与新工艺来确保农产品质量。事实上，我国外销的农产品不在少数，如江苏省南通市通州区的几个农民专业合作社就是其中翘楚。刘桥镇的青园、大圣等蔬菜专业合作社通过与江苏江安食品有限公司结合，将青花菜、青玉米等多种农产品初加工与精深加工，不仅在国内广泛销售，还远销日本、欧盟、美国等地。而金沙镇水芹菜生产经营专业合作社，更是把自品牌的水芹菜远销韩国，使首尔市民趋之若鹜。

### （五） 配送化和网络化营销策略

**1. 配送化营销策略**

配送的要求，是在经济合理的区域范围内，按照用户的需求，对相应的物品加以挑选、包装等作业，然后按时送到指定地点的一种物流活动，类似外卖送餐等。农产品区别于其他工业产品与生活用品，由于它的消费对象是所有人群，按照不同的消费需求，配送服务的出现势在必行。而伴随着时代进步发展，社会需求的不断提升，人们的生活方式变化，使农产品配送的消费潜力与日俱增，配送服务必将成为农产品营销过程的一种阶段性发展便签。而农民专业合作社实施配送化策略时，可以分为以下两个步骤：一是发展团体客户，抓住机关、学校、超市以及中大型企业等的需求；二是发展个体客户，确定最有利的消费群体，如白领阶层作为配送化策略实施的初始消费对象。

**2. 网络化营销策略**

现代网络技术的发展使得网络营销成为炙手可热的营销新手段与方法，成为当前市场营销发展的主要方向。就工业品领域而言，生产者基本上就是网络营销的主体，但农产品生产者也就是农民，则难以掌握主动权，因此，作为农民与市场的纽带的专业合作社就取代了农民，成为网络营销的主体。同其他产品一样，农产品在网络营销的功能中包含了宣传、服务与交易功能，但由于农产品的体积与生物性特征，导致难以运输和储藏，对物流的要求更高，但受到经济实力的局限性，大多数农产品营销还是主要定位在宣传上，以产品的推荐介绍、品牌的宣传与信息的收集发布为主。

农民专业合作社在对农产品的营销过程中，无论通过哪种方式宣传，其主要宗旨必须抓牢，就是尽最大可能使农副产品转变为商品，以此来确保利益最大化，因为这不仅是农民增收的关键，更是农民专业合作社存在与发展的根本。

## 五、农产品营销新思维

### （一） 新闻营销

新闻营销的基本途径是，企业借助生产经营引发的具有新闻价值的事件来引发公众兴趣，从而达到提升企业知名度、塑造良好形象的目的，以此达成销售产品或服务的目标。农化产品及其技术相对而言专业性较强，其产品链之间也多少存在着一定联系，但不可避免的，各个企业更多将注意力放在自身，而忽略了其他企业。就以污水治理技术与工艺来举例，大多数农化企业对这方面的技术知之甚少，面对工艺繁杂的市场，农化企业不知道如何比较，从而选择适合自身的技术或工艺。

如此一来，报纸杂志等传统媒体呈现出自身独有的优势。传统媒体通过对信息的反复确认，加强真实度、可信度，新闻报道也更加真实，容易引起业内人士关注。而新闻语言的简练措辞，可以从多种角度不同高度出发，将技术与产品的专业性，通过新闻语言展示出来，充分引发读者的阅读兴趣。读者在看到标题后，从而兴起探究新闻内容的兴趣，根据自身利益出发研究产品与技术，充分了解产品技术的特点与其优势。

企业若想通过新闻营销的手段达成营业目的，首先需要企业负责人具备相当的新闻轶事与敏感度，可以充分将新闻与市场开发相结合，适应读者需求，通过新闻报道介绍产品与技术概念，让读者更好地了解产品与技术的性能。而企业无论规模大小，"威望效应"形成在产业链上，可以充分提高企业实力，让企业可以主动出击，展示自我。

**1. 农家店采用新闻营销**

网络时代的到来，使农化企业可以通过产品价格信息发布，实施新的新闻营销战略，借助阶段性的介绍企业生产经营的新闻，同产品价格有效叠加，形成良好的营销导向效果。现如今，网络搜索引擎成为广泛运用的基本信息搜索工具，传统媒体的新闻报道也已成为重要的搜索内容来源。新闻跨区域、持久性的特征，使新闻事件即使发生了很长时间，也具备着相当持久的影响力。

**2. 新闻营销的注意事项**

（1）新闻代言人制度的建立。①新闻代言人的言行应该具备相应的规范；②新闻代言人与新闻媒体之间应建立起良好的互动关系，有效促进合作，获得积极正面的舆论引导效应；③及时发布企业动态，恰当合理地安排新闻发布会的召开；④有效促进新闻营销方式的持续性、规范化发展。

（2）新闻策划创新观念的树立。营销方式的变迁，脱离不了创新，新闻的着重点也是"新"，只有不断创新形式与内容，才能保证公众对企业的关注度，形式创新正是新闻策划的基本指点与重要出发点。企业要策划一些动感强、富有新意的事件。

（3）策划的全面与周密。新闻营销的成功与否，最终落足于策划。无论是选题还是具体内容的规划到实施，每个细节都要兼顾，不能出现半点疏忽，相应的应急与突发情况处理也要做好规划与准备。

（4）反馈与跟进系统的建立。新闻发布后，由于无法完全准确预测将会发生的事，为了确保营销活动可以达到预期效果，需要后续接着关注一些显著变化，如受众的数量与特征、活动的整体知名度、受众的好感度，从多方面搜集需要的信息，建立起反馈与效果评估机制，为本次活动的后续跟进与下次活动的更好进行奠定基础。

## （二） 关系营销

现代市场营销从消费者营销到产业市场营销，进而发展到社会营销、服务营销等，伴随着新经济时代的到来，关系营销开始得到最广泛的关注。关系营销的出发点是为了建立发展可以保持长期成功交易关系所进行的所有市场营销活动，蕴含着两个基本点：一是从宏观上需要认识到，市场营销将对一系列广泛的领域产生影响，包含着顾客市场、劳动力市场、供应市场、内部市场、相关市场以及"影响者"市场在内的多个领域；二是在微观上则要理解，企业与顾客之间相互关系的性质在不断发生改变，市场营销将交易这一核心转移到了关系上。

而关系市场营销与传统的市场营销具备着本质上的区别。传统的市场营销理念大致上与交易市场营销的观念相同，但关系市场营销，则要更加宽泛与进步。关系市场营销源自全球市场竞争激化，竞争的加剧促使竞争观念也在不断发生着改变，使竞争的双方逐渐认识到互相之间不仅仅是对抗关系，也可以通过合作互利共赢。

## （三） 绿色营销

近年来，世界环保意识不断增强，环保运动接连兴起。"绿色消费""绿色产品"等等词汇层出不穷。环保绿色的消费观逐渐成为现代生活的主体，绿色消费观更是成为绿色营销的主要动力。绿色营销诞生，自企业以环境保护为观念进行经营的哲学思想，通过借助绿色文化，发挥企业价值观，从消费者绿色消费出发，围绕着这一中心展开营销策略。伴随着思想的不断进步，以实现可持续发展为基本途径的绿色营销逐渐成为消费主流，企业实施绿色营销成为必然。

## （四） 文化营销

新经济时代的到来，使科技不断创新，互联网技术大力发展与普及，企业传统上具备的诸如自然资源、经济规模、资金或技术等战略优势，不能再作为恒久优势，而企业在产品、价格、渠道包括促销等营销手段上的竞争，借助信息化畅通的优势，同时市场运作规范的建立与不断完善，企业之间互相模仿借鉴的速度也逐步加快。企业借助实施文化营销，将自身理念、行为、物质、制度等文化混合的企业品牌，思想借助营销活动传递给社会大众，通过心理、生理、思想、情感等多方面的表达，给予消费者广泛的综合体验，与消费者共情，从而建立起一种崭新的消费文化。

## 六、农产品流通的渠道模式

### （一） 农产品流通渠道

**1. 农产品的批发市场**

我国现有的农产品批发市场类型大致如下：

（1）政府建立的农产品批发市场。地方政府与国家商务部共同出资，参考国外先进经验，从而建立农产品批发市场，如郑州小麦批发市场。

（2）自发组织建立的农产品批发市场。民间自发组织形成，一般以城乡集贸市场作为基础，不断发展壮大，如山东寿光蔬菜批发市场。

（3）产地批发市场。这类农产品批发市场多诞生在农产品产地，由于当地农产品生产技术成熟，自然条件良好，适合农产品生长，区位优势与比较效益鲜明，产出农产品当地市场不足以消化，而形成大型对外批发市场。

（4）销地批发市场。区别于产地批发市场，这类批发市场诞生于农产品销售地，营销组织通过批发环节将集中运转的货物销往本地市场，从而满足当地消费者的需求。

**2. 农产品的产地市场**

农产品在生产当地进行交易的买卖场所，又称农产品初级市场。农产品在产地市场聚集后，通过集散市场（批发环节）进入终点市场（城市零售环节）。我国农村集镇，大多就是农产品的产地市场。

产地市场多形成于农村集贸市场的基础之上。农村集贸市场可以使商品由四周向市场汇集，同时由市场流回周边地区，但是由于交易规模小，辐射范围不足，产品销售区域也不大。伴随着经济的飞速发展，人民收入水平的提高，城乡居民收入的不断增加，使市场需求也在迅速上升。农民生产积极性的不断提升，也加速着农产品产量的增长。

针对这种情况，一方面需要解决城市对农产品需求量大，农产品品质要求高的问题；另一方面，需要解决为农产品找寻销路，解决农产品买卖困难、流通不畅这一问题。因此，政府通过创办农产品产地批发市场，通过农产品产地市场附加的农产品整理、分级、加工等机构，将初级农产品商品化，之后流入市场。

**3. 农产品的农业会展**

农业会展是以农业和农产品贸易为主要内容，以会议、展览、展销、节庆活动等为主要形式，以一定的场馆设施和展示基地为基础，有各类市场经营主体和消费群体参加的经济文化活动。与一般会展活动相比，农业会展不仅具备引领现代农业、带动相关产业、拉动区域和会展城市经济社会全面发展的功能，还由于办展地域的广泛性和产品直接面向大众消费的特点，对拉动县域及农村经济的发展和满足城市消费者需求发挥着重要作用。农民朋友可利用这些渠道，根据自身需要，积极参加农业会展，为农产品找到更好的出路。

### （二）　农产品流通的对接模式

"超市＋农民专业合作社"的模式是农超对接模式的最基本类型。作为主体的专业合作社与超市，前者通过与当地农民的合作帮助后者采购农产品。作为农超对接的基本条件之一，专业合作社与大型超市的合作发展，使"农民直采"的采购模式得以留存发展。此外，农超对接还包含着以下几种模式：

**1."超市＋基地/自有农场"模式**

这种模式要求超市走向田间寻找合适的农产品从而建立起自己的采购基地，相较于超市与农民合作社相结合的采购模式，该模式下的超市拥有自己的农产品基地，货源的数量与质量都可以得到保障。通过大型连锁超市与农产品专业合作社直接对接建立的直接采购基地，可以更好地促进大型超市与农民或专业合作社产销对接。

**2."超市＋龙头企业＋小型合作社＋大型消费单位/社区"模式**

这一模式下的核心集中在龙头企业上，农民合作社一边组织农户进行规模化、标准化的生产，一方面与龙头企业积极联络，使其对农产品进行加工与包装，使农产品的生产销售走向企业化，最终通过龙头企业与大型超市的洽谈，将产品流入市场。

龙头企业成为合作的重要纽带，在利益的联合下龙头企业与农户可以结成一体。农民专业合作社建立的出发点就是为了将零散的农户生产，加以规模化，农民专业合作社与农户的密切联系，农户对农民专业合作社的了解，可以使双方互相接受、共同促进。龙头企业借助超市扩展农产品的销售渠道，通过自身的管理经验与经济实力代替农民专业合作社，在农超对接中更好地为农民争取利益，与超市建立良好合作。龙头企业通过企业化运行，借助自身的农产品生产标准与管理经验，建立起自己的品牌。在与大型连锁超市的合作中，也可以借助大型连锁超市的经验，对龙头企业培训，使农产品最终达到国际化标准，更加具备竞争力。

"龙超对接"利用高校食堂、大型饭店与宾馆等的信息与利益共享机制，互相清楚彼此之间的生产与具体的交易状况，从而建立起有效的合作关系。而农民增收的关键是营销的好坏，胜负则体现在市场竞争力上，通过良好的营销方式与广阔的消费市场，才能使农民获得更高效益，借助资金与政策的大力支持，有效扩大农民专业合作社的组织规模，提高农户认识，促使其加入其中，为小型合作社的规模扩大增添力量，为未来发展建立起稳定基础。

# 第二节 生态农业发展及经济效益

## 一、生态农业的环境保护

保护农业资源已经成为生态农业环境保护的核心任务，生态农业的环境保护主要是为了降低环境污染、提高经济效益、促进生态农业发展，具体内容如下：

### （一）开发利用与保护农业资源

农业资源在生态农业发展过程中占据重要地位，合理开发与保护农业资源显得尤为重要，在开发农业资源的过程中，一定要结合当地自然环境，遵循自然规律、因地制宜，国家应当建立农田保护区，防止耕地占用现象的发生。应足够重视渔业的水域环境，节约、保护水资源对促进我国渔业发展具有重要意义。

### （二）防治农业环境污染

在农业发展过程中，难免会造成一定的环境污染，因此有效防止农业环境污染显得尤为关键。农业生产对环境的污染主要体现在：化肥、农药、废渣对于土壤以及周围环境的污染。提高农业环境的质量，从根本上解决农业环境污染已经成为我国农业发展的核心内容。

#### 1. 防治工业污染

国家与政府应当加大管控力度，应当高度重视一些有资源浪费倾向、对环境会产生重大污染的项目并要求立即停止施工。企业进行项目开发时，应当遵循"三同时"的原则，按照规定建设，对于一些大型项目必须进行审批，审批合格后才能够建设，所有新修、扩建的乡镇都需要遵循上述所提到的一系列原则且填写"环境影响报告表"。若是国家建设项目，更应当落实环境保护设施的投入，尽可能地降低环境污染，建筑材料、施工都必须严格按照规定执行。

随着我国经济的飞速发展，环境污染问题日益严峻，解决环境污染问题已经迫在眉睫。就当前形势而言，解决水污染、居住区污染、工业污染是关键，对于一些不好治理的工厂应当采取一定干预措施。国家应当制定一系列有关环境保护的法律政策，始终坚持"谁污染、谁治理"的原则，倡导并鼓励大家使用环保材料，树立公民的环保意识，降低环境污染。

#### 2. 防治农用化学物质污染

伴随着我国农业生产的不断进步，市场上出现了越来越多的农用化学药物，这些药物确实能够为农业生产带来众多好处，但农用化学药品的使用会对环境产生重大污染。在农业生产的过程中，鼓励农民使用有机肥料，减少化学药物的使用，严格按照环境污染标准进行农业生产，禁止使用一些具有高污染、高风险的农用药物。农民应当合理利用农业资源，回收农用的地膜，降低地膜对生态环境的破坏。

**3. 大力开展农业生态工程建设**

随着我国生态环境的不断恶化，保护生态环境并且发展生态农业对我国实施可持续发展具有重要意义，通过植树造林、建立生态保护区等方式，改善我国的生态环境。

**4. 保护生态多样性**

由于环境因素的影响，众多生物的生存均面临严重的威胁，保护生物多样性、构建人与自然和谐共生是共同的责任。首先，政府应当加大生态保护区的建设，保护濒临灭绝的物种，构建适宜濒危物种生存的生态环境；其次，将濒危物种的具体的情况分类，有针对性地采取保护措施；最后，培育出一批新的物种，能够起到增强生物多样性的效果。

## 二、农业生态文明建设的发展路径

农业生态文明建设的发展路径对促进生态发展具有重要意义，我国始终坚持走生态文明之路，这绝不能只是空口号，而需要制定具体、可行的计划。首先，构建生态农业应当确立目标、捋清思路；其次，根据实际情况制定具体的实施计划，从全方位、多角度对农业生态文明建设作出贡献；最后则需要深化农业改革，努力做到三个推进、三个协同以及三个结合，下面就具体内容展开论述：

### （一）多措并举，大力统筹"三个推进"

**1. 将生产、生活与生态相互融合**

生产、生活与生态三者相辅相成、相互影响。农业发展与生产环境以及生产技术息息相关，二者直接制约农业产量以及经济效益，农民的生产生活需要与生态环境建立友好关系，实现农业的可持续发展，只有多措并举，大力统筹"三个推进"，才能使农业生态文明建设进一步发展。农村清洁工程应引起足够重视，此工程对解决环境问题具有重要意义。

**2. 充分利用农业资源，实现农业产品的再循环**

再生资源的合理利用不仅能够节省成本，还能够解决环境污染等问题，生活垃圾可以变废为宝并且成为农业生产的重要原材料，从根本上解决生态环境遭受破坏的问题。

### 3. 将农业资源的节约工作与清洁工程共同推进

倡导并鼓励农业生产者节约农业资源，如化肥、电力、水源等，树立生态环境保护意识，从源头上解决环境污染，尽可能减少使用化学药物，构建绿色生态农业。

### （二） 创新格局， 努力做好"三个协同"

#### 1. 不断增加农业科技与协同应用

科技能够推动农业生产的发展，科技作为农业发展的第一生产力，不仅可以减轻农民在农业生产过程中的众多负担，还能满足农业生产的需求，提高农业生产效益。政府应鼓励农业生产者充分利用各种先进的农业技术和农业设备，降低重金属与化学药物对土壤的污染，不断净化水源并减少水污染。

#### 2. 提升农业运营机制，加强协同配合

农业资源保护是一个相对漫长、复杂的过程，此项工作覆盖范围广泛、工作环节较多，只有在良好机制的支持下，才能解决农业污染问题，因此创新格局在农业发展过程中占据重要地位。

#### 3. 调整相关政策，努力做好协同推进

解决农业生产问题需要具体问题具体分析，对周围环境、农业性质、影响因素进行深层次的剖析，有针对性地给出解决措施，合理使用政策工具，提升解决问题的效率。当然，在选取合适政策的同时，还需要兼顾其他方面，努力做好协同推进工作。

### （三） 整合资源， 着力实现"三个结合"

#### 1. 要保证各地方农产品能够与国家粮食安全相结合

切实做好生产资源环境的相关保护工作，现如今我国正处在经济飞速发展时期，因此，国家粮食安全的保障尤为重要。针对相关的粮食环境保护问题要做到面面俱到，除了粮食安全问题外，还应考虑到粮食产量与销售等后续问题，在保证粮食安全的同时，最大可能地提高粮食的产量。因此，在实际的生产环境中不能因为安全问题而降低粮食产量，可以考虑通过提高产品利用率来解决这一问题。

#### 2. 农业污染的防治与管理的相互结合和转换

在实际的生产环境中，要在生产的过程中就解决污染问题，在污染治理的同时还要保证粮食的产量与当地农民的收入情况。实际处理时要着重处理重点问题，重点整治和处理典型的污染问题。

#### 3. 保证农村和城市以及化工产业之间的防控和治理相结合

严禁城市中污染废物流向农村，禁止通过任何渠道以任何形式排放污染物

和废弃物，还要加强对金属污染的管理和监控，城市与农村一起抓，最终实现城市和农村环境的共同整治。

## 三、生态农业的发展模式及配套技术

### （一）北方"四位一体"生态模式

北方"四位一体"生态模式更适合北方生态农业发展，在自然环境的影响下，此生态模式能够将众多资源合理利用，除此以外，"四位一体"生态模式可以利用可再生资源栽培作物，常见的有太阳能、沼气等，这些可再生资源不仅不会对环境产生污染，还能够节约成本、降低成本，此生态模式最大的特点就是成本低、效率高，具有较高的经济收益。北方地区室外温差大，进而使得"四位一体"的生态模式更具优越性，蔬菜瓜果能够茁壮生长，不受外界环境的影响。

北方"四位一体"生态模式独具特色、更具优越性主要体现在此模式运用了生态学、经济学等众多学科的知识，依靠可再生资源为农业生产提供动力，合理利用众多农业技术与设备。生物转换技术在"四位一体"生态模式中扮演着十分重要的角色，生物转换技术实际是在相同的土地上，将温室、沼气池等众多要素进行融合，进而形成一个有机整体，实现能量流动以及物质循环。此模式的优势就在于能够充分利用农业资源、降低环境污染与生产成本。因此，"四位一体"生态模式更加具有市场前景，从根本上解决环境污染问题，开辟真正意义上的绿色、高效、健康的生态模式。

### （二）南方"猪—沼—果"生态模式及配套技术

使用沼气作为核心，让林业和畜牧业等与沼气相结合，最终实现生态农业的共同发展和进步。通过这种模式可以充分地利用土地、田地等自然资源，并使用"沼气池、猪舍、厕所"三结合工程，围绕主导产业，因地制宜开展"三沼（沼气、沼渣、沼液）"综合利用，从而从源头上解决农业资源利用率低以及生态环境建设污染等问题，除此之外，还能够保证当地农民的收入以及农作物的产量。合理分配养殖业和林业的养殖规模以及沼气的存储量。在我国南方的许多地区，"猪—沼—果"的农业生产建设模式已经得到了广泛应用，并为当地的地区建设和农业发展以及生态环境提供了有效的帮助。

### （三）草地生态恢复与持续利用模式

随着社会的不断发展，我国草地生态遭受了严重的破坏，草原生态恢复工作显得越来越重要。草地生态恢复与持续利用模式实质上是一种遵循植被生长规律、能量流动、物质循环的草地生态模式。建立此生态模式的主要目的是恢复草场生态并且实现草场生态的可持续发展，针对草场生态受到严重破坏，恢复草场地区的植被，进一步提升草地生命力具有重要意义，这样可以有效遏制水土流失以及沙漠化，从而实现草地生态的可持续发展。退耕还草、扩大植被种植面积对草场生态恢复具有重要作用。

### （四） 农林牧复合生态模式

农业、林业、畜牧业共同发展的生态模式称为农林牧复合生态模式，此生态模式利用接口技术，打破时间以及空间对于农业生产的束缚，复合生态农业模式将不同产业联系在一起，通过物质循环、能量流动，实现资源的充分利用。种植业、畜牧业通过此生态模式可以实现能量的转换，种植业能够为畜牧业提供饲料，养殖业又可以为种植业提供肥料，不同产业之间互利互惠、相互影响。

平原农区在众多农区中占据重要地位，这是因为平原农区已经成为我国蔬菜、水果的重要产地，每年能为市场提供大量的蔬菜瓜果。因此，平原农区更需要推广农林牧复合生态模式，将农林、农牧、林牧相互融合并搭配相关技术，最终实现真正意义上的生态农业。在众多农林牧复合生态模式中，"粮饲—猪—沼—肥"生态模式与"林果—粮经"立体生态模式扮演着十分重要的角色。

### （五） 生态种植模式及配套技术

生态种植模式的确立需要深入研究作物生长情况和发育规律，充分发挥农业生产技术的优势，遵循生态发展规律，将农业生产与实际情况结合，合理分配自然资源、人力资源以及农业资源，提高种植业所带来的经济效益。光能、水能、肥料的合理使用更容易确立生态种植模式。

### （六） 生态畜牧业生产模式

生态畜牧业生产需要从多角度出发，充分发挥生态学、经济学、动物学、工程学等学科的优势，采取有针对性的措施，最终目的是降低环境污染、实现资源的合理分配，提升工作效率和工作质量。其中，生态学以及经济学对于生态畜牧业的发展具有重要意义，只有将经济学与生态学融合，才能够达到实现清洁农业的目的，提高农畜产品的质量与产量是畜牧业前进的目标。生态畜牧业生产模式对饲料以及饲料生产提出了更为严格的要求，饲料质量以及生产工艺会直接决定此模式成功与否。饲料必须健康、无公害，饲料生产应当尽可能减少废物的产生。现代生态畜牧业与生态环境息息相关，通常情况下，可以将生态畜牧业生产大致分为复合型生态养殖以及规模化生态养殖两种类型，这两种类型中囊括众多生产模式。

### （七） 生态渔业模式及配套技术

生态渔业模式及配套技术均遵循生态规律，先进的现代技术极大程度简化了渔业工作的复杂性，生态渔业模式实质上是一种保持生态平衡、按照生态规律进行渔业生产的模式，能够在保证水源不被污染的前提下对生物多样性进行调整。最常见的生态渔业模式为池塘混养模式，池塘混养模式就是将众多不同的物种放在同一个人工池繁殖，此模式正是凭借"适者生存、不适者被淘汰"原则的优越性调整生物多样性，通过人工池实验后，对水资源、渔业生产资源进行合理分配并搭配相关技术，最终实现生态渔业的发展。

### （八） 丘陵山区小流域综合治理利用型生态农业模式

据统计，丘陵山区占据我国国土面积的百分之七十，此地形最为突出的特点就是地貌变化大、地形复杂、物种多样，因此丘陵山区适合发展林业、畜牧业等绿色生态农业，丘陵山区小流域综合治理对发展丘陵山区农业而言具有重要意义，"围山转"生态农业模式与相关技术的完美融合以及生态经济沟模式与相关技术的完美融合，为丘陵山区小流域农业发展奠定了坚实基础。

# 第四章 <<<

# 计算机与通信技术

随着计算机信息技术的不断发展，各行各业越来越重视对其的应用，计算机信息技术为现代农业提供了有力的技术支撑，满足其发展的需要，在农业生产中，科学合理地应用计算机信息技术，有利于提高农业生产的效率与质量，促进现代农业迅速发展。本章重点围绕计算机的发展与特点、计算机系统、计算机通信技术等问题进行论述。

## 第一节　计算机的发展与特点

计算机自诞生以来，只经历了短短几十年时间，却已经极大地影响并将更广泛而深远地影响和改变人类社会的生活。随着计算机科学的迅猛发展，计算机科学与技术已经发展为多个研究方向的学科，诸如计算机设计、程序设计与实现、信息处理、算法设计与实现等学科的基础。计算机促进了信息时代社会各个领域的发展方向和发展路径的转变，让社会获得了前所未有的发展，因此也成为信息时代中重要的发展工具。随着时代的进步和发展，促进了计算机科学技术的不断前进，如何更好地利用计算机科学技术，进行计算机跨越式发展的分析和探索，促进社会发展和计算机科学技术的平衡，充分发挥计算机在社会发展中的价值和作用也成为目前的重要课题。

### 一、计算机的发展进程

计算机的历史开始于 20 世纪 40 年代后期。1956 年于美国宾夕法尼亚大学诞生的名为 ENIAC 的计算机被世人称为第一台真正意义上的电子计算机。但应该看到，计算机的诞生并不是一个孤立事件，既是长期的客观需求和技术准备的结果，也是几千年人类文明发展的产物。

### （一）计算机的发展阶段

电子计算机的发展与半导体工业互相促进，电子器件的发展也是推动计算机不断发展的一个核心因素。根据电子计算机所采用的电子逻辑器件的发展，一般将现代电子计算机的发展划分为四个阶段。

### 1. 计算机电子管时代阶段

该阶段主要集中在 1946—1954 年，这一时期的计算机采用电子真空管和继电器作为基本逻辑器件构成处理器和存储器。程序设计采用"0"和"1"组成的二进制码表示机器语言，只用于科学计算和军事目的。电子管时代的计算机具有体积大、速度慢、消耗大、造价昂贵等特点，代表机型除 ENIAC 外，还有 EDVAC 以及 1951 年批量生产的 UNIVAC 等。

### 2. 计算机晶体管时代阶段

该阶段主要集中在 1955—1964 年，这一阶段计算机的基础电子器件是晶体管，内存储器普遍使用磁芯存储器。磁芯存储器由美籍华人王安发明。第二代计算机运算速度一般为 10 万次/秒，甚至高达几十万次/秒。同时计算机软件有了较大发展，采用监控程序，出现了诸如 Cobol、Fortran 等高级语言。这一阶段的计算机应用不再限于计算和军事方面，还用于数据处理、工程设计、气象分析、过程控制以及其他科学研究领域。第二代计算机的标志是采用晶体管代替电子管。全世界第一台晶体管计算机由美国贝尔实验室于 1955 年研制成功。第二代晶体管计算机除了处理器的速度较第一代计算机大幅度提高以外，还采用了快速磁芯存储器，主存储器的容量达到 10 万字节以上。与第一代计算机相比，第二代晶体管计算机具有体积小、功能强、成本低、耗电少、可靠性高等优点。

### 3. 计算机集成电路时代阶段

该阶段主要集中在 1965—1970 年，随着电子制造工业的发展，计算机的基础电子器件改为中、小规模集成电路。在几平方毫米的单晶体硅片上，可以集成几十个甚至几百个晶体管的逻辑电路。集成电路由美国物理学家基尔比和诺伊斯同时发明。这一阶段的计算机特点主要集中在两个方面：一方面是内存储器使用性能更好的半导体存储器，存储容量有了大幅度提高，运算速度达到几十万次/秒到几百万次/秒；另一方面是软件技术进一步成熟，出现了操作系统和编译系统，并出现了多种程序设计语言，如人机对话式的 BASIC 语言等。第三代计算机的代表产品是美国 IBM 公司研制出来的 IBM S/360 系列计算机，包括大、中、小 6 个不同型号。与第二代晶体管计算机相比，第三代集成电路计算机具有体积更小、速度更快、稳定性更强、应用范围更广等优势。

### 4. 大规模、超大规模集成电路时代阶段

1971 年至今，随着半导体技术的发展，集成电路的集成度越来越高。第四代计算机采用大规模、超大规模集成电路作为主要功能部件。内存储器使用集成度更高的半导体存储器，计算速度可达几百万次/秒至数万亿次/秒。这一

时期的计算机无论是在体系结构方面还是在软件技术方面都有较大提高，并行处理、多机系统、计算机网络均得到长足发展，同时出现了数据库系统、分布式操作系统和各种实用软件。第四代计算机被广泛应用于数据处理、工业控制、辅助设计、图像识别、语言识别等方面，渗透到人类社会各个领域，并进入了家庭。

### （二） 计算机发展趋向及未来技术

#### 1. 计算机的发展趋向

计算机的发展趋向主要表现为巨型化、微型化、多媒体化、网络化和智能化等特征。

（1）巨型化特征。"巨型"并不是指计算机的体积巨大，而是指高速度、大存储容量、功能强大的超级计算机，其运算能力将达百亿次/秒以上，内存容量在几百兆字节以上。计算机主要用于尖端科学技术和军事国防系统的研究开发，如宇航工程、石油勘探、人类遗传基因、人工智能等要求计算机具有很高的速度和很大的存储容量。高性能巨型计算机一般分为两种：一种为巨型计算机；另一种为超级服务器。世界高性能计算机 500 强大部分属于超级服务器。巨型计算机的发展集中体现了计算机科学技术的发展水平，并将推动计算机系统结构、硬件和软件的理论和技术、计算数学以及计算机应用等多个科学分支的发展。

（2）微型化特征。微电子技术及超大规模集成电路的发展，使计算机体积进一步缩小，如膝上型、笔记本型、掌上型等微型计算机已得到广大用户的青睐。微型化是大规模集成电路出现后发展最迅速的技术之一。微型机的显著特点是 CPU 集成在一块超大规模集成电路的芯片上。自从 Intel 公司研制出 4004 微处理器以来，几乎每隔两三年微处理器就会更新换代，体积更小、速度更高的微型计算机不断被研制出来。微型化已经成为未来计算机发展的新研究领域。

（3）多媒体化特征。多媒体指文字、声音、图形图像、视频、动画等多种信息载体。过去的计算机只能处理单一文字，20 世纪 80 年代后期出现了多媒体技术，20 世纪 90 年代出现了多媒体计算机，把图、文、声、像融为一体，统一由计算机管理。多媒体已经成为一般微型机的基本功能。多媒体技术与网络技术相融合可以实现计算机、电话、电视的"三电一体"，使计算机功能更加完善。

（4）网络化特征。通过通信线路连接不同地点的计算机从而实现资源、数据以及信息共享的整合体被称为网络。计算机网络通过结合计算机技术和现代通信技术而产生，联网化发展也是计算机应用发展的必然结果。计算机网络的发展极快，目前已在交通、金融、管理、教育、商业和国防等各行各业得到广泛的应用，覆盖全球的 Internet（因特网）进入普通家庭，正在日益深刻地改变着世界的面貌。

（5）智能化特征。智能化是让计算机模拟人类的智能活动，如感知、判断、理解、学习、问题、求解等，是处于计算机应用研究最前沿的学科。它将使传统程序设计方法发生质的飞跃，使计算机不再只是简单地完成计算这一项功能，有利于计算机功能的扩展，在很多领域取代了人们的脑力劳动。现在许多国家都在积极开展智能型计算机的研制开发工作，这是人类对计算机技术的一种挑战。

**2. 计算机的未来技术**

计算机最重要的核心部件是集成电路芯片，芯片制造技术的不断进步是几十年来推动计算机技术发展的最根本动力。然而，以硅为基础的芯片制造技术的发展不是无限的，到达一定程度后，就必须开拓新的制造技术。从而引发下一次计算机技术革命的新技术可能是纳米技术、光技术、生物技术和量子技术。光计算机发展的关键是要制造出能耗少、体积小、廉价且易于制造的光电转换器。生物计算也称生物分子计算，主要特点是大规模并行处理及分布式存储。生物计算机作为一种通用计算机，关键是要建立与图灵机类似的计算模型。近年来，基于量子力学效应的固态纳米电子器件研究取得了很大进展，美国劳伦斯伯克利国家实验室的研究人员发现，直径为人头发 1/50000 的中空纯碳纳米管上存在着原子大小的量子器件。如何利用这些量子器件构成量子计算机则是难点。以上这些新技术离全面实际应用还有一定距离，但是前景乐观。

## 二、计算机的特征与分类

### （一）电子计算机的特征

在人们日常学习和工作中，我们所使用的计算机一般都是数字电子计算机，习惯省去数字两字，简称电子计算机。

电子计算机的特点大体上可以归纳为三个方面：

**1. 电子计算机是高速、高精度自动运算的机器。**

**2. 电子计算机具有记忆装置，即存储器。**计算的程序、原始数据、中间结果和最后的答案都可以存入记忆装置。存储程序是电子计算机的重要工作原则，它也是计算机能够进行自动工作的基础。

**3. 电子计算机具有逻辑功能。**它能够进行逻辑运算，在计算过程中遇到支路时，能够判断应走哪一条支路，这种特点使得计算机好像具有"思维"能力。计算机的逻辑功能是由程序实现的。具有以上特点的电子计算机称为冯·诺依曼体系结构的计算机。

电子计算机由两种类型组成：

**1. 模拟电子计算机。** 是一种采用电信号模拟自然界信号的计算机，它是早于数字电子计算机的一种计算机。该类电子计算机的不足之处在于具有复杂的电路结构和较差的抗干扰能力，计算出来的结果精度不高。

**2. 数字电子计算机。** 这一类电子计算机也成为普遍使用的一类计算机，以符号信号和数字信号作为内部处理信号。它内部的信号分散，也就是说相邻两个符号之间不会出现第三个符号。数字电子计算机和模拟电子计算机相比较起来，具有更好的信号处理能力。

### （二） 现代计算机的分类

计算机种类很多，分类方法也很多。根据用途不同，计算机可分为通用计算机和专用计算机。目前较为常用的一种分类方法是按计算机的运算速度、字长、存储容量等综合性能指标，将计算机分为以下四类：

**1. 巨型计算机 （超级计算机）。** 巨型计算机是计算机中价格最贵、功能最强的一类，它主要应用于航天、气象、核反应等尖端科学领域。

**2. 大型计算机。** 大型计算机包括通常所说的大、中型计算机，其特点是通用性强、综合处理能力强、性能覆盖面广等。它主要用于大公司、大银行、国家级的科研机构和重点理工科院校等。由于大型机研制周期长，设计、制造复杂，在体系结构、软件、外围设备等方面具有很强的继承性，因此只有少数国家从事大型机的研制、生产工作。日本的富士通、日立等公司与美国的IBM、DEC 都是生产大型机的主要厂商。

**3. 小型计算机。** 小型计算机具有规模小、结构简单、可靠性高、成本较低，易于操作又便于维护，比大型机更具有吸引力等优势，因此广泛用于企业管理、工业自动控制、数据通信、计算机辅助设计等，也用作大型、巨型计算机系统的端口。

**4. 微型计算机。** 一般情况而言，个人计算机 （PC） 指的是微型计算机。它是第四代计算机时期出现的新机种，也是目前发展最快的领域。因微型计算机体积小、重量轻、价格低、易用等优势渗透到社会生活的各个方面，几乎无处不在、无所不用。PC 机的核心是由大规模及超大规模集成电路构成的中央处理器 （CPU），又称微处理器 （MPU）。1971 年，美国 Intel 公司成功制造了 4 位微处理器 Intel 4004，并用它组成了世界上第一台微型计算机 MCS-4。它的出现引发了电子计算机的第二次革命。随后，Intel 公司又相继推出了 8 位、16 位、32 位、64 位微处理器。同时 Motorola、Zilog、Apple 等公司也在开发各自的微处理器。20 世纪 80 年代初，美国 IBM 公司采用 Intel 微处理器，在几年内，连续推出 IBM PC、IBM PC/XT、IBM PC 286、386 等系列的微型计算机，由于功能齐全、软件丰富、价格便宜，占据了微型机市场的主导地位，许多公司生产与 IBM PC 相兼容的个人计算机。

在随后的多年时间里，计算机有了很大发展，计算机系统不断升级换代，发展经历了以下六个阶段：

第一阶段（1971—1972 年）微型计算机是以 4 位微处理器为基础。这一阶段典型产品有 Intel 公司生产的 Intel 4004 和 Intel 4040，芯片集成度大约为 2300 个晶体管/片，时钟频率为 1 MHz。

第二阶段（1973—1977 年）的微型计算机以 8 位微处理器为基础。典型产品为 Intel 公司生产的 Intel 8080，Motorola 公司生产的 M6800 以及 Zilog 公司生产的 Z80；集成度为4000～10000 个晶体管/片；时钟频率为 2.5～5MHz。

第三阶段（1978—1980 年）的微型计算机以 16 位微处理器为基础。典型产品为 Intel 公司生产的 Intel 8086、Intel 80286，Motorola 公司生产的 M68000 以及 Zilog 共同生产的 Z8000；集成度为 2～7 万个晶体管/片；时钟频率为 4～10MHz。

第四阶段（1981—1992 年）的微型计算机以 32 位微处理器为基础。典型产品为 Intel 公司生产的 32 位微处理器 Intel 80386、Intel 80486、Pentium，集成度为 17～27.5 万个晶体管/片。

第五阶段（1993—1998 年）的微型计算机以 64 位微处理器构成的计算机。代表性的产品有 Intel 公司的 Intel 80586，即 Pentium 系列以及 80686 的 Pentium Pro 和 Pentiumll，内存分别为 16MB、32MB、64MB，可扩充到 128MB 以上；集成度达 310 万个晶体管/片；时钟频率为 60～400MHz。

第六阶段（1999 年至今）的微型计算机以 Pentium Ⅱ、Pentium Ⅳ 为代表，其带有更强的多媒体效果和更贴近现实的体验，集成度达 900～4200 万个晶体管/片，主时钟频率有 1.8～2.4 GHz，最高的主频已达到了 3.2 GHz。

微型计算机发展迅猛，使用的微处理器芯片的集成度几乎平均每 18 个月增加一倍，处理速度提高一倍。微型机将向着重量更轻、体积更小、运算速度更快、使用及携带更方便、价格更便宜的方向发展。

# 第二节　计算机系统

计算机是由若干相互区别、相互联系和相互作用的要素组成的有机整体。计算机系统包括计算机硬件系统和计算机软件系统两大部分。

## 一、计算机硬件系统

计算机硬件系统是指构成计算机的所有实体部件的集合。这些部件由电路

（电子元件）、机械等物理部件组成，它们都是看得见摸得着的，通常称为硬件，是计算机系统的物质基础。

## （一） 计算机硬件的组成

计算机硬件系统由五大基本构件组成，即运算器、控制器、存储器、输入设备、输出设备。运算器和控制器合称为中央处理器（Central Processing Unit/Processor，CPU）。计算机硬件的基本功能是接受计算机程序的控制来实现数据的输入、运算、输出等一系列根本性的操作。

### 1. 计算机硬件之间的连接线路

计算机硬件之间的连接线路分为网状结构与总线结构，通常采用总线结构。总线就是一组线的集合，它定义了各引线的电气、机械、功能和时序特性，使计算机系统内部的各部件之间以及外部的各系统之间建立信号联系，进行数据传递。按计算机功用来划分，计算机的总线目前主要有系统总线、局部总线、通信总线三种类型。

（1）系统总线。系统总线又称内总线或板级总线。因为该总线是计算机系统内部各部件（插板）之间连接和传输信息的一组信号线，是微型计算机系统中最重要的总线，人们平常所说的计算机总线就是系统总线，例如 ISA、EISA、MCA、VESA、PCI、AGP 等。

系统总线上传送的信息包括数据信息、地址信息、控制信息。因此，系统总线包含有三种不同功能的总线，即控制总线 CB（Control Bus）、地址总线 AB（Address Bus）和数据总线 DB（Data Bus）。

①控制总线（CB）。时序和控制信号的传送要依靠控制总线（CB）。在所有的控制信号中，有的使用如准备就绪信号、复位信号、中断申请信号、总线请求信号等其他部件反馈给 CPU 的，有的则使用如片选信号、读/写信号以及中断响应信号等 IO 接口电路和微处理器送往存储器。因此，控制信号可以决定控制总线要传送的方向，但通常情况下都是双向的。计算机的 CPU 决定了实际控制情况，而实际控制需要则决定了控制总线所需的位数。

②地址总线（AB）。地址的传送要依靠地址总线（AB）进行。地址总线是不同于数据总线的，因为它是单向三态的，地址在传向 I/O 端口或外部存储器只能依靠 CPU。CPU 拥有的内存空间取决于地址总线的位数，例如，16 位的地址总线是 8 位计算机拥有的，那么 2106＝64 KB 为最大可寻址空间；20 位的地址总线是 16 位微型机拥有的，那么 20＝1 MB 为最大可寻址空间。

③数据总线（DB）。数据信息的传送要依靠数据总线（DB）。双向三态为数据总线的形式，可以完成 CPU 数据和其他部件数据的相互传送。数据总线的字长一般与微处理器相同，位数是衡量微型计算机的一个不可或缺的指标。

（2）局部总线。局部总线是来自处理器的延伸线路，它与处理器同步操作。因此，PCI（Peripheral Component Interconnect，外设部件互联标准）总线不受制于处理器，它为 CPU 及高速外围设备之间提供了一座桥梁，可缩短外围设备取得总线控制权所需的时间，提高数据吞吐量。

（3）通信总线。通信总线是系统之间或微型计算机系统与设备之间通信的一组信号线。总线宽度（单位为 bit 的数据总线的位数）、总线传输速率（总线带宽）以及总线时钟频率（单位 MHz 的总线的工作频率）都可以决定总线的性能，单位 MB/s 代表每秒总线可以传送的最大字节数，也就是每秒处理的字节数。总线时钟频率×总线宽度/8＝传输速率为计算公式。

**2. 计算机硬件的主要单元**

（1）中央处理器。中央处理器是计算机内部的一个部件，既可以处理数据，也可以控制处理过程。芯片集成密度随着不断进步发展的大规模集成电路技术而变得更高，一个半导体芯片就能够集成 CPU。当大规模集成电路器件具备中央处理器的功能时就被称为"微处理器"。中央处理器主要包括两个部件，即运算器和控制器，CPU 是计算机系统的核心。

（2）存储器。存储器（Memory）也称内存储器或主存储器，它是用于存放原始数据、程序以及计算机运算结果的部件。内部存储器一般由地址译码器、存储矩阵、控制逻辑组成。存储器是由大量的基本存储元件组成的，每一个基本存储元件存储一位：二进制数据"0"或"1"。凡是具有两个稳定状态的元件均可用作基本存储元件，一般都由半导体元件组成。存储器被划分成许多存储单元，每个存储单元可以存放一个数据或一条指令。为了能够按指定的位置存取，必须给每个存储单元编号，这个编号就是存储单元的地址。地址与存储单元一一对应，每个存储单元都规定了一个唯一的地址。要访问某一个存储单元（向存储单元写入数据或从存储单元中读出数据），我们就要给出这个存储单元的地址。在计算机处理数据时，一次可以运算的数据长度称为一个"字"。字的长度称为字长。一个字可以是一个字节，也可以是多个字节。常用的字长有 8 位、16 位、32 位、64 位等。

（3）外部设备。外部设备也称"外围设备"，是指连在计算机主机以外的硬件设备，包括输入设备和输出设备两个部分。其对数据和信息起着传输、转送和存储的作用，是计算机系统中的重要组成部分。

①输入设备。输入设备负责接收用户提交给计算机的程序、数据及其他各种信息，并把它们转换成计算机能够识别的二进制代码，送给内存储器。常用的输入设备主要有：键盘、鼠标、数字扫描仪以及模数转换器等。

②输出设备。输出设备是变换计算机输出信息形式的部件。它将计算机运算结果的二进制信息转换成人类或其他设备能接收和识别的形式，如字符、文

字、图形、图像、声音等。现在，像激光印字机、阴极射线管显示器以及绘图仪等都是使用频率较高的输出设备。

## （二）微型计算机硬件系统

微型计算机是第四代计算机的典型代表，是以超大规模集成电路的中央处理器为主，配以少量的内存储器和有限的外存储器及简单的输入设备（如键盘）和简单的输出设备（如显示器）等，再配备比较简单的操作系统构成的计算机系统。

### 1. 微型计算机的特征

1971 年末，世界上第一台微处理器和微型计算机在美国旧金山南部的硅谷应运而生，它开创了微型计算机的时代。由于微型计算机是采用 LSI 和 VLSI 组成的，因此除了具有一般计算机的运算速度快、计算精度高、记忆功能和逻辑判断力强、自动工作等常规特点外，还有自己的独特特征。

（1）具有结构简单、设计灵活、适应性强特征。微型计算机的硬件结构以模块化为主，尤其是微型计算机系统在使用总线结构后，体系结构变得更加的开放，标准化的插槽和接口连接了系统中不同部件，微型计算机系统可以根据用户的需求设置，只需选择自己需要的外围设备和功能部件（板卡）即可。微型计算机不仅具备可编程功能，还具备模块化结构，因此，若微型计算机的部分系统硬件被改变，或全部不改变，那么在得到软件支持后就可以满足各种任务，或者让计算机系统变得更为高级，这说明微型计算机不仅可以被广泛地应用，适应性也非常好。

（2）具有可靠性高、对使用环境要求低特征。微型计算机系统之所以减少了芯片和接插件的使用数量，降低了安装的难度，就是因为使用了大规模集成电路。而且由于 MOS 电路芯片不需要大的功耗，发热量也不大，都让微型计算机变得更为可靠，这同时也对环境没有了较高的要求，家庭和办公室都可使用。

（3）具有体积小、重量轻、功耗低特征。微型计算机使用的集成电路变为大规模和超大规模之后降低了器件使用数量，体积也因此变小了。13000 个标准门电路就可以组成 16 位微处理器 MC68000，这和小型机 CPU 有同样的功能，只需要 1.25W 的功耗，（6.25×7.14）mm² 则是芯片面积。32 位的超级微处理器 80486 所需的晶体管电路为 120 万个，芯片只有十几克的重量，（16×11）mm² 为芯片面积。当以 50 MHz 时钟频率工作时，3 W 是其最大功耗。

（4）性能价格比高特征。不断发展的微电子学与不断进步的大规模和超大规模集成电路技术都降低了集成电路芯片的价格，这同时也降低了微型机的成本，让虚拟存储、RISC、流水线等技术不再只应用于大、中型计算机中，而是也可以应用于微型机中，从性能看，Pentium Ⅱ、Pentium Pro 等这些微型计算机早就超越了中、小型计算机，甚至可以与大型机相媲美，但价格却要低很多。超大规模集成电路技术的高速发展与不断提升的自动化水平，不仅扩大了生产规模，在降低微型机价格的同时使其拥有更高的性价比，这会扩大微型计算机的应用范围。

**2. 微型计算机的分类**

微型计算机有多种分类方式，按微型计算机的组装形式和系统规模可分为以下方面：

（1）单片机。在一块集成电路芯片集成存储器、微处理器以及输入接口和输出接口就是单片机，其优势在于体积不大，在仪表内部就可以放下，不过单片机没有较大的存储量，功能不高。

（2）单板机。单板机就是用一块印制电路板组装微处理器、输入输出接口、存储器、小键盘、简单的发光二极管显示器以及插座等这些计算机的不同部分。从功能看，单板机要强于单片机，可以控制生产过程。教学中可以使用单板机，因为它能在实验板上直接操作。

（3）个人计算机。个人计算机就是计算机只用于单个用户。

（4）多用户系统。多用户系统指的是多个终端连接在一个主机上，这个主机可以被多个用户在同一时间使用，计算机的软硬件也可以被他们共享，主存储器、CPU、打印机以及磁盘机等都属于硬件资源；而高级语言、系统软件、数据以及常用程序等都属于软件资源。当微型计算机系统含有多个用户时，CPU 并不被用户终端包含在内，用户只有一个显示器和键盘，计算机的 CPU 和软件会在用户共享的过程中完成自己的那份工作。

（5）微型计算机网络。利用通信线路连接多个微型计算机系统的网络就会形成微型计算机网络，这可以让微型计算机之间处理和交换信息，达到共享资源的目的。相比于多用户计算机，计算机网络与其最大的不同之处就是网络的每个终端都可以独立运行，因为它们的 CPU 都是自己专属的，而多用户计算机并不能独立运行，因为终端并没有 CPU。

**3. 微型计算机的系统硬件单元**

微型计算机包含了多种系列、档次、型号的计算机，如 IBM PC 等。这些计算机的共同特点是体积小，适合放在办公桌上使用，而且每个时刻只能一人使用，因此又称为个人计算机。对于微型计算机系统来说，硬件单元主要有主板、微处理器（CPU）、内存储器、外存储器等设备。

## 二、计算机软件系统

计算机软件系统又可以划分为系统软件和应用软件两大类。系统软件以操作系统为代表，直接管理各类复杂的硬件设备，并为应用软件提供支持，直接面向用户，应用软件多种多样，提供丰富的应用功能。

## （一） 系统软件

系统软件是在硬件基础上对硬件功能的扩充与完善，其功能主要是控制和管理计算机的硬件资源、软件资源和数据资源，提高计算机的使用效率，发挥和扩大计算机的功能，为用户使用计算机系统提供方便。

系统软件有两个主要特点：一个是通用性，任何应用领域的用户都要用到它；另一个是基础性，它是应用软件运行的基础，应用软件的开发和运行要有系统软件的支持。

系统软件由四种类型组成：一是操作系统；二是语言处理程序；三是数据库管理系统；四是支撑软件。

### 1. 操作系统

操作系统（OS）是为了控制和管理计算机的各种资源，它是以充分发挥计算机系统的工作效率和方便用户使用计算机而配置的一种系统软件。由计算机上最基础的系统软件组成，是计算机的核心部分，也是每个计算机都不能缺少的部分。操作系统是管理控制计算机系统软件、硬件和系统资源的大型程序，是用户和计算机之间的接口。操作系统的主要作用是提高系统资源的利用率，可以为用户提供方便、友好的用户界面和软件开发与运行环境。

### 2. 语言处理程序

除机器语言程序外，汇编语言或高级语言编写的程序要经过翻译以后才能被计算机执行，这种翻译程序称为语言处理程序。语言处理程序主要包括汇编程序、解释程序和编译程序三种。

### 3. 数据库管理系统

数据库是在计算机存储设备上进行存储以用来组织某种数据模型，供用户进行应用或者共享的一种数据集合体。数据管理系统则是对数据进行管理服务的一种软件系统，其实现的服务主要包括以下几类：一是定义数据对象服务；二是访问和更新数据服务；三是存储和备份数据服务；四是分析和统计数据服务；五是保护数据安全服务；六是管理数据库运行服务；七是维护和建立数据库服务等。

### 4. 支撑软件

支撑软件是用于支持软件开发、调试和维护的软件，它可以帮助程序员快速、准确、有效地进行软件研发、管理和评测，如编辑程序、链接程序和调试程序等。编辑程序为程序员提供了一个书写环境，它主要是用来建立、编辑源程序文件。链接程序用来将若干个目标程序模块和相应高级语言的库程序连接在一起，产生可执行程序文件。调试程序可以跟踪程序的执行，帮助程序员发现程序中的错误，便于修改。

### （二）　应用软件

应用软件主要是指用户利用计算机及其提供的系统软件解决各种实际问题而编制的计算机程序。应用软件具有很强的实用性，专门用于解决某个应用领域中的具体问题，因此，应用软件又有很强的专用性。

应用软件的内容很广泛，常见的应用软件可以分为以下方面：

**1. 网页制作软件**

网页制作软件主要用于网页制作和站点管理以及准备网页制作图像和动画素材的相关软件。网页制作软件主要有 Fireworks、Dreamweaver 与 Flash 等。

**2. 多媒体及动画制作软件**

多媒体及动画制作软件主要用于辅助用户制作带有声音、文字、图片等的动画或辅助用户制作动画片、影视广告、电视节目片头等的相关软件。多媒体及动画制作软件主要有 Author ware、3Dsmax、Director 等。

**3. 图形图像处理软件**

图形图像处理软件主要指可辅助用户进行艺术创作（如制作图书封面、海报、绘画），以及对图片进行艺术化处理等操作的相关软件。目前，使用较多的图像处理软件主要有 Painter、Photoshop、CorelDRAW 等，它们可以方便地进行简单的绘画以及图像处理、图像合成等操作。

**4. 办公自动化软件**

办公自动化软件主要是指利用计算机进行公文处理、电子表格制作、幻灯片制作、计算机通信等的相关软件。Microsoft Office 是目前世界上使用较多的办公软件，该软件为大型套装软件，主要包括 Word、Excel、PowerPoint、Front Page 等。WPS 是使用较多的计算机办公软件，其功能类似 Microsoft Office。

**5. 各种实用工具**

各种实用工具软件主要用于辅助管理和使用计算机，如磁盘分区软件 Partition Magic、磁盘复制软件 Ghost、文件压缩/解压缩软件 Win RAR、Win Zip 电子词典与翻译软件金山词霸、图像浏览软件 ACD See、杀毒软件瑞星、系统测试与系统优化软件等。

## 三、硬件和软件的联系

计算机系统包括硬件和软件系统两个部分。计算机系统不可以缺少硬件及软件。计算机系统就是基于计算机硬件才能够可靠且快速运行，每个组成计算机系统的部件都可以被称为计算机硬件。从这个意义上而言，没有硬件就没有计算机，计算机软件也不会产生任何作用。但是一台计算机之所以能够处理各种问题，这是因为它具有处理和解决这些问题的程序。计算机软件就是计算机程序及其有关文档。裸机就是没有一个软件，裸机只能做简单的工作。计算机系统不可以缺少软件。裸机上运行的其他软件都基于操作系统，可以首次对裸机进行扩充，是最基本的系统软件。只有得到系统软件的支持才能运行其他应用软件，用户遇到的实际问题可以用应用软件解决，它也可以被用户直接使用。

# 第三节　计算机通信技术

## 一、计算机通信技术的认知

通信技术是信息技术的一个重要子类，虽然信息工程具有宽泛的覆盖面，且现代信息处理与存储等技术越发精湛，但通信业的崛起却具有更大的社会效益和意义。通信的含义无论从英文 Communication 或中文"通信"来看，"通信"本身就在很大程度上体现了通信的定义或含义。

通信的含义具体体现在以下两个方面：

第一，通信是指信息、消息的传递。在古代，烽火台和消息树、信鸽，都是传递信息的方式；到了现代，书信、电话、文字、电报、电视、网络和广播等成为新型通信方式。自古以来，为了传递信息，人们发明了许多种通信方式。随着技术的发展，现在的通信手段和设备更加依赖"电"。这是因为电通信的方式更灵活自由，不受时间、地点、场合和距离的局限，而且传递速度非常快。因此，现在通信的概念都表示"电通信"。传递消息的目的在于接收一方获取原来不知道的内容或信息。如何准确、高效地传递消息是通信系统研究的主要问题，因此，将各类消息中的共性，即接收端原本不知道的内容，抽象出来定量分析非常必要。

第二，消息是具体的，但它不是信息本身。消息携带着信息，消息是信息的表达者。对于某一个消息，不同的接收者所获取的信息量不同。

### （一）计算机通信的性质与特征

随着计算机网络技术的不断进步，为信息产业带来了翻天覆地的改变，目前国内大部分的企业都基本上普及了计算机通信为基础的计算机网络。企业内部不同部门之间的数据、信息的传递都可以通过内部局域网来实现，这有利于提升各个部门的工作效率，以及企业的经济效益；而且随着网络化办公系统的成熟化发展，让办公更加轻松快捷，这也在较大程度上促进了跨国公司以及公司之间管理的创新。此外，网络销售也随之快速地发展起来，具有支付的灵活性、交易的便捷性以及价格的低廉性等优势，因此其发展势头也是非常迅猛的。随着计算机通信的发展，促进了国内很多企业经济效益的提升。这些优势都由计算机通信自身的特征所决定。

计算机通信技术主要优势在于具有强大的数据分析处理和数据交换功能，和传统的电话通信比较起来，具有以下方面的特征：

首先，数据信息传输能力的高效性。每个线路可以进行 48 万字符/分钟的传输能力，可达到 64kbit/s 的传输速率。而语言模拟信息传输方式只能达到 18000 字符/分钟的传输能力，传输速率也只有 2400bit/s，由此也可知，数字传输具有更高的传输效率。

其次，数字通信技术可以传达数值、视频、文字、语音以及图像等多媒体通信信息，特别是在多媒体通信占主要通信地位的今天，数字通信技术的发展也显得尤为重要。再次通过分析网络数据可知，计算机通信保持 25% 的数据通信持续时间可达 1 秒以下，有 50% 的数据可以持续时间在 5 秒以下。这远远要高于电话通信的平均持续时间；而且计算机通信的呼叫时间也远远短于电话通信的时间。这也导致了计算机通信的数据传输能力会更强，这也使得通信硬件设施的维护成本和建造成本降低。随着数据传输能力的提升，也促进了经济效益的实现。

最后，计算机通信应用数字通信技术的加密往往要比电话通信简易，而且解密难度更大，这能有效地确保信息的安全。加上其具备良好的抗干扰能力，在降噪和远距离传输信号稳定性上也具有更大的优势。

### （二）　计算机通信系统的构成

通信是指跨越时间和空间传递信息的过程。通信系统是信息传递过程所需要的传输媒介和技术、设备的总和。在通信系统的运转过程中，信息源将各种信息转换成不同的原始电信号（这些原始电信号又叫作基带信号和消息信号）发送出去。一般而言，信息源可以分为离散信源和模拟信源，划分依据主要是信息源输出的信息的特征。离散信源输送出去的信息是离散的符号序列和文字，在数字重点设备中较为常见，比如计算机和电传机；模拟信源输送出去信号幅度具有连续性，常用的设备包括摄像机、电话和电视机。其中，通过量化和抽样的方式，模拟信源可以转化成离散信源，特别是随着通信技术和计算机技术的迅速发展和普及，现在离散信源的数量和种类不断增加。

#### 1. 发送设备

在通信系统中，发送设备主要包括信道编码设备和信源编码，功能和作用也是围绕这两个部分开展，即通过信源将消息转换成相应的消息信号后，再将这些信号转换成可以在信道中传输的信号，让信源和信道相互匹配。其中，信源的消息信号转换方式多种多样，对于需要搬移频谱的情况一般使用调制的方式。

**2. 噪声**

噪声的来源渠道多元化，主要包括外部噪声和内部噪声，外部噪声是信号在信道中传输时，信道中产生的噪声；内部噪声主要是通信设备发出的声音，比如某些器件的热噪声和散弹噪声。为了便于分析，一般我们会将这些产生噪声的源加入信道一起分析。

**3. 信道**

信道是指信号传输依赖的渠道，主要是指物理媒介，不同环境下信道不一样。在有线信道环境下，电缆、光纤、双绞线都可以作为信道；在无线信道中，包括大气在内的自由空间都可以充当信道。不论是哪种信道，都有许多种物理媒质可供使用，而且不同媒质的属性不同，产生噪声和干扰也不一样，这对通信质量产生直接影响。因此，为了体现出不同物理媒质对信息传输和通信质量的影响，可以将这些媒质的特性建立数学模型进行比较。

**4. 接收设备**

接收设备的任务是完成信号的接收及对接收信号进行处理，从接收到的带有干扰的信号中正确恢复出相应的原始基带信号来。

## 二、计算机技术对社会的作用与影响

随着现代计算机技术的发展与应用，在社会生活中扮演着越来越重要的角色，在各行各业中得到了越来越深入而广泛的应用。特别是，随着互联网在全世界的迅猛兴起，使信息技术渗透到生产、消费、传输（通信）等社会生活的各个方面，在提高工作效率和生活质量等方面发挥着重要的作用，并且其直接影响着现代和未来社会的发展方向。

### （一）计算机技术推进社会发展信息化

伴随着计算机技术的发展和广泛应用，使得大量数据的存储和共享成为可能，建立和促进了社会信息化，给经济和社会的方方面面带来深刻的影响。信息生产、流通和消费的规模的不断扩展也促进了信息化进程，并让人们的信息消费也发生了新的变化。计算机技术体系在光通信、智能机、大规模集成电路、综合数字网、卫星通信以及遥感等技术的不断发展推动下也有了飞速的发展，从而使全球性的信息生产、流通和消费都发生了新的变化。自 20 世纪 80 年代后，科技信息的增长递增速度达到了 20%，而且其递增速度还在不断上涨，从而导致了信息量较大现象的产生。信息本来就是一切生产活动、经济活动与社会生活都离不开的要素，并随着时间的推移越来越显露其重要性，而现代计算机技术使其具有了更为广泛的用武之地。现在，生产制造、产品设计、家庭生活、教育、商业、娱乐、金融等各行各业都普遍使用了新兴计算机技术。随着计算机技术的不断发展，实现了人们无空间时间限制进行交流和沟通的愿望。这也是历史上任何技术都无法比拟的，从而深刻地影响了人们的日常生活和工作。

### （二）　计算机技术改造着经济与社会的技术基础

信息技术也不断地向其他门类进行渗透，从而使整个技术体系产生了深刻的革新，为经济和社会发展创造了全新的局面。从生产技术的角度来看，使得生产体系更加的智能化，像计算机辅助制造、计算机辅助设计、机电一体化设备等都应运而生；从事务处理的角度看，随着信息技术的发展，使办公也向着自动化和便捷化方向发展，不但提升了信息处理的效率，也有效提升了决策水平；以企业经营的角度来看，使管理信息系统的建设更加的完善，从美国APICS学会的统计数据得知，能够促使企业的库存和制造成本分别降低35％和12％，而且有效减少10％管理人员、提高10％～15％生产能力等。

随着信息化的快速发展，信息业也在国民经济中独立出来，且对经济发展产生了积极的意义。世界范围内在早期就有专家提出应该将信息产业独立出来，将其划分为第四产业，而且这一产业的发展势头也非常强劲。首先，和该产业有关的很多新兴子行业萌发出来。像系统集成以及计算机软件开发等行业就是如此。同时，各种网络服务商和网络集成行业也随着因特网的出现和发展迅速地崛起。其次，在数字技术的强劲推动下，传统信息产业也出现了新的经济增长点。信息技术深刻地改变了人们的社会生活。电化教育和多媒体教学、远程教学的出现，改善了边远地区的教育现状，节约了学生的学习时间也降低了学习成本；远程医疗的出现，让人们的医疗得到了更好的保障；而且使家庭办公也成为可能，有效降低了出行成本，缓解了交通压力，并使得工作质量和效率都得到了提升，在一定程度上提高了人们的家庭生活质量；而且人们的日常生活也受到了电视、电话、电子娱乐以及家用计算机的深刻影响。

### （三）　计算机技术对社会发展的影响

计算机技术与网络技术紧密结合。计算机技术对社会发展的不利影响，主要体现在计算机网络也在一定程度上影响了社会的发展。由于现在的网络技术还未成熟，虚拟性和不真实习惯也造成了网络管理的难度和难以规范化管理，因此也促进了一些不良思想在网络上的广泛传播。同时，在一定程度上加剧了世界发展的不平衡现象。各个国家对信息掌握能力有所不同，这也会对其经济产生制约性的影响，现在发达国家重点进行网络信息高速公路的建设，为低迷的经济现状带来了新的发展机遇，使社会经济出现了全面复苏的趋势。因此信息已经成为各国和各企业实体参与竞争的主要手段。不过高效、完整的信息网络的建设要投入大量的资金和技术，这对有些国家是一项长期、艰巨的任务。

国家的信息化程度受国家经济实力制约。具有完善的信息基础设施和较强实力的国家和地区在信息开发和利用上就具有一定优势，对经济的发展也会产生强大的推动力，从而促进国家的强大。相对的，经济较为落后的国家或者地区，由于信息化的建设跟不上网络发展的步伐，经济竞争力减弱，从而社会经济发展也会受到较大的制约，还可能出现倒退的情况。因此导致各国经济差距的加大也是网络时代的不利影响。很多的民族文化也会受到网络普及的影响。网络让人们可以轻松地了解世界信息，这也在很大程度上会制约地区语言和文化的传承和发扬。这是因为网络世界采用的是统一的操作系统和通信，这也促进了网络语言的统一化。因此，这也就吸引了人们都来学习网络语言，反而忽视了学习民族语言和民族习俗。虽然网络在很大程度上减轻了人们的劳动力度，也让人们的生活更加便捷，但是其带来的人类社会的危机也是不容忽视的。网络突破了时间和空间的限制，使得人们越来越沉迷于网络的便捷，从而在现实中不愿意和人交流和沟通，不利于培养集体意识，从而不利于形成和强化社会意识等。

计算机技术的发展是人类文明发展的里程碑式纪念，是人类现代化发展的标志，促进了知识经济时代的发展。随着计算机网络的发展，使得人们的沟通和交流不再受时空的限制，有利于人们之间情感的交互，使人们的生存空间得以扩展，让人们获得更便捷的生活需要。不过，网络也有着一定不足之处，它给人们的生活环境带来了全新的变化，对人们提出了新的层次要求，也对人们的思想和行为带来了一定变化，因此需要把握好网络时代的优势，让人类社会文明获得更高层次发展。

# 第五章 <<<

## 计算机科学与技术学科

随着社会的发展进步，计算机科学技术愈加成熟完善，目前，计算机科学技术已经在很多产业中得到了广泛的应用，产生了巨大的经济效益，推动了相关产业的发展。本章重点围绕计算机科学与技术学科的发展特点、计算机科学与技术学科的变化规律与知识体系、计算机科学与技术学科的结构与人才培养等问题展开论述。

## 第一节　计算机科学与技术学科的发展特点

从狭义上来说，计算科学就是计算机科学与技术。在我国，计算学科通常称为计算机科学与技术学科，又称计算机学科。本科教育中的计算机学科包含了软件工程、网络工程以及计算机科学与技术等方面，而计算机专业则是它们的统称。计算机科学与技术学科的学术内涵和理论基础都很丰富，应用背景和投资前景也非常广阔。这门学科是高新技术的代表，能够给社会带来巨大的影响。20世纪30年代后期，在计算模型、数理逻辑、自动计算机器以及算法理论的研究下诞生了计算机科学与技术学科。这门学科研究的技术和理论包含了存储表示、计算机制造、计算机信息获取、计算机设计、处理控制等多个方面。

学科的认知问题是学术界长期以来一直探讨的问题。20世纪30年代，计算机科学与技术的研究与发展处于萌芽状态，从事研究的科学家主要来自数字和电子科学领域。数学家主要是围绕计算展开了不断探索，不断地研究计算的数学理论模型，最终的目的是要找到计算的极限。图灵和冯·诺依曼的贡献使得存储程序通用电子数字计算机在20世纪40年代诞生，人类使用自动计算装置代替人工计算和手工劳动的梦想成为现实。

20世纪50年代后期，高级程序设计语言的发展促进了硬件、软件与理论的融合，计算的数学理论、通用电子数字计算机系统、科学计算、高级语言程序设计等多个方向的研究进展催生了计算机科学学科的出现。

20世纪70、80年代，众多大学的计算机科学系分化为计算机科学系和计算机工程系两大阵营，以后又出现了一些变形，例如管理与信息科学系、电子与计算机工程系、数学与计算机科学系，以及计算机科学与工程系等，引发了计算学科属"工科"还是"理科"的争论。由于对计算机科学领域开展工作的侧重点不同，对学科的认识不同，产生了对学科发展道路与人才培养方面的不同认识和诸多争议。

## 一、计算机科学与技术学科的分支学科

从教学计划看，计算机科学、计算机工程、信息技术、信息系统、软件工程等都属于比较成熟的计算分支学科。

### （一）计算机科学

机器人技术、计算的理论、智能系统、计算机视觉、算法和实现、生物信息学等新兴领域都属于计算机科学的范围。其范围非常广泛。计算学科是基于计算机科学的，计算机科学专业不仅重视计算的算法，还重视计算的理论基础，因此从这一专业毕业的学生既可以从事软件开发，也可以研究相关理论。

### （二）计算机工程

计算机工程这门学科研究的是软件与硬件在计算机控制与现代计算系统下的建构、设计和实施。例如嵌入式系统这种软件与硬件相结合的系统是这门专业学生关注的重点。

### （三）信息技术

计算技术的各个方面都属于信息技术，但这里专指信息技术，是要求在相应的环境和组织下对用户需求的满足依靠创造、选择、集成、应用和管理等计算技术。

### （四）信息系统

信息系统这门学科指的是如何在企业生产和商业流通中融合相应的信息技术方法，以符合他们的需要。这门学科培养的学生更关注管理、获取和使用信息资源，还能够分析所需信息，设计出的系统与目标是统一的。计算机科学是我国计算机科学与技术这门学科要重点教授的。《高等学校计算机科学与技术专业发展战略研究报告暨专业规范（试行）》是由我国教育部高等学校计算机科学与技术教学指导委员会出台的相关政策，其指出，在专业人才培养的过程中要按照计算机工程、软件工程、信息技术和计算机科学四个方向进行。

### （五）　软件工程

软件工程这门学科是指在开发、运行和维护软件的过程中要使用学科、系统和定量的方式并不断地探索和研究。这门学科培养出的学生在软件系统的开发与维护过程中更加注重以工程规范为标准，这样才能保证软件系统的安全性。

## 二、计算机科学与技术学科的研究范围

计算机理论、网络、应用软件以及硬件等方面的研究都属于计算机科学与技术学科的范围，根据研究内容也可将其分为三个层面，即基础理论、专业基础和应用。

### （一）　计算机科学的研究范围

计算机科学的研究范围主要包含三个方面：

一是找到有效的方法解决计算问题。例如，在数据库中存放信息、在网络上传送数据、显示复杂图像等的最佳可能途径。从事这类工作的人，应该有良好的理论基础，使他们能够确定并设计出性能良好的算法；

二是构建使用计算机的新方法。网络、数据库和人机交互技术结合的发展，形成了 WWW 技术，改变了世界，计算机科学家们正在努力使机器人能有更强的智能，使其能够承担更多的工作，让数据库能够产生更多知识，使计算机承担更多、更复杂的工作；

三是设计实现软件。设计并使更多的人能更好地参与系统的实现。计算机科学的学生将更加擅长新的技术和新的观念。一般而言，计算机科学家关心这些领域几乎所有的东西，如运行软件的硬件系统、用计算机可以提供的信息如何组织等。这个分支强调软件设计、程序设计语言理论、科学计算、图形学和可视化、智能系统、信息管理理论、程序设计基础、算法与复杂性、操作系统原理与设计等，弱化商业需求分析、技术支持、系统管理、数字媒体开发、软件工程经济学、软件进化、电子商务、信息系统组织的管理。

### （二）　计算机工程的研究范围

计算机工程的主要研究范围是计算机和以计算机为基础如何搭建计算机系统，具体包括计算机硬件、软件、通信系统和它们之间的交互运转。这门学科的教学内容包括数学、传统的电子工程领域的理论知识和操作过程，并用这些理论和实践经验解决计算机系统、计算机设备和通信系统运转过程中出现的问题。因此，这个专业的学生学习通信系统、计算机设备、计算机、如何设计计

算机系统、如何开发计算机软件等多方面的知识。教学目标具有较强的工程属性，更加突出硬件学习，目前这个领域中的热点话题是嵌入式系统。由此可见，计算机工程的学科内容包括计算的软硬件和系统的建设、开发。

由于计算机工程师可以参与软件开发，但他们主要是为了集成设备而关心软件，因此，他们关心的应该主要是系统软件和那些对硬件系统直接使用的应用软件。这个分支强调操作系统原理与设计、人机交互、法律/职业/伦理/社会、技术需求分析、嵌入式系统、分布式系统、计算机体系结构与组织、计算系统工程、数字逻辑等，弱化平台技术、商业需求分析、技术支持、软件过程、电子商务、信息系统组织的管理等。

### （三） 软件工程的研究范围

软件系统开发需要大规模软件的知识专长。软件工程的主要目标是开发系统模型和按时并在有限预算下生产高质量软件的可靠技术。因此，软件工程和其他的工程类学科不同，它寻找计算机科学中的科学与工程原理的结合，探讨以工程的规范有效地开发和管理软件系统。由于软件工程致力于开发高效的软件系统，因此需要沿着软件开发向下扩展到系统的内部结构，以更有效地开发和利用硬件系统的性能；再考虑到设计开发的软件系统面向用户，因此需要向上扩展到一些应用技术问题并对组织论题有适当了解。这个分支强调软件过程、软件工程基础、软件验证与测评、软件模型化与分析、人机交互、法律/职业/伦理/社会、技术需求分析、软件设计、信息管理（数据库）理论、程序设计基础，弱化数字媒体开发、信息系统组织的管理、科学计算（数值方法）、智能系统等。

### （四） 信息技术的研究范围

信息技术有两层意义：广义是指计算机技术通用；狭义是为了满足商业、政府、保健、学校以及其他组织的技术需要而设置的教学计划。与信息系统学科的重点在于"信息"相对应，信息技术学科的重点在于"技术"。新信息技术学科关注广大用户和组织的应用、开发和配置需求。从相关组织的信息系统，到应用技术，到内部结构，信息技术从业人员的任务与信息系统有一定交叉，但他们特别关注由计算技术满足人们的需求。这个分支强调人机交互、技术需求分析、操作系统配置与使用、电子商务、网络为中心的使用与配置、保密的实现与管理、系统管理、数字媒体开发、信息系统组织的管理，弱化信息管理（数据库）理论、嵌入式系统、程序设计语言理论、软件工程经济学、数字逻辑、图形学和可视化、软件工程工程基础、计算系统工程、科学计算（数值方法）、智能系统等。

### （五）　信息系统的研究范围

信息系统合并信息技术更多的应用于商务开发领域，主要为商务领域提供商务处理集成和信息技术解决方案，是信息技术、商务需求探讨和商务基础等多方面共同作用的结果，从而满足商务领域对信息的需求。这门学科更加重视"信息"内容，而技术是为了产生、传递、处理信息的有效手段，强调信息系统中各个组织架构之间的关系。信息系统是复杂的系统，包含了许多内容，既要求相关技术人员要懂整个系统的组织架构、系统包含的设备和技术，又要明白如何操作该系统。

许多信息系统工作者也参与系统的开发、配置和用户的培训。因此，除了关注信息的获取外，还需要在应用的角度关注系统开发及内部结构，因为信息系统专家经常需要为满足企业的需求而配置应用技术（特别是数据库），他们经常利用软件产品开发为组织提供信息的系统。这个分支强调商业需求分析、技术支持、信息系统开发、系统集成、信息管理（数据库）实践、人机交互、法律/职业/伦理/社会；弱化智能系统、数字逻辑、图形学和可视化、程序设计语言理论、操作系统原理与设计、软件过程、软件工程基础、信息系统组织的管理、计算系统工程、科学计算（数值方法）、嵌入式系统等。

程序是设计和构建计算机工程、软件工程、计算机系统的重要内容，是这些系统建设的根基。程序具有非物理属性，因此与计算机科学相关的学科都具有抽象属性。这也确定了信息系统学科的教学内容——通过学习计算机和信息系统的基本原理以及算法，深度开发计算机系统的硬件和软件，而不仅仅是关注应用本身。因此，对于学习这些学科的学生，在教学计划上要加强培养他们的数据建模能力，提高他们表达、理解和解决抽象问题的能力，具体来说，更加强调培养包括逻辑思维、抽象思维和模型化在内的计算思维能力。

## 三、计算机科学与技术学科的特征和发展

计算机科学与技术学科是以数学和电子科学为基础，理论与实践相结合的一门新兴学科。数学及其形式化描述、严密的表达和计算是计算学科描述问题和求解基本的手段和方法。电子科学是实现问题自动化解决的物理基础。

### （一）　以数学基础为逻辑基础学科

从逻辑基础而言，计算机科学与技术学科同构造性数学并无区别，二者都属于构造性逻辑。学科在发展的过程中使用的思想方法既有形式主义逻辑，也有直觉主义逻辑，作为基础逻辑出现在学科中。但整个学科的发展依靠的还是直觉主义逻辑。这是在分析了图灵机的出现、学科发展的历程、规律、特点以

及基本问题后发现的。

计算机科学与技术学科之所以和数学学科有着紧密的联系，就是因为计算机系统在运行过程中所用到的学科理论、技术与严密性非常统一。从学科特点和方法论的层面而言，数学可以说是计算机科学与技术学科的基础，尤其是离散数学，它以逻辑和代数为主，离散数学方法也是这门学科会用到的。

在计算机科学与技术学科中，程序和电子技术不过只是表现技术的一种方式。"能行性"问题让计算学科不同于物理等学科。离散型是计算机自身结构与其处理对象的特点，这是由"能行性"问题决定的，计算机在处理连续型问题时首先要"离散化"处理。因此，离散数学是计算学科用到的最主要的数学方法。从理论的角度上看，当问题描述的方法采用的是构造性数学，也就是离散数学中最具代表性的方法，而该问题以有穷为论域，或以无穷但存在无穷为论域，那么计算机可以处理该问题。无论是计算机的软件还是硬件，都是形式化的，因此，凡是能被计算机处理的问题都可以转换为一个数学问题。

### （二） 理论与工程并重的学科特征

计算机科学与技术有着数学的基本特征，高度的抽象性、逻辑的严密性和普遍的适用性。但这并不代表工程方法完全不适用于计算科学，而正好与其相反，很多工程方法都在学科的发展过程中使用了。例如在进行软件开发时所用的开发环境、工具和方法；标准组件是计算机设计过程中常用的方法；标准化技术与软件测试技术常用于设计和检查软件的过程中等。

理论是学科的基础，技术是学科的表现形式，二者相辅相成。学科的理论和技术在能行性性质的作用下达到了统一，这也表明技术理论涵盖了大部分的学科理论。学科在理论和技术上与工程并没有清晰的界限，这不仅由学科的基本问题决定，还由其本质属性决定。很多实验室产品可以说是直接投放市场的，因为并没有足够的时间来进行理论分析、技术研究、开发和生产，这也是软硬件产品常见的问题。计算机科学与技术对绝大多数人来说是一个以技术为主的偏理学科。从思想方法论来概括学科的重要特征，就是理论和实践紧密结合。

### （三） 学科发展的本质和基本问题

从学科定义这个角度而言，能行性问题是学科的本质和基本问题。但这样的描述缺乏精确度，非常不好把握。学科具备的基本特点在通常情况下被认为是能行性。但在进一步分析后发现，学科的基本问题有以下三个：即计算过程的能行操作与效率问题、计算的平台与环境问题以及计算的正确性问题。该学科随着近些年的不断发展有了更广泛的范围，尤其是网络技术的发展与进步让计算学科有了更加丰富的内容，也有了越来越多的应用面。其中最具代表性的说法是，"计算"随着 WWW 技术的出现变得平民化和泛化。学科内涵的不断增加导致分支学科出现。信息技术属于应用型分支学科，软件和计算机工程属于工程型分支学科，计算机科学属于科学型分支学科。这些分支学科对应的是学科的各个方面，问题空间存在差异，因此根本问题也不一样。

科学就是研究现象并且不断地发现规律，工程是用最小的成本对高效系统进行构建，而技术则是为了提供方便的服务。但具体到计算机科学与技术这门学科根本问题上时，会从科学、工程和应用分支学科分别描述。"什么能被有效地自动计算"是计算机科学要解决的根本问题。"如何低成本、高效地实现自动计算"是计算机和软件工程要解决的根本问题，该问题是从两个方面进行的，即软件和硬件。"如何在计算系统计算的过程中更加的有效和便捷"是应用型分支学科要解决的根本问题。综上所述，"如何达到高效的自动计算"可以说是计算学科要解决的根本问题。因此，科学性、实用性和工程性是计算机科学与技术这门学科在我国都要具备的。可见，这门学科要将理论结合实践，既要注重科学性，也要注重工程性，而对大部分人来说这门学科最主要的还是技术。

# 第二节 计算机科学与技术学科的变化规律与知识体系

## 一、计算机科学与技术学科的变化规律

计算机科学与技术学科的发展速度非常快。计算机软、硬件系统的不断更新使得学科的教育内容、思想方法和手段也随之发生了变化。

### （一）计算科学技术的变化规律

技术的不断发展与进步对计算机科学与技术学科产生了巨大的影响。例如，摩尔定律就是由 Intel 公司的奠基人摩尔（Gordon Moore）提出来的。他预测微处理器速度每 18 个月要增加一倍，该定律至今仍然适用。结果，可获得的计算能力呈指数增长，这使短短的几年内无法解决的问题有可能得到解决。该学科的其他变化，比如万维网出现后网络的迅猛增长更富戏剧性，这表明该变化也是革命性的。渐进的革命性的变化都使计算领域所要求的知识体系和文化程度受到影响。过去十多年的技术进步，使许多课程的主题内容变得更加重要，例如：多媒体和图形学；关系数据库；嵌入式系统；面向对象的程序设计；以 TCP/IP 为基础的万维网技术和应用这些网络技术等。

### （二） 计算机技术学科的变化规律

计算机科学与技术的教育也受到文化变更和变更赖以发生的社会背景的影响。例如，以下变化都对教育过程的性质产生了影响：

**1. 新技术带来了教育方法的转变**

推动计算学科最新发展的技术变革与教育文化有直接联系。例如，计算机网络的发展使分布在大范围内的机构和学校可以共享课程资料，从而使远程教育得以实现和发展。同时，新技术也影响了教育学的性质，计算学科的讲授方法较过去有了很大变化。计算教程的设计必须把这些引起变化的技术考虑在内。

**2. 计算的发展影响了教育的改革**

在过去几十年里，计算领域已经得到了拓展。例如，在 20 世纪 90 年代初，即使在像美国这样发达的国家，上因特网的家庭也为数不多，而如今，上网已经是一件很普通的事情了。计算领域的拓宽明显地影响着教育的变革，其中包括计算学科的学生对计算的了解程度及应用能力的提高，以及接触与不接触的人们之间技术水平的差距。

**3. 经济因素的影响**

人们对高新技术产业的极度狂热极大地影响了高等教育。对计算专家的巨大需求和能够得到丰硕经济回报的前景，吸引了许多学生涉足该领域，其中包括对计算专业几乎没有内在兴趣的学生。而产业的大量需求大大降低了高等学校的吸引力，这就造成人才大量流失，反过来，又极大地影响着计算机专业人才的培养。

**4. 计算已成为一门学科**

在计算发展的初期，许多机构还在为"计算"的地位而抗争。毕竟那时它还是新的科目，没有支持其他多数学术领域的历史基础。在某种程度上，这个问题贯穿了计算学科教学计划 CC1991 创作过程的始末。该报告与"计算作为一门学科"报告密切相关，并为"计算"的重要地位而进行的抗争获得了胜利。现在，计算学科已经成为许多大学最大最活跃的学科之一，再也没有必要为是否把计算教育列为学科而争论。

**5. 计算学科的延伸**

随着计算学科的成长及其合法地位的确定，计算学科也从而有了更加广泛的研究范围。计算机科学是早期计算的关注点，其基础是数学和电气工程。近些年来，计算学科已发展成为一个更大更具包容性的领域，开始涉及越来越多的其他领域，如数学、科学、工程和商业等。随着信息技术的发展，增加了一个新的主导专业，即信息技术。现在，这几个专业的知识体和核心课程报告已被提交。计算机科学、信息技术、计算机工程、软件工程等相关专业规范由我国教育部高等学校计算机科学与技术教学指导委员会颁布。

## 二、计算机科学与技术学科知识体系构建

《高等学校计算机科学与技术专业发展战略研究报告暨专业规范（试行）》将计算机科学与技术学科知识体系按四个层次来组织，即专业方向、知识领域、知识单元和知识点。专业方向和分支学科要一对一。信息技术、计算机科学、软件工程以及计算机工程是《高等学校计算机科学与技术专业发展战略研究报告暨专业规范（试行）》给出的四个专业方向。

### （一）计算机科学知识体系

计算机科学是最基本的计算学科分支，可以说是传统的计算学科，以研究算法和软件设计与实现为主，强调数学、算法、程序设计、操作系统、编译系统、数据库系统、智能系统、图形学等知识，与我国早些年的软件专业（计算机软件）基本相符。

### （二）计算机工程知识体系

计算机工程以硬件实现为主，数学、算法、软件工程、操作系统、数据库是辅助内容，未将图形与可视化计算、智能系统、科学计算列为自己的知识领域，离散数学比计算机科学的要求略低，但强调了概率与数理统计。嵌入式系统、数字信号处理是重要的"偏向"。与我国早些年的硬件专业（计算机及应用）基本吻合。计算机工程知识体系有 18 个知识领域（其中最后两个与数学有关），175 个知识单元组成。

### （三）各专业的教学重点比较分析

软件工程包含 23 个知识域：操作系统原理与设计、算法与复杂性、程序设计基础、计算机系统结构与组成、操作系统配置与使用、网络原理与设计、网络配置与使用、程序设计语言理论、人机交互、信息管理（DB）理论、法律/职业/道德/社会、信息系统开发、技术需求分析、软件工程基础、软件工程经济学、软件建模与分析、软件设计、软件验证与认证、软件进化（维护）、软件工程、软件质量、系统工程比较、分布式系统。程序设计基础、操作系统配置与使用、人机交互、法律/职业/道德/社会、技术需求分析等五个知识域在五个专业中均比较重要。

#### 1. 信息技术（15 个知识域）

程序设计基础、综合程序设计、操作系统配置与使用、网络原理与设计、

网络配置与使用、平台技术、人机交互、信息管理（DB）实践、法律/职业道德/社会、技术需求分析、安全性实施与管理、系统管理、系统集成、数字媒体开发、技术支持。

**2. 信息系统（15 个知识域）**

程序设计基础、综合程序设计、操作系统配置与使用、网络配置与使用、人机交互、信息管理（DB）实践、法律/职业/道德/社会、信息系统开发、商业需求分析、电子商务、技术需求分析、软件建模与分析、分布式系统、安全性问题与原理、信息系统机构管理。

**3. 计算机科学（16 个知识域）**

程序设计基础、算法与复杂性、计算机系统结构与组成、操作系统原理与设计、操作系统配置与使用、网络原理与设计、网络配置与使用、程序设计语言理论、人机交互、智能系统（AD）、信息管理（DB）理论、法律/职业/道德/社会、技术需求分析、软件建模与分析、软件设计、数字逻辑。

**4. 计算机工程（14 个知识域）**

程序设计基础、算法与复杂性、计算机系统结构与组成、操作系统原理与设计、操作系统配置与使用、人机交互、法律/职业/道德/触会、技术需求分析、软件设计、系统工程比较、数字逻辑、嵌入式系统、分布式系统、安全性问题与原理。

# 第三节　计算机科学与技术学科的结构与人才培养

## 一、计算机科学与技术学科的结构

### （一）学科的三个形态

学科的三个形态主要包括：抽象、理论、设计，三者反映了人们从感性认识到理性认识，再由理性认识回到实践的认识过程。这三个概念源于一般科学技术方法论，也是计算学科中的三个最基本概念。

**1. 抽象**

科学抽象在一般科学技术方法论中被解释为：在同类事物中，思维要对主要和共同的方面进行抽取，对次要和现象的方面进行去除，从而把握本质和一般的思维过程。这在计算学科中来说就是抽象和理论分别为第一个和第二个学科形态。若是将抽象形态放在客观现象的研究中，可以将其分为四步：一是假设成立；二是在建立模型的同时进行预测；三是在实验的过程中收集数据；四是分析结构。

**2. 理论**

人们对计算学科的认识经历了从感性认识到理性认识的过程，便是科学理论形成的过程。科学理论主要包括科学概念、科学管理、相关概念、如何论证这些原理等内容，并经过了层层实践的检验，形成了一个全面、完善的系统化科学理论体系。从计算学科的发展来看，它的理论形态包括主要研究对象的概念和原理；假设对象的原有属性和他们之间可能会存在的关系，这便是定理；如何证明这些关系的真伪；证明之后得出的结论。

### 3. 设计

计算学科中的设计内容主要来源于工程，一般在开发设备和系统的过程中发挥巨大的作用。人们往往为了解决一些问题而再次设计系统和设备。通常来说，设计形态分为四个步骤：一是深入分析需求；二是对规格进行详细的说明；三是按照这些规格和需求设计系统；四是对设计出来的系统进行测试和调试。此外，设计形态具有综合性、实践性和社会性。

### （二）　重复出现的结构

蕴含学科基本思想的重要概念是组成方法论的重要部分，要想成为计算学科领域的领先者，成为其中的科学家和工程师，必须充分认识和了解该学科的重要概念和理论，并在实践中善于使用这些方法。

### 1. 绑定

绑定是指将抽象概念具体化，要想深刻理解一个抽象概念，就要把与之相关的、有代表性的特征相联系，在脑海中形成对概念具体化，这两者之间是具体描述抽象概念、合理想象具体问题的关系。

### 2. 大问题的复杂性

如果问题的规模和数量是呈现不断增加的状态，那么复杂性也在不断增加，并呈现出非线性的增加。选择不同方式和方法的主要衡量标准是复杂性，因为复杂性不同意味着数据规模、程序规模和问题空间的大小有很大不同。

### 3. 演化

如何变更以及变更的作用。发生变更时，更多的是考虑变更行为对整个系统产生的影响和发生变更的隐蔽因素有哪些，比如技术、系统的适应性等。

### 4. 安全性

系统本身包含的软硬件设备要有保护自身系统、抗击意外危险事件的能力，接受响应正当的需求，拒绝处理不合适、具有危害性的需求。

### 5. 完备性和一致性

完备性和一致性也是计算机系统始终追求的目标，主要分为稳定性、正确性和健壮性等相关的理论。

### 6. 按时间顺序

按照时间顺序对执行算法的步骤进行排序。即在系统中将时间作为主要参数，与空间的相关进程同步发生。时间顺序是执行算法的基本组成部分。

### 7. 概念和形式模型

概念和形式模型是将一个抽象的概念或想法具体化的过程，整个过程中包含思维、形式化和可视化、特征化等方式，这也是求解计算机系统问题的最主要的方式。

### 8. 按空间顺序

按空间顺序主要表示近邻性和局部性概念在计算机科学和技术学科中的应用，一般分为物理定位，即在存储和网络等空间中的位置；概念上的定位，比如内聚、辖域等；还有组织方法上的定位，比如类型定义、处理机的进度和相关操作在系统进程中所处的位置。

### 9. 效率

系统运行中时间、空间、财力和人力等资源消耗的量的多少。这是人们在设计和构建系统时，需要重视关注的资源消耗情况。

### 10. 抽象层次

深入了解计算的本质属性和使用方法。一般使用抽象的情况包括隐藏细节、处理复杂事项、重复方式的获得和建构系统等方面。当对不同层次的指标和细节进行抽象处理，往往能完整表达整个系统和实体。

### 11. 重用

重用一般在新的环境和情况中，一些特定的系统组成部分和技术概念会被进行再次使用。

### 12. 折中和结论

任何学科和知识领域，折中都是其中的基本事实，例如，设计硬件时考虑折中概念，设计目标时矛盾方面的折中处理，研究算法时涉及空间和时间的折中，在各种限制因素中实现计算最优化的折中等。如何实现折中并对折中下结论，往往看当一种设计代替了另一种设计后，对经济、技术、文化等其他方面产生的影响如何。

### （三） 典型的学科方法

典型的学科方法主要分为数学方法和系统科学方法。

### 1. 数学方法

数学方法是指以数学为工具进行科学研究的方法，该方法用数学语言表达事物的状态、关系和过程，经推导形成解释和判断。数学方法包括问题的描述、变换，如公理化方法、构造性方法（以递归、归纳和迭代为代表）、内涵与外延方法、模型化与具体化方法等。其基本特征是：高度抽象、高精确、具有普遍意义。

**2. 系统科学方法**

系统科学方法的核心是将研究的对象看成一个整体，以使思维对应于适当的抽象级别上，并力争系统的整体优化。一般遵循以下原则：整体性、动态、最优化、模型化。具体方法有系统分析法（如结构化方法、原型法、面向对象的方法等）、黑箱方法、功能模拟方法、整体优化方法、信息分析方法等。系统设计中常用的具体方法还有自底向上、自顶向下、分治法、模块化、逐步求精等。

## 二、计算机科学与技术的人才培养

获取知识和信息的能力、交流能力、创新能力、工程实现能力、基本学科能力以及团队合作能力等这些基本能力，是计算机专业人才必须具备的。

### （一）不同人才需求的培养

根据分支学科的划分，结合社会需求，应重点围绕"培养规格分类"进行，计算机专业的四个专业方向为软件工程、计算机工程、信息技术和计算机科学，这是《高等学校计算机科学与技术专业发展战略研究报告暨专业规范》作出的规定。培养计算机专业人才应重点关注工程型、科学型和应用型。按照计算学科具有理论、抽象、设计三个学科形态的划分，三类人才的教育将分别关注教育内容中的知识和问题求解方法的不同形态的内容。无论是哪种类型的人才，都需要有适当的理论基础。即使对工程型和应用型人才来说，只有在适当的理论指导下，设计才能是理性、高水平的。当然，不同类型的人才关注理论的目的不同，因此要求也不同。

**1. 科学型计算机专业人才**

抽象和理论是科学型计算机专业人才的侧重点，他们的工作重在研究，因为他们的理科特征非常明显，也可以叫作"学术型"或"研究型"的，教育中强调理论与抽象形态的内容。这类人才的培养主要是从国家根本利益出发，将从事基础理论与核心技术研究。

**2. 工程型计算机专业人才**

理论和设计是工程型计算机专业人才的侧重点，他们的工作在于设计工程和完成任务，因为他们的工科特征非常明显，理论与设计是教育的重点，对学科基础理论的学习就是为了在实践中应用，重点并不在于研究，对理论的研究也是为了实现。这类人才是面向大部分 IT 企业，未来将从事满足国家需求产品的开发。

**3. 应用型计算机专业人才**

设计形态是应用型计算机专业人才的侧重点，他们在于设计工程和完成任务，因为他们的工科特征非常明显，学习的理论多与系统构建有关，可以描述基本问题。构建的应用系统都以计算系统为基础，这样可以实现用户需求。应用型人才在设计中要充分利用所学理论，达到解决实际问题的程度。这类人才是国家信息化建设的主力军，将承担建设与运行维护企事业单位和国家信息系统的工作。

### （二）学科专业素养的要求

计算机科学与技术学科最初来源于数学学科和电子学科，知识领域也主要由这两方面组成。学生通过学习各个知识领域的知识和技术来培养专业能力和素养，这有助于在今后的专业技术工作中形成自己的职业素养。专业基本素养包括具有较扎实的数学功底，掌握科学的研究方法，熟悉计算机如何得以实际应用，并具有有效的沟通技能和良好的团队工作能力。

#### 1. 数学要求

数学技巧和形式化的数学推理在计算机科学与技术学科领域占有重要的地位。计算机科学与技术学科在基本定义、公理、定理与证明技巧等多个方面都要依赖数学知识和数学方法。数学是理解和研究计算机科学与技术相关领域的理论基础和基本工具。学生应具备良好的数学修养，除了离散数学外，还需要数学知识涵盖多个领域的课程，如数学分析、概率论与数理统计、高等代数、数值分析、数学建模等。

#### 2. 科学方法

科学方法是指导计算机科学与技术学科有关研究和实践的指导思想。从数据的采集、假设的形成及测试、实验、分析等，最后抽象为模型，得出评论结论，学科研究的一般过程需要有科学方法论的指导。掌握自底向上和自顶向下的系统分析方法，既能理解系统各层次的细节，又能在系统总体的角度从宏观上认识系统，是理解、分析、设计计算机系统的重要基础。要掌握科学方法不仅需要理论知识，更需要实践体验。

#### 3. 熟悉应用

计算机已经深入到社会生产生活领域的各个方面，对于计算机科学与技术的工作者，尤其是主要从事应用系统研究和开发的人员，必须了解不同行业的应用需求，能和不同专业的人员一起有效地工作。这就要求学科专业人员有较广泛的知识基础，既有对计算机系统的深刻认识，又能了解、分析其他行业的应用业务需求，还要有设计计算机系统解决方案来满足应用需求的能力。

#### 4. 沟通能力

沟通能力需要在平时的生活、社会活动中有意识地培养。沟通能力主要表现为能有效地以书面形式表达和交流思想；在正式场合和非正式场合都能有效地口头表达；能理解他人所表达的内容，并能发表自己的见解和提出建设性意见。

**5. 团队工作能力**

实现计算机系统，无论是硬件项目还是软件项目，现在通常由具有一定规模的项目团队来承担。因此，要求从事计算机科学与技术的专业人员有团队合作能力。包括对自己负责工作的责任意识，与他人协作的合作意识和沟通技巧，组织协调团队人员完成项目任务的组织能力等。

**6. 其他方面知识**

计算机科学与技术专业人员要有职业道德、知识产权、法律方面的相关知识，并要有遵守和学习有关规范和法律的自觉意识。

**（三）　学科专业高级人才的专业能力**

计算机专业高级人才的专业能力包括以下四个方面：

**1. 计算思维能力**

抽象思维、逻辑思维与模型化和形式化就是计算思维能力。形式化证明、问题求解过程的符号表示、抽象思维、逻辑思维、问题的符号表示、建立模型、实现模型计算、实现类计算、利用计算机技术等在其范围之内。在计算机科学分支中，问题的表达与求解通过符号和符号变换实现，以程序为基本元素，确定程序非物理特征的基本教育原理是抽象第一，以此奠定计算思维能力基础。

**2. 算法设计与分析能力**

算法是系统工作的基础，这也是专业计算机人员必备的。对算法有一定概念，可以分析和设计算法是算法设计与分析能力的重点。证明理论结果、简单和复杂算法的分析、简单和复杂算法的设计、概念验证性程序开发、确定是否有更优解法、开发程序设计问题的解，以及设计智能系统等都在其范围内。

**3. 程序设计与实现能力**

程序设计与实现不仅包括软件实现，还包括硬件实现，尤其是把问题的求解看成表示和处理过程时，硬件系统相关的实现也可以部分地含在这里面（其他部分则含在算法设计与分析、系统分析与开发中）。主要包括设计数字电路、实现数字电路、设计功能部件、设计芯片、对芯片进行程序设计、小型程序设计、大型程序设计、系统程序设计、实现智能系统等。

**4. 系统能力**

系统能力的意义有两个方面：一是"全局掌控能力"，即对具有一定规模的系统可以全局掌控；二是在系统构建的过程中可以对问题进行系统的考虑，摆脱实例计算，实现类计算和模型计算。它可以细化为认知、分析、开发与应用等方面的能力。

# 第六章 <<<

## 数据库的建设与采集管理系统

　　信息技术在农业上的广泛应用，正在促进农业管理、生产、销售以及农业科技、教育发生巨大变化，展示了广阔的应用前景。给这一产业带来前所未有的发展机遇，极大地推动了农业的现代化进程，同时也给农业科技工作者迎接农业信息技术革命带来了挑战。本章重点围绕嵌入式数据库、间歇性能源大数据数据处理技术、粗糙集和数据库技术中的知识发现、计算机数据采集管理系统、计算机测控管理系统技术的应用等方面进行论述。

## 第一节　嵌入式数据库

### 一、嵌入式数据库的认知

　　嵌入式数据库的名称来自其独特的运行模式。这种数据库嵌入到了应用程序进程中，消除了与客户机服务器配置相关的开销。在嵌入式系统中，对数据库的操作具有定时限制的特性，这里把应用于嵌入式系统的数据库系统称为嵌入式数据库系统或嵌入式实时数据库系统（ERTDBS）。近年来，计算科学不断发展，移动计算时代已经到来，数据库技术也一直不断发展着，而数据库技术的新发展也得益于嵌入式操作系统的发展，嵌入式操作系统数据管理的需求为是数据库技术发展的新方向。

　　从学术的角度看，实时智能技术是重要研究方向，被国际许多著名的学术组织重视，例如电气电子工程师协会（IEEE）组成了专门负责实时系统方面研究的实时专委会；ACM 也成立了实时系统工作组，专门研究实时系统重要的战略研究方向；特别关注小组 SIGPLAN 每年会举办一次关于实时嵌入式系统研究的会议；著名的 IFIP 的 TC 10 专委会关于这一主题也会两年召开一次研讨会；此外，在实时智能领域有影响的大型国际会议还有在欧洲举办的 Euro micro 实时系统会议也是每年一次。

　　从产业的角度看，嵌入式系统越来越广泛，嵌入式实时操作系统也不断普及，因此，当前急需解决的重要问题是为嵌入式系统提供数据管理。我国投入了大量的人财物用于自主芯片等硬件研制方面，并硕果颇丰。例如，国产嵌入式 CPU 方舟系列、神威系列等嵌入式硬件产品已经能够比得上国外同类产品。而且，我国还在不断为嵌入式数据库管理系统发展注入动力，将重点推动开发环境、嵌入式操作系统以及嵌入式基础软件的研发与应用。

在学术、产业双推动的情况下，嵌入式数据库技术已经走出研究领域，在通信、电子、航空航天、工业自动化控制、金融、医疗等各领域广泛应用。嵌入式数据库管理系统具有高实时性、高效率、高处理能力、多系统协调工作的特点，无论是为了满足技术发展的需求，还是人们生存生活的需求，嵌入式数据库管理系统的研发都是必需、有意义的。而在国防和军事上，开发自主的嵌入式实时数据库更是不可缺少的重要环节。

嵌入式实时数据库，就是将实时系统和数据库管理系统的理论与技术有机地集成，进而完善成新的数据管理方法和事务处理机制，从而做到并发控制，事务处理，管理海量复杂数据，并可预测地进行数据处理。

## 二、对嵌入式数据库的技术要求

移动通信网络、车载设备、PDA 设备、GPS 等设备和技术不断发展标识着在固定的地方获取和处理信息已无法满足人们的需求，将活动的地点延伸到更广阔的地理区域成为人们的新需求，同时，对嵌入式数据库技术也提出了更新、更高的要求：

第一，微内核、强实时。嵌入式系统是嵌入式数据库的基础平台，计算、存储等资源有限，受开销大小的直接影响，较强的实时性是对实时系统的要求，因此，嵌入式数据库必须同时满足微内核和实时特性的要求。

第二，内存数据库技术研究。主要的研究内容是内存数据库模式及特有的索引结构和查询优化算法，从而提高数据存取的时效性，完成内存数据管理的目标。包括降低空间要求，消除磁盘 I/O，简化算法、代码路径和内存使用量。

第三，非结构化数据处理技术。需要研究嵌入式数据库对于媒体信息数据等半结构化和非结构化关系数据的管理技术，来处理大量的语音、图像和地理空间数据，以满足卫星导航设备，电子娱乐设备，调度、交通信息等方面的需求。

第四，实时事务管理技术研究。嵌入式数据库管理系统的核心组成部分之一就是事务处理机制，因此，实时事务处理技术是嵌入式实时数据库技术核心。不同于传统的事务处理技术，实时事务处理技术包括两个方面：一是实时事务调度技术，二是实时事务并发控制技术。现在，数据库和嵌入式实时系统领域学者很重视研究嵌入式实时数据库管理系统，成为现代数据库研究的主要方向之一。

### 三、嵌入式数据库的研究现状

嵌入式数据库目前包括了两种主要的嵌入式实时数据库系统：一是由用户自行设计开发的，为了满足具体的应用对象而设计，该类数据不会独立存在，而是作为应用程序的组成部分；二是商用级的实时数据库系统。这类数据是独立的，不需要和其他应用软件共存，用来管理嵌入式数据库而设计，具备自己的数据库，并从应用特征来产生数据库，以供用户进行接口函数的调用并对数据库系统进行管理等。

实时事务调度策略的定义就是为事务分配优先级的方法，保证尽可能多的事务满足截止期是调度最重要的目标。起初，主要是三种优先级分配方法：先来先服务（FCFS）、最早截止期优先（EDF）、最少空闲时间优先（LSF）。随着研究的深入，截止期与关键性成为算法综合考虑的因素，事务调度策略也调整为了基于价值、基于准入控制和满足时态一致性。其中，关键性—截止期优先算法（CDF）、价值的调度算法（HRF）等是基于价值的事务优先级分配算法。当系统出现过载时，就体现出了这些算法的优势。通过准入控制与过载管理策略，拒绝一些事务进入系统，避免执行不可能及时完成的事务，浪费有限资源。

基于准入控制的事务调度策略提出具有思想基础，也就是认为与最终错失截止期相比，及时地拒绝某个事务可能更加安全。主要在决定准入控制器如何控制新事务的处理，由此而分成两个类型：一是并发准入控制器；二是负载准入控制器。而事务也可以分成两类：一是基本子事务；二是补偿子事务，为了促进目的实现，而可以采用两层优先级模式即将一层是基本子事务优先级；另一层是补偿子事务优先级，而且相对来说，补偿子事务优先级要高于其他，且具有不可被占的地位。在进行事务调度策略时，需要考虑以下方面：应用实时数据库时，不但要考虑事务截止期，更好考虑数据时态一致性，若是数据已经过时，访问时会造成强迫等待的情况，导致事务的延迟执行等，只有当这个数据项的新版本出现或者采用数据相似性才能完成。

实时事务的并发控制协议要既保证数据的逻辑一致性，也要满足并发事务的截止期。目前，主要提出的有基于锁的并发控制协议、乐观并发控制协议、多版本并发控制协议、推测并发控制协议等面向实时数据库的并发控制协议。

基于锁的并发控制协议主要包括两阶段高优先级优先协议（2PL-High Priority）、两阶段优先级继承协议（2PL-Priority Inheritance）、两阶段有条件优先级继承协议（2PL-Condition PriorityInheritance）、优先级顶 PCP 协议（Priority Ceiling Protocol）、读写优先级顶 RW-PCP 协议（Read-Write Priority Ceiling Protocol）、资源分配 SRP 协议（Stack Resource Poficy）、两

阶段共享锁协议（2PL-OrderedSharing）。

其中，两阶段高优先级优先协议算法的优缺点分别是：优点在于解决了优先级倒置问题，能够避免死锁，缺点在于可能导致浪费重启。

两阶段优先级继承协议算法的优缺点是：优点在于解决了优先级倒置和死锁问题的同时，减少了高优先级事务的阻塞时间。缺点在于可能导致中等优先级事务和高优先级事务完成时间超过截止期。

两阶段有条件优先级继承协议降低了两阶段高优先级优先协议算法中重启个数，可以将设置阈值作为抢占条件，减少高优先级事务阻塞时间。

优先级顶 PCP 协议适用于硬实时系统，它的优点是既能避免死锁又是单阻塞的无级联阻塞，换言之，每个任务的最大阻塞时间是明确的，最多被一个低优先级任务阻塞。支持可调度性分析。它的缺点在于静态的任务优先级，因此无法实现全部 CPU 利用率。

读写优先级顶 RW-PCP 协议的优点在于使用读、写语义，改进了 PCP 算法的性能，从而减少了事务的阻塞时间；支持可调度分析。但是，同样具有静态任务优先级，不能全部利用 CPU 的缺点。

而资源分配 SRP 协议算法在这一点有了改善，在优先级调度上支持动态，提高了 CPU 利用率，实现了 100070 CPU 利用率。

两阶段共享锁协议则通过有序共享关系（Ordered Sharing Relationship）的引入消除阻塞，它的优点在于任何读写操作的执行都不会造成阻塞，同时可以尽量在空闲时间内推迟事务的提交，并不影响满足截止期。

对事务进行无阻碍执行直至所有操作完成的控制被称为乐观并发控制协议，提交前需要经过验证，通过验证则可以提交成功，若非就进入重启。如 OCC-BC 协议就是如此，并采用了前向验证方法进行验证。其优点也比较突出，表现为：对数据访问冲突可以尽早检测，事务重启时间可以提前。减少执行浪费，增加事务满足截止期等。

多版本时间戳 MVTO 协议和 Two Version-PCP 协议都属于多版本并发控制协议。两种协议各有优缺点，从优点上来说，Two Version-PCP 协议有效减少了拒绝操作，提高并发度，确保了事务读关系的正确，加强了串行化调度等。而 Two Version-PCP 协议则可以通过两种方法进行 RW-PCP 算法的扩展。它不存在死锁，单边阻塞，对可调度性分析具有较大的支持作用，减少高优先级事务的阻塞实践，以及调度性更高等。

推测并发控制协议和 Alternative Version Concurrency Control 协议都属于推测并发控制协议。实时数据库管理系统更适合采用推测并发控制协议，利用冗余计算来找寻可串行化调度，既有对悲观协议所产生的阻塞问题进行缓解，又能改善乐观协议中的重启问题等，从而满足事务截止期。而

Alternative Version Concurrency Control 协议对重启问题和执行问题造成的浪费有所缓解，提高了事务满足截止期机会。不利之处在于事务多版本的维护需要占有大量的资源。

## 四、嵌入式实时数据库的特征与应用

在开发嵌入式实时系统时，从本质上讲，嵌入式 RTDBS 就是一个"内存数据库"，同时，它也是一个借助应用程序进行管理的内存缓冲池，在系统中，它能够发挥共享数据区的作用，即能够供给多个实时任务共同进行使用。实际上，这种数据库是与应用程序密不可分的嵌入到用户应用软件当中的一个部分，主要的功能就是存取数据，它并不是真正意义上的数据库系统，因为它不能独立存在。

一个完整的嵌入式实时数据库，除了要有内存数据库之外，还应该要包含历史数据库、数据库管理系统 DBMS 以及能够提供给用户的接口函数，对于整个数据库而言，对数据库的具体配置和各种操作可以通过 DBMS 来完成。因此，从总体上来看，可以在嵌入式设备中独立运行的数据库系统，就可以被称作嵌入式实时数据库系统，它通常被用来处理大量、时效性强而且时序严格的数据，它的目标就是达到"三高"，即时效性高、可靠性高、信息吞吐量高，要保证数据的正确性，除了依靠逻辑结果外，也要以逻辑结果产生的时间为依据。

在实际使用中，针对不同的应用需求和特点，需要对其中大量问题进行更深入的理论研究，比如实时数据模型、实时数据查询、实时数据通信、实时事务高度与资源管理策略等。

关于其中各个部件的功能主要包括：第一，实时应用，是指的数据库应用受时间限制，这也是实时事务产生的主要原因；第二，实时事务管理，主要是管理实时事务的生存期等，由产生、执行、结束三个阶段组成；第三，实时并发控制，也就是实现实时的并发控制策略；第四，实时调度，是实现实时优先级调度策略；第五，实时资源管理，主要是管理缓冲区、CPU 等的数据，并管理数据的操作、存储和恢复等。这也是实现显式定时限制的磁盘调度的一种算法。

## 五、嵌入式实时数据库的特征

嵌入式是嵌入式数据库最大的特征。不但可以将嵌入式数据库嵌入到其他软件中，也可以在硬件设备中嵌入。而且通过实时数据库，还可以在产品中进行嵌入式数据库的编译，让其成为产品的组成部分。实时性和嵌入式缺一不可、相辅相成，只有具备嵌入式，才能让系统资源获取速度更快，并及时作出系统回应，而且采用嵌入式时要软件不同于硬件平台，因此，能够支持多进程和多线程运行是嵌入式数据库的必备功能，而且还要兼容其他各种平台运行等。能够支持 SQL 也是其基本功能需求，并普遍采用了 C/C＋＋接口标准。除此以外，和企业级应用数据相比较，嵌入式场合的数据更为复杂，因此，就必然要具备支持多种数据类型的功能，像多媒体数据、空间数据等，这样不但可以处理传统的关系型，还能处理网状结构和树状结构的数据。

因此，不但要能完成传统数据库的功能工作，嵌入式实时数据库管理系统还具有其自身的特征，主要有三个方面：一是要确保确定的数据库状态，要准确地了解和确定数据操作时间和数据库存储空间占有情况；二是事务和数据都具备时限性特征，即数据处理的及时性和事务执行时间的确定性，从而保证在执行截止期和数据失效前完成相应工作；三是高效的实时压缩算法，即占据尽量小的存储空间来存储尽量大的数据，这也是大型流程工业发展所需求的。

## 六、嵌入式实时数据库的应用

伴随着嵌入式实时操作系统的不断普及以及嵌入式系统的广泛应用，嵌入式数据库已经在多个领域发挥了积极作用，比如医疗、金融、航空航天、电子通信等。在医疗方面，通过 Empress 的数据库，欧洲和北美的一些著名厂商已经开发出比较完整的电子病历系统，并在血液分析装置、医学图像装置等一些医疗器械中嵌入了数据库。通过这种方式，医疗系统中的各个环节在各种医疗设备间就能够无缝地进行数据交流，在对这些设备送过来的数据信息进行处理时，也会更加轻松。在航空航天领域，比如像卫星观测系统、地上测定系统、木星探测伽利略计划等项目中，数据库都会保存全部的程序、指令以及可执行的模块，同时，将这些内容制作成基于规则（rule based）或基于知识（knowledge based）的系统。

随着互联网和通信技术的不断进步和发展，网络设备的处理能力变得越来越强大，对各种数据的处理要求也变得越来越高，在一些企业内部，互联网装置、路由器、基站控制器、语音邮件追踪系统、网络传输的分布式管理装置等，都已有了广泛应用。

根据上述内容分析，目前，嵌入式实时数据库技术的应用已经越来越广泛，随着应用需求的发展扩大以及其他技术的不断发展进步，未来，在更多的应用领域中，它也将发挥更大的作用，扮演更重要的角色。未来的世界，一定会是一个 Perasive Computing 或 Ubiquitous Computing 的世界，即"普适计算"或"泛在计算"的世界。"普适计算"是指，任何时候、任何地方，只要有需要，就能够借助某一种设备访问到自己想要的信息。坂村健先生是在泛在计算领域很著名的学者，有一篇关于他的采访使用的标题就是"让整个世界变成一台巨型计算机"。

普适计算是继互联网之后的另一个高端技术。这个世界由不同的计算节点组成，包括了时空、设备等，而且都单独存在，管理着整个世界的计算，从而更好地满足人们日常生活的信息需求。在这个层面上来看，也可以将普适计算看作是一种嵌入式设备。这对嵌入式数据库的持续发展提供动力和条件。所以，随着计算节点的不断增加，人们的日常生活也会随处可见嵌入式数据库的影子。

从具体的应用优势来看，在电信、电子、银行、保险、零售业等行业中，随着互联网和信息技术的不断发展，嵌入式数据库会逐渐普及，在这些行业的未来发展中，嵌入式数据库将有很大发展空间，同时还会表现出一定的趋势及特点，主要有以下几点：

第一，数据检索界面多样化，对于嵌入式数据库来说，手写输入、语音控制、图像识别等使用需求对数据检索方面也提出了新的更高要求，对于一些非结构化数据的访问，则需要提供更快速的检索技术，在数据的利用效率的提高方面，这十分重要，因此，嵌入式数据库的发展趋势应当主要集中在基于内容的微内核的索引和查询技术的实现方面。

第二，关于内存数据库技术的研究，和传统的基于磁盘文件的系统不同，嵌入式数据库需要研究出特有的一些索引结构和查询优化算法，从而达到内存数据库管理内存数据的几个目标，即降低空间要求，消除磁盘 I/O 以及对算法、代码路径、内存使用量等进行简化等。

第三，研究自动化管理技术，因为普通消费者是嵌入式系统终端的主要用户，他们对数据管理的技能并不熟悉，因此在对嵌入式数据库进行管理时就要能够满足自主性，也就是说，数据库的管理、自我备份、自我恢复、自动化配置以及自动恢复功能都不需要数据库的管理员人工干预就能自己进行，同时，还要使用户数据的安全性和可靠性得到保证，最终实现不需人员值守就能自动运行。

第四，关于数据复制技术的研究，在嵌入式移动数据库中，需要提供同步数据的机制，要支持数据在移动设备和中心数据库服务器间双向同步。

总的来说，随着学术界和产业界的大力推动，未来，嵌入式实时数据库技术将在更为广泛的领域中得到应用，发挥出更重要的作用。

# 第二节　间歇性能源大数据数据处理技术

## 一、间歇性能源能量管理中的大数据

由于控制区域在不断地增大，策略也在持续的细化中，从而导致大量的数据产生于间歇性能源能量管理中的各个环节中，时间一长，数据也就变得不可计量了。不管是光伏还是风电等的运行都会产生数据，并存储于专门的数据服务器中，可供其他应用软件予以访问等。时效可靠性以及吞吐能力是对数据处理和获取最基本的要求。有一部分业务应用上并不需要很高的数据分辨率，且数据产生量也有限，在可允许的范围内进行数据的计算量等。不过，长期下来，会加大数据采集范围，出现精细化的逻辑计算策略，导致产生大量数据。

通常情况下，对发电单元的功率进行预测是光伏和风电发电间歇性能源能量管理的首要工作，这项工作过程中会产生大量的数据，像预测风电功率研究成果中就需要运用到历史数据，而且每台风电机组建模所利用到的历史功率数据都会有一定要求，通常要使历史数据能够大于 5 分钟的时间分辨率，要达到一年以上的时间跨度，由此得知，每台风电机组需要的历史功率数据记录就不能少于 $365 \times 24 \times 60/5 = 105120$，且每增加一台风电机组，需要的历史功率数据就要增加非常大的数据量，若还加上历史风电机组信息、历史风电机组和风电场运行状态信息以及历史风速等数据，那么则将形成一个庞大的数据量。

对于光伏电站的功率，无论是预测值还是调控值，二者的单位均为逆变单元。为了能够进一步提升光伏电站功率的预算精确度与正确性，预测时优先考虑使用最小粒度作为其衡量标准，即使用逆变单位来完成预测，通常不会考虑预测整体，这样会大大降低所得数据的精确度。不同的电站逆变单元的数量存在一定差异，有的电站的逆变单元相对较多，例如内蒙古与河北，有的电站的逆变单元相对较少。就当前形势而言，国内的光伏产业正在迅猛发展，光伏电站的功率预测和调控精确度与准确率也在大幅上涨。

间歇性能源管理中每个环节都会有大量的数据产生，并且其结构也有所不同，像气压、气温、降水量以及空气湿度等就是气象数据指标；交流测电压、交流测电流、直流测电压、组件温度等则是设备数据指标，这两类指标的结构差异性非常大。

## 二、间歇性传统海量数据存储技术

数据存储技术是数据处理环节中的关键内容，关系型数据库存储方式在间歇性能源监控领域得到了广泛运用，像微软公司的 Microsoft SQL Server、甲骨文公司的 My SQL 和 Oracle 都是如此。在数据库技术的发展中，互联网领域应用的作用是不可或缺的，关系型数据库技术在早期的使用也是比较普遍的。而且在传统的关系型数据库中以行为来作为单位，数据存储也以行为单位，因此，在行为单位的处理上具有较高的读入和读出性能。关系型数据库的不足之处在于无法单独读出数据表中的某一行或某几行，从而造成资源浪费。而间歇性能源大数据就可以读取特定的几列，既能有效提高获取质量，也能节省时间和避免资源的浪费，因此通常不会单独使用传统的关系型数据库。

传统的海量数据存储技术通常可以采用 NAS、NAS 和 DAS 来进行传统数据量级增大的存储。在早期的小型计算机和服务器上一般采用直连式存储 DAS，由于对数据存储需求量较小，因此较容易实现，一般采用 SCSI 接口来连接直连式存储和服务器，在结构上较为简单，而且 DAS 性能主要是受服务器主机的性能和接口传输速率所决定。不过由于用户数据在不断加大，从而也导致了备份、恢复等方面出现了各种问题，服务器无法胜任工作，无法满足不断增长的数据存储要求。

网络附加存储 NAS 接入设备的方式是采用的远程访问，连接了公用电话网和 IP 网的，它和 DAS 的差别在于利用网络技术和网络交换机来连接存储系统和主机服务器，用户对存储数据的访问可以经由网络完成，不需要基于某个服务器来进行。从之前的探讨中也可以了解到，在数据存储和备份中采用 NAS 的方式会受到服务器带宽消耗问题的影响。同时，NAS 也有其自身的不足之处，主要表现在扩展性、投入成本以及安全性上，因此它的应用范围也比较有限。

存储区域网络 SAN 是一种独立的专用网络，是为了满足存储需要而建立的。存储系统和计算机之间的数据传输可以直接通过 SAN 来完成。SAN 存储具备自己独立的网络通道，而且连接了高速网络通道，从而使存储具有更高的速率，是高速存储共享模式的体现。它和直接存储和网络附加存储有所不同，它不管是在容量上，还是在可靠性和传输速度、扩展能力以及共享性上都远远优于前两种方式。不过这种方式基于前两种方式而存在，因此也具备较高的技术难度，后期升级的难度也较大，成本上也高于前两种方式。

传统的海量数据存储技术的不足之处主要表现在以下三个方面：首先是文件会受硬件故障的影响而无法使用；其次是在每次系统升级时都要备份数据，服务器要在所有数据都备份完毕后才能停止工作，并要等到升级完成后才能再次运行，这就导致每次升级需要耗费大量的时间，对系统运行造成较大影响；最后在扩展传统的海量数据存储设备时无法准确地预测所需的存储空间，这可能导致存储设备空间大小判断的错误，形成系统的浪费等。

## 三、间歇性能源大数据存储模型

在针对区域性调控的间歇性能源能量管理的一个重要特征就在于其具有较高的处理速度、较频繁的访问频率以及较大的数据量等特征。由于特殊的数据访问方式的存在，使其对存储模型的设计也有所不同：间歇性能源能量管理系统不但会有行的数据访问需求，也存在列的数据访问需求，并会具备很多的读写操作需求等，而且在显示时会体现出整个数据的所有指标，这也是完整性的体现，这一目标就不能在传统的关系型数据库中实现，而且在只需要读取部分列的情况下，读取所有的数据不但会造成资源浪费，也不利于提高效率，这种情况下就必然要采用面向列的数据的技术，并可以经由 HBase 来满足需求。

不过 HBase 数据库技术还处在摸索阶段，没有系统的开发技术的支持，且开发难度较大也较为复杂，但是传统的关系型数据库已经趋于成熟化，具有较为完备的技术支持，因此相对来说，在开发效率上要远远高于 HBase。而且数据处理过程的复杂化也会制约 HBase，因此在处理体量不太大的数据时往往还要弱于关系型数据库。因此，能量管理系统设计中通常都会结合这两种数据库来使用，以便提高数据处理效率。可以采用关系型数据库开发来针对体量不大、关系较为复杂的数据进行处理，且出于成本和平台需求，MySQL 数据库成为最为广泛使用的一种关系型数据库。而 HBase 则适用于处理体量较大、使用频率不高的数据。

除此以外，间歇性能源能量管理系统要采集较高分辨率的数据，采集的每个周期的数据量也较小，若采用 HBase 数据表，反而会影响存储的效率。同时，系统还需要对采集的数据进行完整性和坏数据的检验和筛查等，并在表示层显示或判断数据等，这些都会使得数据要进行频繁的获取和缓存等。若采用 HBase，会突显出不足之处即难以快速完成小块数据的频繁操作。

由以上论述得知，在这些情况下，其实并不适合采用 HBase。此外，受软硬件构架的影响，关系型数据库的存储相应性能无法满足上述需求。因此一种新型的内存数据库技术也就应运而生了，虽然比内存和磁盘的容量要小得多，不过读写速度却高出磁盘和内存，加上以上产生的数据都具有体量小，频繁存取及要求较快的相应速度等需求。由此，内存数据库技术的出现也会有效地解决以上的问题，具体的做法是先将采集的数据在内存数据库中进行缓存，当处理完所有工作程序后，再存入到 HBase，如此一来，不但能够满足以上程序的要求，也能显著提升 HBase 的存储效率，内存数据库有些功能的实现采用了开源 Redis 数据库技术，这主要是从成熟度以及性能方面进行考量而决定的。

HBase 数据存储模型的设计。基于 HBase 上设计间歇性能源海量数据存储模型过程中，先要详细说明 HBase 的基本结构以及要特别注意之处。HBase 新颖的数据存储模型可以在一张表中存储所有的数据，且还不会造成磁盘空间的浪费。像所有风电机组的数据都可以存储到一张表中，在一张表中存储所有的风电机组的数据能使得编程更加简便化，不过实际中却很少采用这种方法，这是因为从性能上来说，会导致表中的数列过多，且数量差异较大。实际公里和实际风速随时都会增加大量的列，不过预测功率和预测风速的增加却比较有规律，一般新增一列的时间大概在 15 分钟，专家功率族中的列数量保持一致。为此有必要细分风电机组基础数据表。

MySQL 数据存储模型的设计。像一些任务信息、系统用户信息以及设备信息等没有必然存储在 HBase 中，因此一般会在 MySQL 数据库中存储。

Redis 数据存储模型的设计。对比 MySQL 数据库、MySQL 数据库以及 Redis 数据库发现，采用 Key，Value 键值对的方式存储数据是 Redis 数据库最大的特征，换言之，在 Redis 数据库中，任何一个 Value 都会有唯一的 Key 与之对应，可以经由 Key 来获取唯一对应的 Value。因此，在 Redis 数据库中不存在 HBase 数据库以及 HBase 数据库，故在设计 Redis 数据存储模型中只需要设计 Key 与 Value 的映射形式，不考虑数据表和表之间的关系。

在 Redis 数据库中，字符串、有序和无序的字符串列表以及键值等都可以形成 Value。当然，也并非说所有编程语言提供的 API 都能被 Redis 数据库锁识别，因此为了让 Redis 数据库更灵活而会使用字符串的形式来存储数据，而且还会对字符串进行相应解析等。若 Value 是列表、集合或者哈希表的情况时，可以将其转变成 XML、JSON 等形式来存储数据，在读取时进行相应的还原即可。因此，先要确认需要存储到 Redis 数据库中的数据，才能进行数据的 Key、Value 形式的转换工作。在整个系统中，Redis 数据库是起到交互的作用，主要进行实时数据、部分历史数据以及预测数据和调控算法临时数据的缓存。这些数据有个共同的特征，那就是没有一定的规则性，因此一般只能以时间或类别分类，这些信息必然要包括在 Key 中。

有机地结合传统的关系型数据库、内存数据库和 HBase 数据库有利于提高数据存储性能，而且降低存储成本，让上层可以获得更加可靠的数据，有利于提升间歇性能源能量管理的效率。

## 四、间歇性能源大数据的处理技术

### （一）多线程技术

数据量和计算量的大幅度提升导致处理器核心频率无法跟上需求，而且通过更换单台计算机的处理器来提升性能也不可取，会造成投入成本的大幅度提升，同时还无法完成预期目标，出于成本投入和性能的考虑，一般会采用增加处理器或处理器核心数目的方式来完成，当然这一方法并不适用传统的单线程编程模型中，这就需要采用多线程技术来处理。

传统操作系统中都是进程来安排计算机硬件资源的分配和调度等，单线程结构中任何时间的执行进程只能是单个的，且具有连续的顺序要求，不能跨既定顺序来处理。但是，随着计算机硬件的不断完善，以及多处理器和多核处理器的出现，也导致传统的单线程编程模式无法跟上发展要求。加上传统进程管理模式本身有不足之处如需要较大的时间和空间代价等，大规模计算无法顺利完成等而导致了对新的机制的需求，由此而产生了多线程进程。

该模式具有自己的优势，表现为资源利用率较高。因为单线程中要按照顺利来处理各个环节的工作，从而使处理器资源产生空闲现象，比如在对大量文件进行处理和读取时，首先处理器会产生大量等待的时间，若采用多线程程序，可以将这两步工作同步进行，从而大量节约了处理器等待的时间。其次程序响应速度也更快。在单线程程序尤其是在 UI 的实现中会出现工作的等待情况，像在进行数据处理时就无法进行用户的其他操作，这对用户体验带来了不利影响，但是多线程技术则能有效解决这个问题。最后具有更为简便的程序设计。单线程程序的一个重要问题就是如何安排多个事件的执行顺序，但是多线程编程则不存在这个问题。

多线程技术有效提升了单个计算机的数据处理能力和性能，不过当数据规模过于庞大时，单个计算机无法完成工作。就算投入再多的资金也不能改善计算机的性能，由此也就产生了间歇性能源大数据。为了有效提升海量数据的处理效率，而采用了分布式技术。

### （二）　分布式技术

分布式技术可以连接更多计算机，以形成计算机集群，其所发挥的效用是单个计算机无法比拟的，而且以前单个计算机不能完成的工作，对集群来说就变得轻而易举了。此外，为满足计算机后续计算需求而产生动态扩展也有很大提升。

分布式技术在很大程度上和多线程技术类似，不过区别在于多线程技术是针对单个计算机，采用多线程来处理多个问题，但是分布式技术则是针对计算机集群来说的，若一台计算机不能很好地完成所有工作，就会将工作分配给多个计算机同时进行。从这个角度来看，分布式技术既是多线程技术的传承，但是也不能完全等同于多线程技术。

分布式技术在历经 20 多年的发展，发展速度也非常迅速。网络技术、点对点技术（P2P）、移动 Agent 技术、Web Service 技术和中间件技术等都是分布式技术的一种。将一个大规模的问题分解为多个小规模问题，并交由不同的计算机来完成，然后整合各个小规模问题从而获得大规模问题的答案，这也是分布式技术的一个核心思想的体现。Google 提出了 Map Reduce 新型分布式并行计算编程模型就是为了很好地满足大规模数据处理的需求。Apache 开源社区的 Hadoop 项目实现的 Map Reduce 模型是采用 Java 语言完成的，在云计算环境的建设中也得到了较为普遍的运用。

# 第三节　粗糙集和数据库技术中的知识发现

## 一、粗糙集理论内涵

粗糙集理论作为一种数据分析处理理论，最开始由于语言的问题，粗糙集理论创立之初只有东欧国家的一些学者研究和应用，后来才受到国际上数学界和计算机界的重视。通过粗糙集理论工具，可以在数据先验知识不足的情况下，通过分类观测数据这一基础操作，分析处理那些不精确或模糊的问题。经过国际上许多研究人员的共同努力，粗糙集理论的理论模型的已不断发展和完善，并在许多领域和方面（包括故障检测、信息系统分析、决策支持系统、模式识别与分类、知识与数据发现以及人工智能及应用等）进行了比较成功的应用，同时，还能与如 Fuzzy 集、神经网络、粒度计算、遗传算法等一些其他的计算理论进行优势互补。目前，在对数据挖掘、知识约简、粒度计算等的研究方面，粗糙集理论已经是公认的理论基础。在当前国内外的计算机和相关专业的研究中，粗糙集理论和其他像 Fuzzy 集、神经网络、粒度计划、遗传算法等软计算理论一样，都是热点研究对象。

在对数据挖掘过程中的问题进行解决时，目前被广泛采用的一种比较有效的途径就是以粗糙集为基础的相关理论研究。关于 Rough 集的研究主要可以分为两类：理论研究和应用研究。粗糙集的理论研究的重点主要集中在粗糙集数学性质，以及处理不确定性和模糊性理论的关系方面，比如粗糙集扩展模型、粗糙推理、粗糙集与模糊集等。

## 二、粗糙集的应用研究

粗糙集的应用研究主要基于粗糙集基本理论，对在故障检测、知识发现、模式识别等领域发现的一些问题进行研究和解决。目前，粗糙集在数据挖掘上的应用研究主要集中在以下方面：属性约简，分类算法，对噪音数据的有效处理方法等。

### （一）粗糙集在属性约简上的应用

作为粗糙集研究的重要内容，属性约简主要是指在使信息系统的分类或者决策能力保持不变的前提下，删除条件属性中的冗余属性，进而减少数据挖掘中需要处理的数据量，从而提升数据挖掘结果的简洁性。

在分类数据挖掘中，属性约简发挥着重要的作用。在收集数据时，一般按照对事物进行管理或处理的实际需要来进行，而在数据挖掘前，抽取数据时，却很难明确地了解，究竟哪些学习任务属性是相关的，哪些属性又是不重要的。通过属性约简，在数据挖掘中所需要处理的数据量减少，算法效率得到提高，比如说我们可以对神经网络、遗传算法等的输入变量个数进行简化，进而使神经网络的输入节点数和其初始基因个数减少。除此之外，还能提高挖掘结果集的间接性和可理解性，以简化挖掘结果集为基础而进行的推理等。因此，在实际的应用中，在采用如决策树、神经网络、遗传算法、Bayes 算法等相应的分类挖掘算法进行数据挖掘前，可以先通过属性约简进行数据预处理。

正是由于在数据挖掘中属性约简发挥了极其重要的作用，因此，很多学者都对属性约简算法的相关研究产生了浓厚兴趣。目前，关于属性约简算法的研究主要都是关于在大数据集方面适用的高效约简算法，研究焦点一般都集中在两方面：第一，在选择加入约简结果集中的属性时，应当采用哪种启发式；第二，在计算核属性时，如何更加高效，进而提高算法效率，减弱算法的时空复杂性。

一般而言，在一个决策表中，存在着不止一个属性约简，而已经证明了，求取最小属性约简是一个 NP-Hard 问题，因此，在属性约简算法中，需要通过启发式来对加入约简结果集中的属性进行选择。在属性约简算法中，基于粗糙集的属性重要性、或正区域，基于分辨矩阵中属性频率基于分辨矩阵的分辨函数，基于信息嫡以及基于遗传算法等，都是目前常采用的选择对属性约简算法。

根据粗糙集的理论，一个决策表的属性核就是这个决策表的所有属性约简的交集，而核属性就是指包含在属性核中的属性。先通过 Skowron 所提出的分辨矩阵来求取核属性是目前几乎所有的属性约简算法的共同特点。而产生这一共同特点的原因是，通过分辨矩阵求取核属性能有效提高算法效率。同时，在许多文献中也提及，核属性是决策表中最重要的属性。此外，也有不少学者针对应该如何高效计算分辨矩阵、求取核属性和属性约简进行了专门研究，并提出了许多不同的计算方法。

在数据挖掘中，存储在数据库中的海量的数据就是要进行属性约简的对象，而通过分辨矩阵来计算核属性的操作稍显繁杂，对于用数据库技术的实现方式而言较为不利，因此，为了能够有效提升算法效率，目前在进行属性约简时所采取的算法都是基于主存的算法。在使用这种实现方式时，为了有效提升算法效率，我们需要把整个数据集都调到内存中，同时，还要通过数据文件的方式提供数据，因此，如果数据集过大，需要付出的时空代价也比较大。此外，采取这种实现算法编程的工作量也十分巨大，在与基于数据库技术的智能信息系统进行无缝集成时也不太方便，因此，属性约简算法在大数据集运用方面之所以有一定制约，主要原因就是在计算核属性时采用了分辨矩阵的方法。

目前，属性约简算法中仍存在不少问题，针对这些问题，基于粗糙集的相关理论和通过分辨矩阵求取核属性的方法进行了一系列分析研究，内容包括在辨识对象方面核属性所发挥的作用、关于核属性的时空代价的计算、在属性约简中首先求取核属性的必要性、通过数据库技术如何使属性约简算法的优越性得到体现等，最终发现，在对决策表中的某些数据对象进行区分时，核属性是一种必不可少的属性，但是如果从数据对象辨识的角度出发，它却不一定是最重要的属性；属性约简并不是一定要从属性核心先开始。通过这些理论分析和实验都表明，在小数据集的处理方面，对于一些基于主存的约简算法来说，通过分辨矩阵计算核属性能够有效提升算法效率。但在大数据集的处理中，通过分辨矩阵对核属性进行求取，操作过于繁杂，付出的时空代价也很大，对于利用数据库技术方式进行实现，使算法的实际应用受限。因此，在大数据集的处理中，制约属性约简算法应用的主要问题正是通过分辨矩阵来对核属性进行计算这一方式。这些理论分析和实验结果也表明：在大数据集的处理上，相较于基于主存地对核属性进行计算的属性约简算法，不计算核属性，而是基于数据库技术来实现属性约简算法，会提升算法的效率。这样的方式不仅能够使简化属性约简前的数据预处理操作，还能够使算法很容易地就和基于数据库技术的信息系统集成到一起，很好地解决属性约简算法在大数据集应用方面的问题。

### （二） 粗糙集在分类挖掘上的应用

在数据挖掘任务中，应用范围比较广、比较重要的一种方法是分类，同时，它也是粗糙集研究中的一项重要内容。分类主要在确定事物类型或者预测事物未来的发展趋势时应用较多，许多现实世界中的问题，比如对客户购买能力的分析、对投资风险的预测、对故障的诊断等，也可以划分成分类问题。所以说，在实际生活中，尤其是在商业、金融业等领域，分类挖掘十分重要。在数据挖掘研究中，高性能分类算法一直都是其中一项重要的研究内容，且有着很高的研究和使用价值。相比于其早前的版本 ID3 和 C4.5 决策树算法，C5.0算法在训练效率以及结果集的质量上都有很大提高，但是，该算法的技术内幕目前并没有对外公开。由此可以发现，对于高性能分类算法的研究是十分重要的，有着很高的学术和技术价值。

分类数据挖掘的方法多种多样，运用较多的是归纳分类的方法，比如说面向属性的归纳、决策树归纳法等，还有概率统计法、神经网络法、遗传算法、Bayes 分类法、k-最临近分类法、模糊逻辑技术，等等。

为了能够在大数据集的处理上有很好的适应性，也有一些可伸缩性比较好的分类算法被提出并应用，如 Rain Forest 算法、SLTQ 算法以及 SPRINT 算法等。在这些算法中，主要采用了预排序技术来对数据进行处理，并且还引进了新的数据结构。在一定程度上，提高了算法的可伸缩性得到，但是也使得算法变得比较复杂。如果数据集过大，其性能仍旧会出现下降的情况，且代价十分昂贵。此外，这些算法大部分都是基于主存的算法，这就要求所有的训练数据集都要在主存中驻留，因此，如果想要挖掘数据库中的海量数据时，这样的算法根本不能使用，即使可以使用，在主存和磁盘间，训练样本需要多次换进换出，算法效率会因此变得很低。除了上述应用问题，这些算法还要求以文本文件的形式来提供数据，这样的要求会使数据库的数据在导出时需要进行文本数据转换，在与像专家系统、决策支持系统、智能商务系统等基于数据库技术构造而成的智能信息系统进行无缝集成时也十分不方便。

在粗糙集的分类算法中，有两大基本算法占据了主导地位，那就是约简值算法与分类算法，对于前者，这种简算法的理论支撑为属性约简；而后者则是基于分辨矩阵与辨识函数。两种基本算法的实质则属于归纳分类算法的范畴。归纳分类算法在实现的整个过程中，需要逐次扫描与分析大量数据，通过分类、整合之后再完成数据与数据之间的对比，整个操作流程相对复杂，在实际应用中都暴露出不便捷的特点。

除了操作复杂、不便捷之外，这种算法还存在其他的技术问题，那就是时空复杂性很大，这一技术难题对于大数据采集产生了具体冲击。在分类算法的实际应用中，不难发现核心的学习方法会对算法的实际应用产生巨大的影响，主要表现在影响学习效率、操作性能、结果准确性等众多方面，可见分类算法的学习方法在应用中扮演着重要的角色。通常将分类算法大致分为决策树与面向行两大类，对于前者而言，其核心与基础就是对于选择属性的测度。随着互联网行业的兴起，数据传输速率大幅提升，信息增益就是人们关注的焦点，而决策树算法的启发式就是信息增益，有时也可用信息增益率替代。选择属性实质上是属性的依赖度与分类精度这样的属性，值得一提的是，这些选择性属性只能够用于反映可辨识对象集的大小，不能对其他因素产生任何影响。众多专家学者对选择属性的测度进行了全面、深入的研究，主要借助粗糙集模型进行研究。普适度与支持度在划分属性中占据主导地位，通常会优先采用二者都相对较大的分类方法，可见论域划分与数据的辨识能力没有实质性的联系，也不能起到决定性运用。在系统研究粗糙集模型的过程中，分类已经成为其研究的核心。这里需要强调分类贡献能力的概念，分类贡献能力实质上是指在划分样本时，属性所发挥出的作用的综合判定。

### （三）　粗糙集在异常数据处理上的应用

在挖掘数据时，挖掘到的数据很多时候都掺杂一些噪音数据、不相容数据、不完备数据及具有缺失值的数据等。引发这三种异常数据的原因有很多，是否能恰当有效地处理好这三类异常数据，不仅对于算法的效率和挖掘结果集的质量有着直接的影响，还会对算法的实用性和挖掘结果集的使用价值产生影响。目前，在基于粗糙集的有关理论研究和应用中，一个热点问题就是针对这三类异常数据的有效处理方法的研究。

在挖掘出的数据中，常常会出现噪音数据，这主要与数据收集过程中测量或记录的不准确有关。对挖掘效率和挖掘结果集质量来说，噪音数据是一个具有十分重要影响的因素，一直以来，如何有效处理噪音数据都是在数据挖掘研究方面的重要课题。在提出的各种算法中，人们提出了许多不同的对噪音数据进行处理的办法。其中，在决策树算法中比较系统和成熟的处理对噪音数据的方法就是树剪枝方法。

### 三、粗糙集知识发现系统

将粗糙集理论应用于上述领域时可以将其分为无决策的分析和有决策的分析两类，这是由特点决定的。无决策的分析会去掉多余的属性，只提取和分析有用的信息，可用于大型数据库，属于属性约简；而有决策的分析则用来对分类规则进行获取，值约简方法是粗糙集相当典型的分类规则提取方法，还有很多学者也以粗糙集为基础，提出了很多的分类方法。

国外已经开发了很多以粗糙集为基础的知识发现系统，而 KDD-R、LERS、Rough Enough 和 ROSE 等是其中非常有代表性的。

#### （一） KDD-R 系统

加拿大 Regina 大学开发出了 KDD-R 系统，这种基于决策矩阵的系统，实质上也属于粗糙集研究的范畴。这种系统常应用于医学与通信，熟知的 Windows-X 界面就是通过 KDD-R 系统实现。对于 KDD-R 系统，可以将其划分为四大基本模块，即属性依赖性分析、数据的加工与处理、规则的制定与提取以及最终决策。属性依赖分析实质上是对决策条件以及各属性的功能进行权衡与分析，最后完成一系列计算，这是以可变精度粗糙集模型为基础的；离散化处理原始信息表中包含的数据就是数据预处理模块的主要功能；对含有决策概率的部分进行近似规则的计算是规则提取模块的功能；而决策模块则是用来控制决策规则，在组合规则时会遵循最大条数原则，并会给每一个决策都输入分数，表示支持。

#### （二） LERS 系统

美国 Kansas 大学以粗糙集为基础，开发出了 LERS （learning from examples based on RS） 这个实例学习系统，这个系统可用于医疗、气候的研究以及环境保护等，是在 VAX9000 上通过 Common Lisp 开发出来的。LERS 系统使用和信息表的文件格式相似的方法输入，用附加信息的方式实现对决策和条件属性的表达。LERS 系统在向计算机输入数据时会以输入文件的方式进行，并会检查数据是否一致。如果输入的数据没有达到一致，那么就要计算每个概念的下、上近似集。系统中的知识发现和机器学习的算法都可供用户使用。其中，知识发现算法可以让最小规则出现在所输入的数据中，而机器学习算法可以描述概念中的最小判别。LERS 系统无法输入过大的文件，因此局限性很大。LERS 系统无法发现海量数据的知识。

### （三）　Rough Enough 系统

挪威 Troll DataInc 公司研制出了 Rough Enough 系统，该系统可以实现众多功能，不仅可以完成可辨识矩阵的生成与编辑、数据的生成与处理，还可以完成数据的输入、输出、数据的分类、分析与化简。在日常应用中，输入数据常常从表格或数据库读取，系统再将读取到的数据进一步处理、分析、分类等。从用户的角度考虑，用户可以随时随地通过电子表格的方式来输入与处理数据，用户也可以生成一些可辨识矩阵。在此系统中，还用到了众多近似方法，其中就包括上下近似、等价转化等，用户实质上会根据自己的需求来完成工具选择。

### （四）　ROSE 系统

智能决策支持系统实验室隶属于波兰 Poznan 工业大学计算科学研究所，该实验室开发出了 ROSE 系统。这个系统能够在软件工程评估、金融和管理科学、药剂学、医学、图像与信号处理、技术诊断等方面应用，因为它不仅实现了 Pawlak 的可变精度粗糙集模型，也实现了基本粗糙集模型。模块化软件系统是该系统的最大特点，也就是它的集成依靠的是独立的模块。首先将计算引擎建立与计算机之上，再将用户界面置于 Windows 平台上。ROSE 系统中不仅有图形用户界面，还有多个与平台独立并能够扩充的单独的计算模块。用户可与其交流和互动，电子数据表则可以编辑数据。信息表格式是 ROSE 系统在输入数据时所用的格式，条件和决策都为其属性，纯文本文件可以存储相应文件格式（ISF）的数据。因此，这些文件格式能够容易被转换，也可以不利用系统读取。在分类条件属性近似目标时可用可变精度粗糙集模型或标准粗糙集模型、预处理和校验数据、对属性核与信息表约简的发现可用多种算法、离散化连续数据等都是 ROSE 系统的功能。但该系统目前的功能还需要进一步开发。

除此之外，中国科学院计算技术研究所和南京大学也以粗糙集为基础开发出了 KD 和 Knight 知识发现系统。以后会有更多的领域用到粗糙集，这样也会出现更多以粗糙集为基础的知识发现系统。

## 四、粗糙集知识发现的研究方向

粗糙集在未来不仅会进一步研究粗糙函数、粗糙逻辑等理论，以下的研究都可能成为粗糙集知识发现的方向：

一是研究高效且快速的约简算法。粗糙集知识发现都是基于约简算法，因此研究大数据集高效约简算法非常有必要。

二是研究大数据集可用的分类算法。粗糙集最主要的研究就是分类，当下，粗糙集理论和实践面临的最大挑战和问题，就是如何在海量的数据库中选择出最合适的实际和理论上的算法。

三是研究粗糙集如何更好地与其他方法结合。当前的知识发现方法多种多样，而将粗糙集集合其他方法也许会让知识发现的效率得到很大提高。

四是研究出更有效的方法用于处理不完备、不一致和有噪音的数据。扩展粗糙集模型的提出就是为了处理这些异常数据，但如何通过扩展粗糙集模型高效处理这些异常数据则非常有研究意义。

五是在粗糙集理论的基础上研究不精确推理和粗糙逻辑。该研究除了可以发掘知识，还可以推动人工智能中不确定性推理的发展。

# 第四节　计算机数据采集管理系统

## 一、数据采集管理系统的分析

数据采集管理系统是 21 世纪 80 年代发展起来的，它融合了现代微电子技术、计算机技术、通信技术和显示技术。应用数据采集管理系统可实现系统信息的采集、处理、存储和管理。

### （一）　数据采集管理系统的典型结构

典型系统由信号调理电路、数据采集器、计算机 I/O 接口、计算机硬件和软件系统、数模转换器几部分组成。

#### 1. 信号调理电路

被采集的量（物理、化学、生物量等）经传感器转换为方便处理的电量（一般为电压、电流、电阻和脉冲量）。信号一般为模拟信号，也有数字信号（以二进制编码）或开关信号（信号只有两个状态"0"或"1"）。常用的传感器有热敏传感器、光敏传感器、湿敏传感器、压力传感器、位移传感器、电化学传感器和生物传感器等。理想的传感器要求内阻低，噪声小，线性好，输出电平高。近年来研究生产了许多生物传感器和智能传感器，它们的特点是体积小，精度高，识别能力强，它们的研究和应用有力地推动了数据采集处理系统的发展。系统采集的信号多为模拟信号，且很多是多元的弱信号，信号既受到系统自身干扰，也受到外界的干扰，所以数据采集处理系统的前端常常加信号调理电路（滤波器、变换器、前级放大器、隔离电路），实现阻抗变换、信号变换、滤波、放大、隔离保护等功能。

**2. 数据采集器**

一般由多路开关 MUX、测量放大器、采样保持器 S/H、模数转换器 ADC 组成。完成多路信息的采集、放大和数字化处理。

**3. 微机 I/O 接口**

微机接口是计算机与外界进行信息交换的通道和窗口。采集器输出的数字信号经总线送给微机接口，再经 I/O 通道送给微机处理。I/O 接口是建立计算机数据采集处理系统的关键，计算机与外界的一切联系都由接口控制完成。I/O接口规定了与外界的通信方式，是并行通信还是串行通信；设定了 I/O 控制方式，是程序控制还是直接存储器存取 DMA 控制；规定了控制信号的使用方法，例如 PC 机就有两类控制信号线，连向内存储器的有 MEMR 和 MEMW 控制信号，完成内存的读或写；连向 I/O 设备的有 IOR 和 IOW 控制信号线，完成 I/O 设备的读和写。

**4. 数模转换器**

数模转换器将微机输出的数字信号再转换为模拟信号，以完成计算机的输出记录、自动调控。对外界设备的控制，要求数模转换器有一定的驱动能力和完善的隔离保护措施。

**5. 应用软件**

应用软件是计算机数据采集管理系统的灵魂，有了应用软件才能充分发挥采集系统的功能。应用软件的设置增强了采集系统的通用性和可靠性。目前软件与硬件具有同样的功能，硬件能实现的功能，通过软件也能实现，所以系统硬件和软件的调配，是系统设计的重要问题。对系统设计人员，不仅要求具有电子工程的设计能力，同时也要求具有软件程序的设计能力。数据采集管理系统的性能在很大程度上，取决于应用软件的开发与研究。

**（二）　数据采集管理系统的重要程序**

监控程序是数据采集系统的重要程序，它负责调度数据采集系统的各应用程序模块，并与系统的外部设备（打印机、绘图仪、磁盘等）及时地交换信息。监控程序在在线状态下，能接收来自键盘或接口的操作命令，并解释、执行，实现系统硬、软件资源的管理。

**1. 单片机数据采集系统**

监控程序设计多选用键码分析任务调度法。系统的每种任务都设置对应一个独立的键码处理程序模块，用户可以通过键盘向系统送入操作命令，采集系统对输入的操作命令作出判断，而后执行相应的功能程序。键功能程序一般包括：采集程序、实时处理程序、监测控制程序、数据显示程序、数据打印输出程序等。系统控制程序主要解决应用程序中的循环转移以及功能程序的分支选择，其转移的条件是命令/状态字。

**2. 计算机数据采集管理系统**

多选择实时多任务监控程序。系统任务可划分为三类：

（1）前台任务，主要保证系统快速响应与处理外部设备发来的紧急信息，如故障报警、紧急显示。

（2）后台任务，主要对用户，常以菜单方式列出，供用户选择与运行。

（3）定时服务任务，主要完成定时服务，如定时显示、定时打印、定时查询。菜单设计采用分级结构，用户可以根据菜单的提示逐级选择自己所要运行的任务。菜单项目的选择，可以选择光标法，也可以选择键盘数值输入法。菜单模块的选择方式，使后台任务对用户而言是透明的，操作运行十分方便。

### （三） 数据采集管理系统的功能

计算机数据采集系统中的各项功能较为齐全，主要包括以下几种功能：

**1. 时钟功能**

系统中的时钟功能属于自动运行功能，由中枢进行控制，且会根据特定节拍实时采集实践。

**2. 各项信息的采集功能**

信息采集功能在计算机管理系统中占据重要地位，采集也根据时间点定期进行，当然也可以通过人工定时来进行；其中采集方式可以分为两种，分别是单项采集与多道综合采集。计算机信息采集功能是计算机整体系统运行的基石，只有对有用信息进行采集方可实现后期的控制。

**3. 数据处理功能**

计算机数据采集管理系统中有一个非常值得关注的特点便是数据处理。采集的信息随着时间的推移会不断地增大，各个领域的信息汇总到一起，庞大且复杂，此时计算机系统自动处理功能尤为重要。数据处理可以分为两种，分别是数据预处理与数据二次处理。通常情况下计算机数据预处理指的是对数字的滤波处理以及标度变换、线性化处理等，而计算机数据二次处理则主要是数据的各项运算以及图像图形之间的变幻处理等。

**4. 数据存储功能**

数据进入计算机后需要进行对应的存储方可在后期使用，这也是计算机数据采集系统中的重要特性。目前互联网发展迅速，各类的数据库以及磁盘和集成电路等已经被广泛应用，为数据系统存储提供了更多途径，存储的量也在逐渐增大，数据存储的时间也不再受限。

**5. 系统控制功能**

计算机采集系统可有效控制实时情况，也可以根据环境以及空间等进行变换，在农业种植生产进程中对每个阶段的管理更加有效，逐渐实现自动化控制。

**6. 系统自动诊断功能**

对于计算机来说，系统的可靠性是运行的关键。采集系统中的各个软件基本均可以实现自动诊断检测功能，同时可以根据情况自主修复，大大增强了计算机系统的可靠性。

**7. 系统的信息输出功能**

信息使用与传递主要是为了完成各项交流，数据采集系统除了接收信息外，还可以对外传递信息，通过信息互换完成交流，简单常见的有报表打印、拷贝等。

计算机数据采集系统应用更加方便快捷，与仪表巡回检测的单一功能存在很大差异，20 世纪 80 年代的时候被各行各业广泛使用。科学技术在不断发展，互联网也已经进入千家万户，网络信息技术、图像显示功能与各项媒体技术均在日益更新，这些均为后期数据采集系统的扩展打下坚实的基础。

### （四）　数据采集管理系统的技术指标

系统不同，应用场合不同，对其技术要求也不同，数据采集管理系统的主要技术指标有以下方面：

**1. 采集时间**

采集时间一般指系统采集 1 个离散样本所需的全部时间，其中包括多路器、放大器、采样保持器的建立时间，A/D 转换器的转换时间，数据传输时间。一般从几微秒到几十毫秒。

**2. 采集精度**

采集精度一般指系统在额定传输速率下，每个离散样本的转换精度。通常 A/D 的分辨率决定了系统的转换精度。例如转换量程为 $\pm 5V$，12 位和 16 位 A/D 转换器的最小量化电压分别为 2.44mV，0.153mV。

**3. 传输速率**

传输速率一般指系统每个通道每秒钟可处理的样本数。在串行数据通信中一般用每秒钟传送数据的位数（波特率）表示。例如：采用 RS-232-C 总线最高数据传送速率为 20kb/s，而 RS-423，RS-422 的传送速率分别达 100kb/s，10Mb/s。

**4. 对噪声干扰的抑制能力**

干扰一般以脉冲形式进入数据采集系统。按照不同的标准，可以对干扰有不同的划分。对干扰来源有清晰了解，才能方便我们采取合理的抗干扰措施，以提高数据采集与处理系统的准确性和稳定性。

**（五） 数据采集管理系统的性能指标**

**1. 采样速度**

采样速度是数据采集处理系统性能好坏的重要标志。按应用范围不同，采样速度一般分为几档，见表 6-1[①]。

表 6-1　采样速度与应用范围

| 采样速度分档 | 采样率/Hz | 应用范围 |
| --- | --- | --- |
| 低速 | DC～30 | 温度、压力、位移量 |
| 中低速 | 30～5000 | 成分分析，电生信号、速度 |
| 中高速 | 5k～80k | 语音、振动、通信 |
| 高速 | 80k～200k | 超声、断裂、高速反应 |
| 超高速 | 200k～1M | 爆炸信息、瞬变信息 |
| 甚高速 | >1M | 图像扫描、雷达 |

依据香农（Shannon）采样定理，要不失真地采集交流信号，采样频率必须是信号最高频率的两倍以上。采集系统的采样速度最终受限于系统的采集时间。全部采集时间由五部分组成：多路器、放大器、采样保持器的建立时间，A/D 转换时间，数据传输时间。

**2. 提高 A/D 转换器灵敏度的方法**

A/D 转换器的灵敏度与采集系统的采集精度密切相关。提高 A/D 转换器灵敏度有两种方法：第一，采用高分辨率的 A/D 转换器。如 12 位的 A/D 转换器，最小量化电压为满量程的 $1/4096$，即 $2.5 \times 10^{-4}$；16 位的 A/D 转换器，最小量化电压为满量程的 $1/65536$，即 $1.5 \times 10^{-5}$。因此，采用高分辨的 A/D 转换器，可以检测到输入信号的更小变化。第二，加入测量放大器。测量放大器可以将输入的小信号放大到 A/D 转换器数字化所需要的范围（典型值为 $\pm 5V$，$\pm 10V$），再进行数字转换，这相当于 A/D 转换器的最小量化电压（LSB）减小了等于放大器增益的倍数，这样，A/D 转换器也能检测到更小的输入信号，见表 6-2。

---

① 本节图表引自：白广存．计算机在农业生物环境测控与管理中的应用［M］．北京：清华大学出版社，1998．

表 6-2　加入放大器提高 A/D 的灵敏度

| A/D 位数 | 放大器增益 | 分辨率 | 量化电压 |
|---|---|---|---|
| 12bit | A＝1 | 1/4096 | 2.44 $\mu$ V/10V |
| 16bit | A＝1 | 1/65536 | 152.5 $\mu$ V/10V |
| 12bit | A＝100 | 1/409600 | 24.4 $\mu$ V/10V |

从表 6-2 可见一个加入放大器增益为 100 的 12 位 A/D 转换器，其最小量化电压值比无放大器的 16 位 A/D 转换器的最小量化电压值还要小。

**3. 信号的调节与隔离**

A/D 转换器要求输入净化的电信号。然而，实际采集到的信号中常常伴有较高的共模电压和各种噪声干扰，这就需要外加信号调节与隔离辅助系统来处理。调节与隔离系统一般包括：第一，信号放大器把输入的弱信号放大到 A/D 转换所需要的信号电压范围；第二，滤波电路是通过硬件来消除寄生干扰，如高频噪声、工频干扰、无线电波干扰等；第三，电压或电流转换电路是将来自传感器的电压或电流信号统一转换为电压信号或电流信号；第四，输入隔离系统用于保护数据采集器不受可能带进的共模高电压的冲击，也可以有效地切断共地干扰和其他的寄生反馈。输出隔离可以有效地减弱调控设备自身的强电对计算机弱电系统的干扰和冲击，常用的隔离方法是变压器隔离和光电隔离。光电隔离属电流驱动方式，在驱动电流足够大（5mA～40mA）时，可使数据传送距离扩展到数百米以上，抗干扰能力强，但数据传送速率不如变压器隔离方式。

**4. 系统的可靠性**

数据采集系统一般用于生产现场的监测和过程控制，直接同生产现场相联系，现场环境和周围的各种干扰会随时威胁着系统的正常工作，所以可靠性成为系统设计的主要问题。提高可靠性常从避错、容错两方面考虑。具体措施有四个方面：

（1）选用高性能的工业控制计算机，因具有完善的防震、防潮、屏蔽、抗干扰措施，保证在恶劣的现场环境下能够正常工作。

（2）设计二级控制，一是手控操作；二是自控操作。一旦自动控制出现故障，立刻采用手动控制，保证系统的正常运行。

（3）设计完善的抗干扰措施（串模干扰抑制、共模干扰抑制、长线干扰抑制）以及各种保护措施（如报警、事故处理、不间断电源等）。

（4）采用双机系统。双机系统的工作方式一般分为备份工作方式和双机工作方式。备份工作方式中，一台作为主机投入系统运行；另一台作为系统的热备份机。当主机运行出现故障时，专用程序立即切换到备份机投入运行，承担起主机的任务，故障排除后，原主机则转为备份机。双机工作方式，是两台主机并行工作，同步执行同一个任务，既可以比较两机的运行情况，又可以相互作为备份机。

**5. 系统硬件与软件的调配**

计算机数据采集管理系统是计算机采集硬件和计算机处理软件组合构成的，系统硬件与软件的结合使采集系统的功能有了很大的扩展，现已将数据采集、数据处理、数据管理和自动控制融为一体。20 世纪 80 年代以来，随着集成电路技术和计算机软件技术的迅速发展，软件的功能大大增强，硬件能完成的任务靠软件也能完成。硬件具有较好的实时性，软件则具有较好的通用性，设计中硬件和软件的合理调配，可充分发挥硬件和软件的功能，获得良好的性能价格比。

## 二、数据采集管理系统的分类

### （一） 集中数据采集处理系统

集中数据采集处理系统是将现场采集的数据集中传送给计算机，由计算机集中进行数据分析、数据处理、数据存储、数据输出。集中数据采集处理系统在工业测控中的应用起始于 20 世纪 60 年代，由于它具有实时采集、自动处理、自动存储、CRT 操作等特点，20 世纪 80 年代以来，在工业、农业、科学技术等领域得到了广泛的应用。

**1. 集中数据采集处理系统的组成**

集中数据采集处理系统一般由信号调理器、数据采集器、控制系统、计算机系统及其通用外部设备组成。如图 6-1 所示。

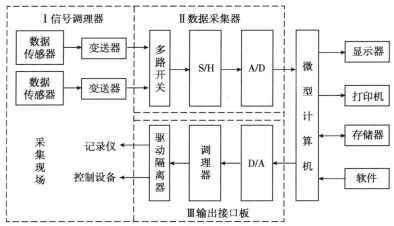

图 6-1　集中数据采集处理系统组成框图

数据传感器输出的信号，经变送器变换为标准的电流信号（4mA～20mA）或电压信号（±5V），由采样保持电路和模数转换电路量化为数字信号，再送往微型计算机进行处理。处理后的数据可以显示、打印输出，也可以存储，输出控制信号，实现对系统的调控。

数据传感器、变送器常组装成为信号调理器，密封后置于采集现场，输出的标准信号经传输线（如屏蔽双绞线）送往计算机。

多路开关，S/H 和 A/D 常组装成数据采集功能接口板，直接插在计算机的扩展槽内，通过系统总线与计算机交换信息。

D/A 转换器、信号调理器、驱动隔离器组装成输出功能接口板，也直接插在计算机的扩展槽内，计算机通过输出功能接口板输出控制信号，驱动调控设备实现系统的调控。

软件是采集系统的灵魂，运行软件实现系统的自动采集、自动显示、自动调控和自动诊断。

中心计算机融计算机硬件和软件的功能，是采集处理系统的指挥中心和协调中心，它既可以接收从多通道送来的采集数据，又可以对数据进行集中处理（数字滤波、标度变换、数据运算、图形处理），也可以控制和管理调控设备（A/D，D/A，显示器，打印机）的运行。

中心计算机一般选择工业控制机，也可以选择专用机或一般兼容机。工控机有较好的环境适应能力和工作可靠性。

集中数据采集处理系统结构简单，接口方便，对数据传输距离较近的场合应用较方便，如室内的分析、检测和室内的环境监控等。

**2. 单片机的数据采集处理系统**

单片机的数据采集处理系统，实际上是由单片机构成的小型自动测试系统。该系统可应用于工农业生产现场参数的自动采集和必要的数据处理。通过小型键盘进行人机信息交换，由扬声器指示超限报警。

（1）单片机数据采集处理系统的硬件构成

单片机数据采集处理系统一般由数据采集器、单片微型计算机和输出输入部件组成。图 6-2 为单片机小型数据采集系统的构成框图。

采集器多为多路数据采集器，它由数据传感器、信号调理放大器、多路开关、A/D 转换器组成，可以分时采集多个物理参数，经多路转换开关、模数转换器变为数字量送往单片机。

信号调理放大器直接与数据传感器相接，它的性能直接影响系统的采集精度，要求线性好，偏置漂移小，输入阻抗高，共模抑制能力强。一般选择集成测量放大器芯片。

A/D 转换器的类型和位数决定了采集系统的转换精度和采集时间，应根

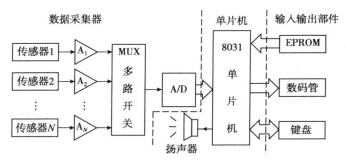

图 6-2　单片机小型数据采集系统构成框图

据需要选择。

单片微型计算机对现场采集的信息可作必要的处理并输出超限报警信号启动扬声器报警。采集的数据经标度变换后由数码管显示。

若选择 8031 单片机组成小型数据采集系统，由于其内部没有可编程存储器，需要可擦可编程只读存储器 EPROM。

（2）单片机数据采集系统的软件

小型数据采集系统的软件所完成的任务是采集数据，而后进行数据处理并由数码管显示。检测超限，则启动扬声器报警。

小型数据采集系统应用软件由汇编语言编写。一般由"扫描显示程序""数据采集程序""数字滤波程序""数据处理程序""键盘控制程序"等几个程序模块组成。图 6-3 为小型采集系统应用程序框图。

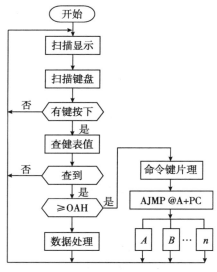

图 6-3　小型数据采集系统应用软件框图

　　单片机采集系统都配有通信接口（并行、串行），当单片机的数据处理能力和数据存储能力不能满足需要时，可与系统机通信，组成两级管理。单片机作为系统的前台机，主要用于数据采集和控制。

　　（3）集中数据采集处理系统的性能特点

　　集中数据采集处理系统在性能结构上具有以下特点：

　　①数据集中采集。现场采集的所有信号线都通过电缆线引到 1 台中心计算机上进行集中采集和集中处理，结构简单、实时性好。但单机采集，单机处理危险性过于集中，一旦计算机出现故障，整个采集系统将会瘫痪。信号线过于集中，相互干扰也难以避免，给维护带来困难。

　　②采用总线插板式接口。系统通过数据采集接口板、输出功能接口板与外界交换信息。所有的功能接口都直接插在计算机总线的扩展槽内，靠机械挤压完成电气接触。IBM PC/XT，IBM PC/AT 以及 80386 型微机一般都带有 5～8 个扩展槽，系统扩展方便。但总线插板式结构存在共地干扰和地线回流干扰，一般 I/O 接口板又只具有硬件处理功能，不具备软件处理功能，所以干扰成为十分严重的问题，常给调试、维护带来困难，这在实际应用中受到一定的限制。

　　③采用系统总线。系统总线又称内总线，是微型计算机的专用总线，它用于连接具有独立功能的各种插件板。计算机的 I/O 通道都可以视为系统总线的扩充。系统总线的种类很多，例如，S-100 总线、IBM-PC 总线、TRS-80 总线、STD 总线等，但每一种总线都有统一的标准和自己的特点。由于 IBM PC/XT/AT 微型机的广泛应用，许多数据采集板产品都采用与 IBM-PC 总线兼容设计。IBM-PC 总线由地址总线、数据总线、控制总线组成，是 62 根线的集合，其中 20 根为地址线，8 根数据线，还有一些为控制信号线。IBM-PC 总线可以完成以下的基本操作：CPU 对存储器的读或写；CPU 对端口的读或写；CPU 对中断的响应；CPU 出让总线控制权，由 DMA 控制器控制总线操作。

　　④单机管理。集中数据采集处理系统，系统小、功能弱，多采用单机管理制，即由 1 台系统机或 1 台单片微型机对系统进行管理。采用系统微机管理，数据处理和数据存储功能强，输入输出扩展方便，在实际中广泛采用。但微机系统大，抗干扰能力弱，一般难以直接放于采集现场，所以在系统较小时，多采用单片机管理。

　　（4）集中数据采集处理系统的应用

　　①集中数据采集处理系统以集中采集为主，所以最早用于实验室的测量分析与数据处理，如医学上应用的心脏体表等电位处理系统，心电多相信息鉴别诊断仪，色谱分析方面应用的气相热导或氢焰数据分析系统等。

②集中数据采集系统小，操作方便，广泛用于农业生物工程环境的监测与调控。如温室环境的监测与调控、土壤环境信息的采集与处理、农田气候信息的采集与处理、农业环境监测、植物生理信息的采集与处理等。

③集中数据采集系统以采集为主兼有控制功能，所以也渗透应用到工农业生产过程的局部控制，如工业燃油锅炉自动控制系统、啤酒发酵过程控制系统、果蔬贮藏室监控系统、池塘养殖监控系统等。

### （二）集散型数据采集管理系统

集散型数据采集管理系统是在自动控制和通信技术发展的基础上，适应集约生产管理的需要而发展起来的。它的基本功能可概括为：分散采集（控制），集中管理。系统由测控站、管理站和通信系统组成。测控站独立完成数据采集和控制，通信系统把各测控站采集的数据汇集到管理站进行统一处理和管理。

集散型数据采集管理系统一般由现场测控站、通信总线和监控管理站三个基本部分组成。如图 6-4 所示。其中 T，RH，L，$CO_2$ 分别代表温度、湿度、光照和二氧化碳传感器的输入。

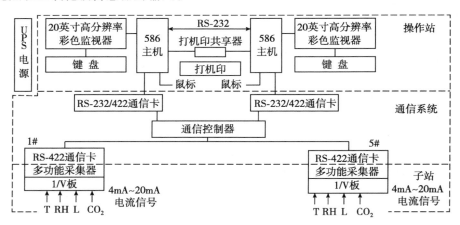

图 6-4　集散型数据采集管理系统的组成框图

### 1. 现场测控站

现场测控站是以单片机为中心组成的独立工作的自动测试系统。将其置于生产现场直接同各种数据传感器和调控设备接口，实现现场数据的实时采集、处理、显示和过程控制。它设置有通信接口，现场采集的数据按指令通过通信接口送往通信总线，实现数据通信。

测控站按生产现场的大小和要求的不同可以设置多个，它们平等的挂在通信总线上，同样地受操作管理站的控制和管理。

测控站的设置，将系统的采集、控制与综合管理功能分开，减轻了中心主机的负担，增强了系统工作的可靠性，采集、控制的范围也容易扩展。测控站设计需要注意以下问题：

（1）测控站直接处于环境条件比较恶劣的生产现场，不仅受到各种强电设备的电磁干扰，也会受到高温、高湿、粉尘等不良环境条件的袭击，要求系统具有完善的抗干扰措施，采取密封、抗震的组装工艺，以保证系统长期可靠的工作。

（2）测控站独立工作通信信息量一般不大，也不要求它去处理复杂的事务，但要求它对现场信息进行实时采集和控制，所以测控站的设计需具有一定的采样速度并与采集信息的变化速率相匹配。

（3）测控站直接相连的接口很多，有各种数据传感器的输入接口，也有多种调控设备的输出接口。接口成为引进外界电磁干扰的主要渠道，采取完善的接口技术是保证系统可靠工作的重要措施。通信接口加光隔电流环被认为是比较理想的接口方法，即采用变换器将不同的信号先变成 4mA～20mA 的电流信号，然后再通过光电隔离器与系统接口。光隔电流环使测控设备与现场不共地，避免了共地干扰。输出的为电流信号，适于长线传输。

### 2. 通信总线

集散型数据采集管理系统的下位机（现场测控）与上位机（管理机）的通信，上位机与调控设备的通信，均采用通信标准总线。通信总线是明确定义了各引线电气和机械特性的一束无源的电缆线。通信总线将上位机、下位机、调控设备连接起来组成通信系统，计算机通信有两种方式：并行通信、串行通信，通信总线也分为并行通信总线和串行通信总线。

IIEEE-488 是常用的并行通信标准总线，总线的所有信号均采用 TTL 电平标准，是字节串行通信总线，通信用线较多，远距离通信受到限制，一般只用于计算机与输入输出设备、测量仪器之间的并行通信，如图 6-5 所示。

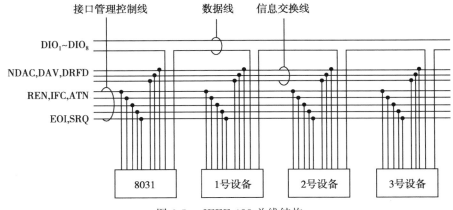

图 6-5　IEEE-488 总线结构

EEE-488 总线共有 24 条，其中 16 条为信号线、7 条为地线、1 条为机壳屏蔽接地线。16 条信号线按功能又分为 3 组：8 条数据总线（$DIO_1 \sim DIO_8$）用于并行双向传送 8 位信息（接口信息、设备信息）；3 条通信联络线（数据有效线 DAV、未准备好接收数据线 NRFD、数据未接收好线 NDAC）；5 条接口功能管理线（接口清除线 IFC、注意线 ATN、遥控使能线 REN、服务请求线 SRQ、结束或识别线 EOI）。

IEEE-488 总线上的全部模块或设备都被分成控者（控制器）、讲者（送话器）和听者（受话器）3 类，每个设备都可以作为三者中的任何一个，也就是说它究竟充当讲者、听者，还是控者，并非一成不变。总线上的讲者、听者可能有多个，但控者通常只有 1 个。

IEEE-488 总线系统工作时，首先由控者指定讲者、听者，并通过命令讲者发话和命令听者受话来启动传送操作，当数据传送时，控者退出命令方式。在数据传送的过程中如有别的设备提出总线服务请求，则控者先通过串行或并行点名，查询请求来源，继而进入相应的服务操作。控者发布命令是采用"广播方式"，即通过总线向总线上的所有设备"广播"，所有设备听到"广播"后自动对号入座，认定自己是被寻找的讲者或听者。

IEEE-488 总线为方便应用，规定了烈线 DB 插头、插座组合在一起作为标准连接器，如图 6-6 所示。

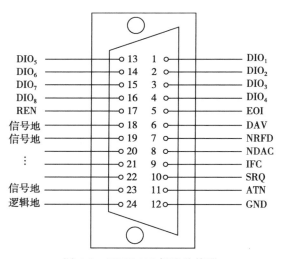

图 6-6　IEEE-488 标准连接器

带有 IEEE-488 总线接口的任何两个设备只要带上标准 DB-25 连接器，就可以用标准总线直接连起来，实现通信。

采用 IEEE-488 标准总线通信，线上所挂设备限定不得超过 15 个，相互距离不超过 2m，传输线总长度不超过 20m，传输速率不超过 10Mb/s。

集散型采集系统大，上位机与下位机、上位机与调控设备之间的距离远，多采用串行标准总线，如 RS-232-C、RS-422-A 和 RS-485 等。

（1）RS-232-C 串行通信标准总线

串行数据通信是按位顺序传送的，通信只需两条线，所以计算机与远程终端之间的数据传送，常选用串行通信。为了提高串行通信的抗干扰能力，RS-232-C 标准总线信号采用负逻辑，规定＋5V～＋15V 为逻辑"0"状态，－15V～5V 为逻辑"1"状态。

RS-232-C 标准总线的接口连接器采用 DB-25 针插头和插座。其中阳性插头（DB-25-P）与数据终端（DTE）相连，阴性插座（DB-25-S）与数据通信设备相连。25 针信号线的定义见表 6-3。

表 6-3　RS-232-C 连结器引脚信号定义

| 引脚号 | 代号 | 信号名称 | 方向与功能描述 |
|---|---|---|---|
| 1 | AA | 保护地（PG.ND） | 作为设备地 |
| 2 | BA | 发送数据（TD） | DTE→DCE |
| 3 | BB | 接收数据（RD） | DCE→DTE |
| 4 | CA | 请求发送（RTS） | DTE→ECE，打开 DCE 发送器 |
| 5 | CB | 清除发送（CTS） | DCE→DTE，响应 DTE 请求 |
| 6 | CC | DCE 就绪（DSR） | DCE→DTE，指示 DCE 已接上信道 |
| 7 | AB | 信号地线（SG·ND） | 用作所有信号公共地线 |
| 8 | CF | 载波检测（CD） | DCE→DTE，指示 DCEE 接收信号 |
| 9　10 | | 未定义 | |
| 11 | | | |
| 12 | SCF | 辅信道载波检测 | DCE→DTE，功能似 CF |
| 13 | SCB | 辅信道清除发送 | DCE→DTE，功能似 CB |
| 14 | SBA | 辅信道发送数据 | DCE→DTE，发送低速率数据 |
| 15 | CB | 发送器定时时钟（DCE 源） | DCE→DTE，给 DTE 提供时钟 |
| 16 | SBB | 辅助信道接收数据 | DCE→DTE，接收低速率数据 |
| 17 | DD | 接收器定时时钟 | DCE→DTE，给 DTE 提供时钟 |
| 19 | SCA | 辅助信道请求发送 | DCE→DTE，功能似 CA |
| 20 | CD | DTE 就绪（DTR） | DCE→DTE，请示 DTE 已准备好 |
| 21 | CG | 信号质量检测 | DCE→DTE，指示接收合格 |
| 22 | CE | 振铃指示（RI） | DCE→DTE，指示信道有振铃 |

（续）

| 引脚号 | 代号 | 信号名称 | 方向与功能描述 |
|---|---|---|---|
| 23 | CH/CI | 接收速率选择 | DCE→DTE，指两同步数据之一的速率或范围 |
| 24 | DA | 发送器定时时钟（ETE 源） | DCE→DTE，XW DCE 提供发送时钟 |
| 18  25 | | 未定义 | |

25 条信号线分为两组：主通道组和辅通道组，两通道功能相同，只是辅道的频率较低。系统一对一的通信多选择主通道。

计算机与 CRT 终端，计算机与计算机近距离的通信一般只使用 3 条信号线：发送数据线（引脚号 2）、接收数据线（引脚号 3）、信号地线（引脚号 7），其余信号线通常在应用调制解调器（MODEM）或通信控制器进行远距离通信时才使用。但采用 3 条信号线通信时，发送方根本无法知道接收方是否准备好接收数据，只能误以为接收方任何时候都处于准备好接收状态，这时需要将 DSR（引脚号 6），CD（引脚号 8），DTR（引脚号 20）直接接在一起。这样有可能会带来"过冲"的麻烦。

由于一般计算机与数据终端的近距离通信只使用一部分信号线，其余信号线基本不用，所以在 IBM PC/AT、80286、80386 系列微机中，有时就直接选用 9 针 D 型插头座（DB—9）作为串行通信连接器。表 6-4 为 RS-232-C 9 针信号线的排列。

**表 6-4  RS-232-C 9 线信号排列**

| 引线 | 名称 | 含义 | 引线 | 名称 | 引线 |
|---|---|---|---|---|---|
| 1 | CF | 接收线信号检测（CD）6 | 6 | CC | 数据设备准备好（DSR） |
| 2 | BB | 接收数据（RD）7 | 7 | CA | 请求发送（RTS） |
| 3 | BA | 发送数据（TD）8 | 8 | CB | 允许发送（CTS） |
| 4 | CD | 数据终端准备好（DTR）9 | 9 | CE | 振铃指示（RI） |
| 5 | AB | 信号地线（SG，ND） | | | |

目前微机接口和内部电路都采用 TTL 和 CMOS 电路，输入输出都为 TTL 电平（高电平 3.8V 左右，低电平 0.3V 左右），这同 RS-232-C 标准总线电平（如＋12V 表示逻辑"0"，－12V 表示逻辑"1"）不一致，所以采用 RS-232-C 标准总线通信，需要在输入输出间完成电平转换。实际上应用的电平转换电路很多，有晶体管组成的转换电路、光电隔离器组成的转换电路和集成电路转换电路，但最常用的为集成电路转换电路。如图 6-7 所示，图中 TXD、RXD 分别为信号发送线和接收线。

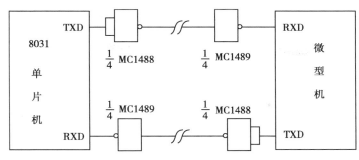

图 6-7　RS-232-C 电平转换电路

MC 1488 转换器输入为 TTL 电平，输出则与 RS-232-C 电平兼容。供电电压一般为±12V，以便满足 RS-232-C 信号电平的要求。MC 1488 由 3 个与非门和 1 个反相器组成，如图 6-8 所示。

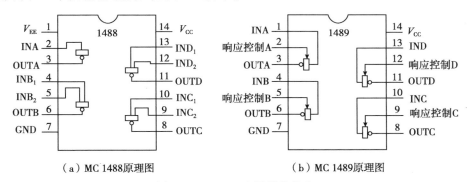

（a）MC 1488原理图　　　　　（b）MC 1489原理图

图 6-8　S-232-C 电平转换芯片

MC1489 输入与 RS-232-C 兼容，输出为 TTL 电平。MC 1489 只要求＋5V供电。另外 MC 1489 内每一个非门都还有一个响应控制端，用来改变输入门限特性，也可以把它接到电压源上。MCU89 由 4 个反相器组成。

数据通信采用 RS-232-C 总线，接口简单，有时只选用两条信号线（TXD，RXD）就可实现数据通信。RS-232-C 可用于异步通信，也可用于同步通信，对传输的数据类型和数据帧长没有过多的限制。但随着数据通信技术和控制技术的发展，RS-232-C 总线的性能已不能满足需要：

①数据传送速率和距离受限。应用 RS-232-C 总线传送数据，传送速率一般为 300b/s～600b/s，加调制解调器，为 1200b/s 或 2400b/s，最高仅为 9600b/s。不加中继站时，可靠传送距离为 15m，最大为 30m。

②利用 RS-232-C 总线通信，每一时刻只能实现一对一通信，即每一次只允许 1 个接收器工作，这不适应多机联网通信的要求。

③RS-232-C 总线通信，一般存在共地干扰，安全可靠性不高的问题。

④采用 RS-232-C 标准总线进行远距离通信时，可利用电话线作为传输线，这给系统的建立带来很大方便。但由于一般电话线作为传输线其传输的信号频带很窄，通常仅在 300Hz～3000Hz，若将要传送的数字信号直接接在电话线上传输，信号将会严重失真，这时需要加入调制解调器。图 6-9 为采集系统主机与置于生产现场的测控单片机的长距离通信。

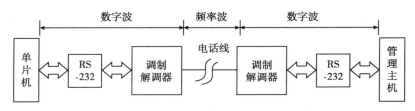

图 6-9  主机与测控单片机的长距离通信

管理主机通过插在扩展槽内的异步接收发送通信接口卡，将 CPU 发送的并行数字信号转换为串行数字信号，并通过发送移位寄存器发送出去。RS-232-C 电平转换器将发送的 TTL 电平信号转换为 RS-232-C 电平信号，调制解调器将发送的数字信号调制（即转换）成与电话传输线相匹配的频率信号，直接接到电话线上，调制解调器将接收的频率信号再转换为数字信号，最后由单片机的串行通信口接收。

RS-232-C 总线利用调制解调器通信，通信速率可达到 20000b/s，通信距离可以扩展到 1200m。

1977 年制定推广的新标准 RS-499 和 RS-422-A 总线，在提高传送速率、扩大传输距离、改进电气特性等方面作了改进。

（2）RS-422-A 串行通信总线

RS-422-A 通信总线是 1980 后推广应用的新标准。RS-422-A 通信总线规定使用双端发送器和接收器，每个信号使用两条线传送，如果其中一条线为逻辑"1"；另一条线则为逻辑"0"，反之亦然，这就实现了平衡发送。接收器接收的为差分信号，提高了抗共模干扰能力。发送端与接收端之间无公共地线，排除了共地干扰。

RS-422-A 使用 MC 3487 作为差分驱动器，MC 3486 作为接收器，其电气连接方法，如图 6-10 所示。

MC M87 为四差分线驱动器，单电源供电，可提供 4 个差分式三态输出与 TTL 电平兼容的发送器，输入阻抗高，转换速度快，符合 RS-422-A 标准。

MC 3486 为四线接收器，单电源供电，可提供 4 个独立的输出与 TTL 电平兼容的线接收器，符合 RS-422-A 标准。

RS-422-A 通信总线使用驱动器和接收器时，允许的最大传输速率为

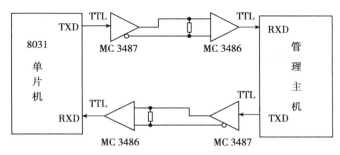

图 6-10　RS-422-A 通信总线的电气连接

10Mb/s，允许电缆长度为 120m。如果适当降低传输速率，传输距离可达到 1200m，接收器可以检测到的输入信号电平可低到 200mV。

RS-422-A 总线允许在传输线上接 10 以上的接收器，这便于联网通信。相比，RS-232-C 总线虽然可以在传输线上接多个接收器循环工作，但每次只允许同一个接收器通信。

（3）RS-485 通信总线

RS-422-A 通信总线采用平衡驱动，差分接收方式，提高了通信速率，增加了通信距离，增强了抗干扰能力并能实现全双工通信。但两系统之间相互通信需 4 条线，即 1 对发送线，1 对接收线。RS-485 总线是 RS-422-A 总线的改进型，它采用 1 对线完成两系统间分时发送和接收，即用 1 对平衡差分线实现半双工通信。

RS-485 通信总线选用 SN 75176 作为分时发送器、接收器。SN 75176 靠使能终端来控制其作为发送器或接收器。如图 6-11 所示。

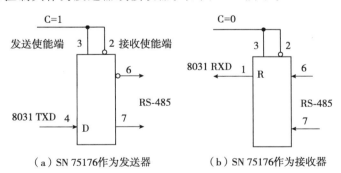

（a）SN 75176 作为发送器　　　（b）SN 75176 作为接收器

图 6-11　SN 75176 作为总线通信的发送器与接收器

当控制信号 C 为 1 时，SN 75176 的发送使能端有效，接收使能端无效，这时它作为发送器，发送数据；当 C 为 0 时，接收使能端有效，发送使能端无效，SN 75176 作为接收器接收数据。RS-485 总线采用双线通信，适合于多站互连通信。图 6-12 为多站互连通信原理图。

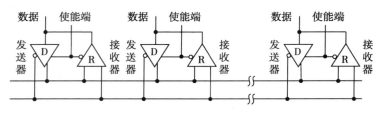

图 6-12　多站互连的 RS-485 通信总线

采用 RS-485 总线多站互连通信时，所有的站（系统）都平等地挂在 1 对通信线上，任何两个系统都可以通过通信线实现相互通信。

目前多数微型计算机串行通信接口都按 RS-232-C 标准配置，系统如采用 RS-485 总线通信，需完成 RS-485 标准与 RS-232-C 标准的相互转换。利用 MC 145407（RS-232-C 接收器/驱动器）可以实现两种标准的转换。图 6-13 为下位机系统采用 RS-485 总线与配置有 RS-232-C 总线接口的计算机系统之间的通信系统。

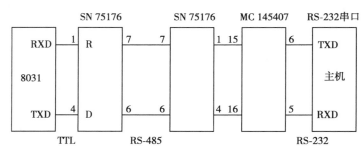

图 6-13　采用 RS-485 总线的通信系统

其中 SN 75176 作为 RS-485 总线标准的发送器与接收器，实现 RS-485 标准总线通信，MC 145407 作为 RS-232-C 标准总线的接收器/驱动器完成与计算机的接口转换。这个系统适用于多机系统的串行通信，传输距离远（通信距离可达到 1200m），可靠性高，但 RS-485 与 RS-232-C 串联应用时，数据传送速率降为同 RS-232-C 标准相一致。

**3. 监控管理站**

监控管理站是集散型采集管理系统最高管理层，是硬、软件支持的计算机系统，是建立在通信总线基础上的计算机测控管理系统，由它完成各监控站、调控设备的集中管理与控制。

（1）监控管理站的功能

监控管理站的功能可概括为以下方面：

①实时向管理人员显示现场过程和现场设备的各种信息。显示的内容不仅是监视的窗口，也是指导管理的依据。随着显示技术的发展，显示的形式丰富

多彩，可以是图形、文字、数据、表格，也可以是声音、颜色；可以是生产现场总貌的显示，也可以是细微部分变化的显示；可以是现场状态信息的显示，也可以是历史趋势的显示。显示直观、鲜明、生动。

②具有丰富的组态功能，如控制方案的设定，显示窗口的建立，相关因子的综合研究等。组态功能也为管理系统的建立、扩展提供了方便。

③具有很强的人机对话功能。系统包括键盘操作、鼠标操作、声光报警、图形显示、报表打印等。系统对管理人员是透明的，系统的功能完全交给操作人员，这给系统的开发、应用带来方便。随着多媒体技术的发展，使现代的计算机具有综合处理和管理声音、文字、图形、图像的能力，可从根本上改善人机界面，人们可以最自然的方式与计算机交换信息，例如，人的操作可以是直接面对屏幕的操作，或者直接用语言来操作，使系统的使用更加方便。

④具有系统自动测试、自动维护、自动运行管理的功能。自动测试、自动运行、自动维护功能保证了系统运行的可靠性，提高了测试速度和精度，促进了系统管理的自动化。

（2）监控管理系统工程设计的问题

监控管理系统工程设计应注意的问题：

①监控管理系统主机一般选择工业控制机。工业控制机不仅具有一般计算机的各种运算和处理能力，CRT 显示、磁盘存储和打印输出能力，数据通信能力，同时还具有比一般计算机更高的可靠性及对环境的适应能力，更能适应工业、农业生产现场环境工作的需要。

②采用双机管理制。监控管理主机是系统的指挥中心和协调中心，既要实时地采集、处理、存储现场过程的大量数据，又要管理、控制很多的外设和现场调控设备，负担很重，危险性增加。一旦主机出现故障，系统将完全瘫痪，这会给生产带来难以估量的损失。为此，监控管理系统采用双机管理制，一台为工作运行机；另一台为热机备份机，工作机一旦出现故障，备份机立即投入运行，保证系统正常运行。工作机故障排除后，自动降为热机备份机。

③数据库的应用。数据库是有组织的数据集合，其结构客观地反映了数据之间的关系。系统应用数据库管理实现了有组织的、动态的、大量的、相关联的数据存储和数据共享。

监控管理站所处理的数据分为动态数据和静态数据两类。动态数据包括过程的现场状态和从各监测点实时采集的数据。应用动态数据，可以建立各种动态数据库，如当前数据库、历史数据库、报警数据库等。应用动态数据，可以实现实时显示、实时报警等动态功能。静态数据包括各测量点参数的量程、上下限、控制的准则、工程单位等。由它还可以组成各种工程数据库，如仪表参数库、控制参数库等。工程数据库作为数据处理的工具，方便数据的处理和对系统的管理。监控管理站应用数据库可以扩展其功能，提高管理效率。

集散型数据采集管理系统的数据通信采用通信总线（RS-232-C 或 RS-485 等），通信范围、传输速率、挂接主机仍受到限制，所以这种系统适用于中小型数据采集管理系统，如变电所电力监控系统、温室环境监控系统、果蔬储藏监控系统等。应用系统的扩展，可采用分布式数据采集与管理网络。

### （三）分布式数据采集与管理网络

分布式数据采集与管理网络，综合运用了计算机技术、通信技术、CRT 显示技术，是 20 世纪 70 年代中期发展起来的新型数据采集与管理系统。它组合应用了多台微型计算机，实现了分散采集、控制，集中操作，分级管理，相对独立的设计思想，使系统具有功能强、性能好、配置方便、安全可靠等优点。近年来在工农业生产和管理中得到了广泛应用。下面探讨分布式系统的构成、现场测控级、控制管理级、综合管理级的功能以及分布式采集与管理系统的特点。分布式数据采集与管理系统，由多台微型计算机组成，分为现场测控级、数据通信网络和综合管理级。

#### 1. 现场测控级

现场测控级是分布系统的前端机，它置于生产现场，同众多的信号变换器、调控设备直接接口，完成现场数据的采集、处理、运算和输出控制。测控级是以测控微机为中心的测控系统，由数据传感器、信号变换器、微型计算机、输入输出扩展器、输出驱动器等部分组成，通过现场总线连成一体。

数据传感器和信号变换器，按现场需要通过选择输入扩展器灵活配置。一般选择 1～4 个扩展器，允许 8～32 个变量输入。输出扩展器、驱动器按调控设备设置，实现现场过程的调控。

测控微机与输入输出扩展器直接接口，是现场测控级的指挥中心和协调中心，独立地完成现场数据的实时采集、运算、处理、检测报警、连续控制、数据通信等功能。

#### 2. 监控管理级

监控管理级是为实现分布式采集管理系统的集中操作和统一管理而设置的。该级的主要设备是管理微机和通信设备。通过通信总线把分散于生产现场的数据采集单元、过程控制单元、输入输出扩展单元与监控管理机连接起来，使其既是操作中心，又是调控设备和输入输出扩展器的管理中心。

监控管理机由操作主机、CRT 显示器、打印机输入键盘、硬软磁盘、拷贝机、通信接口电路等部分组成。主机采用实时多任务操作系统，能支持分布式实时 BASIC 语言及 VISUAL BASIC FOR WINDOWS 编程系统等。

监控管理级设置有操作员键盘和工程师键盘。操作员操作键盘可以在彩色的 CRT 显示器上，选择各种操作和监视用的操作画面（OPR）、信息画面（MSG）以及用户画面（USER）等，其中操作常用的标准画面有：总貌画面、组画面、点画面、报警画面、操作指导画面、趋势画面、流程画面等 9 种画面。9 种画面，分别对应 9 个画面调用键，按相应调用键，即显示相应的画面。

用 USER 键调出用户画面。该画面是 BASIC 程序画面，可以从执行中的 BASIC 程序调出信息和数据来显示；也可以向 BASIC 程序输入数据。用 OPR 键使画面返回到一般的操作画面。

用 MSG 键可调出信息画面。它具有报警画面和操作指导画面的功能。同样，用 OPR 键使画面回到一般的操作画面。

操作键盘和操作画面相当于虚拟的仪表盘，因为它完全替代了以往模拟仪表控制的中央仪表盘。操作员坐在操作台前，完全可以通过 CRT 的显示画面来了解生产现场的状况，监视所有设备的运行情况，并能通过键盘发出各种操作命令，控制系统的运行。例如，通过总画面的显示来了解内部所有仪表、设备的工作状态，而后通过组画面或点画面来改变内部仪表、设备的给定值、控制参数和控制方式。

趋势画面记录了各种过程参数的变化曲线。其中调整趋势和实时趋势画面，常作为合理操作参数调整的依据；历史趋势和批量趋势画面显示了历史过程的数据，用于分析和研究如何进行优化生产和防止事故的发生。

流程画面模拟生产工艺流程和运行的状态，包含系统的各种设备、仪表、阀门和管线等的状态，以动态画面的形式，生动形象地呈现在操作员的面前，操作员如身临其境，可以直观地在流程图上进行各种操作。

系统工程师操作键盘可以控制系统组态，建立测控级和测控管理级系统测试、系统保护、系统管理等功能。

管理计算机与数据采集单元、过程控制单元和输入输出扩展单元通过通信总线连接起来，通信总线是测控管理级的中枢神经。利用总线通信实现信息交换、数据共享、集中操作、集中管理。通信总线可以挂多个测控单元以及监控站，通信速率可达 1Mb/s，通信距离为 1 000m，使用中继器可以延长到 1 500m。挂在通信总线上的通信指挥器，承担总线上各设备之间的通信协调和指挥控制任务，如确定存取设备的优先级并向这些设备发出允许优先的信号；确定哪一条通信线运行，哪一条通信线备用，并根据命令自动切换。

**3. 综合管理级**

现代集约化大生产的生产工艺日趋复杂，对生产的全过程，不仅要求过程控制优化，而且要求生产管理和经营管理优化，即所谓"生产、管理、控制一体化"。分布式采集管理系统的综合管理级就是为此而设置的，它是分布式采集管理系统的最高管理层。

综合管理级由综合管理计算机、计算模件（CM）、应用模件（AM）、历史模件以及局部通信网络连接器组成。

综合管理机由高性能的计算机、多个键盘和多个彩色显示器（CRT）组成。供操作员进行集中操作和监视生产过程；供控制工程师编制最优化的控制程序；供管理工程师对设备进行诊断和维护，实现生产过程自动化，管理自动化。

综合管理计算机多用 16 位或 32 位的高性能计算机，配备有硬盘存储器、高速打印机，能支持多任务操作系统，能使用多种高级语言编程，如 C 语言，FORTRAN，PASCAL 等，能支持多种图形处理软件，可图形显示，也可输出打印报表。

计算机辅助企业管理是随着管理科学和计算机科学的发展而发展起来的，至今已经历了三个阶段：电子数据处理（EDP）系统阶段、管理信息系统（MIP）阶段和决策支持系统阶段。电子数据处理系统支持企业作业管理，如账目结算、编制统计报表、人事档案建立等；管理信息系统支持企业战术管理，如用来编制年度生产计划、供应计划，平衡资源利用，组织企业内外部门的合作等；决策支持系统支持企业的战略管理，主要完成企业的决策性工作。

应用计算机的辅助管理，需要从管理的类别出发，设计许多数据管理库，以建立专业性管理。

### 4. 通信网络

通信网络是分布式数据采集管理系统的神经中枢。它将分散的具有独立功能的各部分（测控级、监控管理级和综合管理级）相互连接起来，并按照规定的网络协议进行数据通信，实现分布式系统硬件和软件资源共享和系统的综合管理与控制。

为适应网络通信技术的发展，国际电工委员会（IEC）于 1986 年提出了分布测控系统网络的标准体系结构，如图 6-14 所示。

分布测控系统分为三级：第一级为现场总线级，它通过现场总线将置于生产现场的各种数据采集器、过程调控器装置与局部测控机连接起来，实现测控级的数据采集与控制；第二级为总线通信级（即过程高速公路级），它把过程控制器（PC）和局部监控操作站（LOS）连接起来，实现监控级的数据通信与管理；第三级为局部区域网络（MAP），它把中央操作站、控制管理计算机、生产管理计算机以及监控管理级连接起来，组成网络，实现系统的网络化管理（信息管理、设备管理和生产管理）。

（1）分布式采集管理通信网络

一般选用同轴电缆或光导纤维作为通信线，通信距离为 1km～10km。同轴电缆的通信速率为 1Mb/s～10Mb/s，而光导纤维的通信速率为 32Mb/s，由于通信距离长，速度快，一般可满足大型企业数据通信和综合管理的需要。

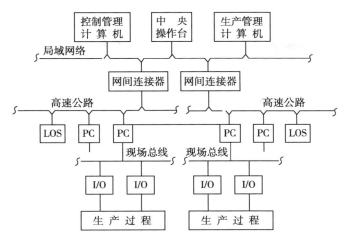

LOS：局部操作站，PC：过程控制器，I/O：过程输入输出

图 6-14　分布测控系统网络结构

（2）通信网络的拓扑结构

网络拓扑结构表示网络上的计算机和设备之间相互的连接方式。网络由结点和链路组成，但任意两个结点之间可能存在逻辑链路，但不一定存在专用的物理链路。网络的有效通信与网络的构成有关。

网络的拓扑结构一般分为三种：

①星形结构。是将分布于各处的许多站，都连接到处于中心位置的主结点上，任何两个站的通信都要通过主结点，再由主结点将集中的信息发送给相应的站。它属于集中型网络，易于将信息汇集起来，全网的信息处理效率高。但主结点储存的信息量大，通信的可靠性降低，主结点通信一旦有误，将直接影响全网的通信。

②环形结构。是将分散的网络结点用通信线路连成环形网，分散的各点都通过结点（或称中继器）同网络联系，站与站的通信是通过逐个结点的传递来实现的。通信线路频繁共用，降低了全网的通信量。

③总线形结构。是采用一条开环无源的同轴电缆作公共通信总线，分散的各站通过 T 型接插器连到电缆线上。网络上任何一个站的信息都采用广播式沿总线传输，网络的所有其他站都能可靠地接收到。总线形结构属于分散型网络，结构灵活，易于扩展。采用无源传输总线通信，1 个站出现故障不会影响其他站的工作，可靠性高，因此，总线形网络在分布式采集管理系统中应用很普遍。

（3）信息传递控制

通信网络上信息的传递过程是发送站将信息送上网，接收站收取信息。但每一个发送站都有权向网络发送信息，也有权接收信息，如何实现迅速可靠的传递信息，就存在着信息传递控制问题。

信息传递控制常采用三种办法：查询法、令牌法和监听多重访问法。总线形网络多采用监听多重访问法。这种方法控制可概括为：竞争发送、广播式传输、载体监听、冲突检测、冲突后退和再试发送。由于挂在总线上的所有发送站都平等共享1条广播式发送总线，故采用竞争的方式发送信息到总线上。有竞争就必然存在"冲突"，为防止可能的"冲突"，发送站要"先听后讲"，即先监听一下总线是否空闲，然后再将信息发往总线。而后"边听边讲"，即在信息发送的一段时间内，采取边发送边接收的办法，若接收到的信息与自己发送的信息相同，表示未碰上"冲突"，继续发送；当接收到的信息与自己发送的信息不同，表示碰上了"冲突"，应立即停止发送，并发送一段简要的冲突标志（阻塞码系列），等一段随机时间，再次试发送。这种控制技术，采用竞争发送，实时性好，"边讲边听"保证了发送的可靠性。

（4）网络通信方式

网络通信方式有两种：一种是基带通信方式；另一种为宽带通信方式。

基带通信是在1个通信道上利用传输介质的整个带宽传送数字信号。其优点是一对一的传送，可靠性高，缺点是一对一的传送，同时传送的信息量少，通道利用率低，线路衰减大，传送距离近。

宽带传送是将通信信道的不同的载频划分为若干个通道，在同一个传送介质上可以同时传送多个信息，传送的信息量大。当采用载波调制的方法传送时，功能更强，可靠性更高。

通信网络的传输介质目前主要选择屏蔽双绞线、基带同轴电缆和宽带同轴电缆。双绞线可以传送数字信号，也可以传送模拟信号，最大带宽为100kHz～1MHz，允许结点数10个，最大传输距离1.5km；基带同轴电缆只能传送数字信号，最大带宽为10MHz～50MHz，允许结点数10个～100个，最大传输距离2.5km；宽带同轴电缆可以传送数字信号，也可以传送模拟信号，最大带宽300MHz～400MHz，允许结点数100/信道，最大传输距离300km。

（5）网络通信电气隔离技术

网络通信接口多，线路长，极易引入各种干扰，造成整个系统工作的不正常，特别是网络上的计算机和设备都是并行地挂在网络上的，有1处引入干扰将会蔓延到整个系统。为此，网络系统中前端机与网络，网络与通信适配器之间都采用电气隔离技术。

采用电气隔离的基本思想一是使输入输出端不存在共地干扰，即使网络处于"浮空"状态，1个结点处引入干扰，不会影响整个网络；二是切断输入与网络的电磁耦合，使引入的电磁干扰没有延伸的通道。

常用的隔离方法有两种：

①变压器耦合技术。变压器耦合输入、输出设备与网络不存在共地，有效消除了共地干扰，又不影响信号以较高的传输速度传输。实际中应用的 S-网络和 893-网络都采用了变压器隔离技术。

②光电隔离技术，即采用光电转换、数字信号传输的方法。它切断了电磁耦合和共地干扰，有较好的抗干扰能力，广泛用于信号输入耦合和隔离驱动。采用光敏二极管和光敏三极管作为信号输入耦合器件，允许传输的信号频率在 100kHz 以下，采用光敏二极管和可控硅驱动器隔离驱动，允许大功率的负载。例如"温室环境监控计算机管理系统"应用了光电隔离驱动去驱动排风扇和补光系统。

**5. 分布式数据采集与管理系统的特点**

分布式系统依据分散测控、集中管理、相互联系的思想设计而成。与集中采集处理系统相比，它具有以下特点：

（1）系统硬件采用积木化组装

分布式采集管理系统一般用于生产规模大、控制管理过程比较复杂的场合，所以在系统构成上，纵向上分级管理，现场测控级、监控管理级、生产管理级和经营管理级，各级相对独立又相互联系；横向上使功能分散，将每一级在横向上分解成许多功能子模块。系统组装一律采取积木式结构。这样分布式采集管理系统在硬件结构上不仅实现了分散测控，分级管理，而且可灵活地配置成各种大、中、小系统，为用户的开发提供方便。

（2）软件设计模块化

分布式数据与管理系统有大有小，应用的领域也各不相同，这就为功能软件设计的模块化提供了可能性。例如，可以设计测控功能软件包、报表打印软件包、操作显示软件包等，供用户选用。

测控功能软件包由数据采集处理、控制算法、常用运算式、控制输出等功能模块组成，用户可以通过组态方式选择模块，构成自己的控制系统。

报表打印软件包在数据分析处理的基础上，设计工作报表打印软件块，按日、周、月打印输出工作报表。打印输出采集数据的瞬时值、平均值、最大值、最小值、累计值等，为用户提供方便。

操作显示软件包由多种显示画面，如总貌显示画面、点显示画面、组显示画面、趋势显示画面、流程工艺显示画面、报警显示画面、操作指导显示画面等，可以方便地对系统进行操作和监视，扩展了人机接口界面。

（3）应用通信网络技术

通信网络是用通信线路和通信设备，将分散于不同地点并具有独立功能的多台计算机和智能端互相连接起来，按照网络的协议进行数据通信，实现相互协调、资源共享的集中管理，扩展了系统的信息容量和信息传递速率。分布式数据采集管理系统应用网络通信技术实现分散测控、分级管理、相互独立又相互联系的设计，使采集管理系统的范围随通信网络的扩展而扩展。

（4）可靠性高

采集管理系统应用工农业生产的管理和控制，可靠性是十分重要的问题。为了提高分布式采集管理系统的可靠性，设计中渗透应用了冗余技术、自诊断技术，采用了积木式组装结构等措施。系统采用积木式组装结构，每个单元独立完成一部分功能，实现了功能分散。系统结构在纵向上分解为很多级管理（测控级，监控级，管理级），采取分而治之的工作方式，这就从系统的构成上提高了系统的可靠性。

干扰、故障在系统运行中总是难免的，系统在现场接口、控制器、人机接口、通信线路、通信设备、电源供给等方面一般都采用了冗余化双重配置，保证了系统的可靠运行。另外，系统内部都设计有自诊断软件和降级运行软件，操作人员可以预测故障并采取相应的操作，保证系统正常运行。

# 第五节　计算机测控管理系统技术的应用

在 20 世纪 60 年代，我国的计算机测控管理系统便开始被应用，从原有的集中式管理系统中不断更新发展，逐渐形成分布式管理系统。经历了约 10 年的时间，20 世纪 80 年代，分布式管理系统被广泛应用。80 年代后分布式管理系统也在不断更新，各项功能也在逐渐加强，研发出更符合实际应用的分布式测控管理系统。计算机测控管理系统的应用也非常广泛，尤其在农业中的应用，为农业自动化发展打下坚实的基础。

计算机测控管理系统并不是单一科技，属于一种综合性的技术应用，其发展基础是原有的自动控制系统与检测转换技术以及图形、通信系统等，这些基础的整合注定计算机测控管理系统的实际应用性，为后期应用与实践打下基础。开放性技术与数据库管理技术以及过程 I/O 技术和多媒体技术中均存在测控管理系统的影子。

## 一、开放性技术

开放性计算机系统的扩展性与柔韧性更强，在系统硬件与软件中均有体现，比如硬件系统的互换性、连接性以及软件系统中的兼容性、移动性等。原有的集散式测控系统更为单一，无法很好地与其他厂家的产品及配件连接，对象较为有限，通常情况下更为固定，传送内容的时候也有一定的局限性，将此类系统称为封闭系统。

开放性分布式测控系统顾名思义，其开放性更强，不同连接之间的限制更少，系统配置时更便捷，为后期开放应用以及适应各层次用户打下基础。

## 二、过程 I/O 技术

过程 I/O 主要是指那些与生产现场信号直接相连的进行信息交换的输入输出口，如模拟输入、模拟输出、开关量输入、开关量输出等，其作用主要是将现场的各种信息经采集处理后，转换成计算机能识别的数字代码，以便于计算机进行运算和处理，或将计算机处理后的信息经放大、变换后，输出合乎控制设备接受的信号，以实现生产过程的控制。由于它是测控管理系统与生产过程交换信息的接口，所以直接影响整个系统的性能，成为计算机测控系统重要的组成部分。

计算机测控系统的过程 I/O 的发展，经历了总线插板式 I/O，智能插板式 I/O，智能 I/O 以及远程 I/O 网络等阶段。远程 I/O 网络是微电子技术、微机技术和通信网络技术发展和融合的产物。它的基本思想是：挂在网络上的前端机就近采集数据并作预处理，而后以数字通信方式经网络适配器送入计算机进行运算、处理。处理后的数据再以数字通信方式传送给控制前端机，由控制前端机按预定方式向现场设备发出调控信号，实现控制。远程 I/O 网络在分布式测控管理系统获得应用。

前端机是智能化测控装置，通过通信接口电路挂在通信网络上。系统进行分散采集，允许挂多个前端机。为减轻主机的负担，提高主机数据处理的速度和可靠性，要求前端机有较强的软、硬件处理能力，如数字滤波、零点校正、自动补偿、线性化处理、自动诊断、掉电保护、自动复位等。为增强网络实时记忆能力，一般前端机扩展配置 16KB～32KB RAM 数据存储区。

网络通信适配器也是带有单片机的具有一定软件处理功能的调制解调器。它由单片机、存储器、通信电路、串并接口电路、时钟产生电路、复位电路等构成。网络通信适配器的主要功能是完成各前端机的管理并与主机通信，成为网络上的主结点。多机测控管理系统允许网络上挂多个网络适配器并与多主机一一对应。网络上的每一个网络适配器均可对前端机进行操作，也可对其他的适配器进行操作。适配器之间自行适应（其中一台自行占主机地位）。主机对网络进行统一管理，与其他主机交换 I/O 网络数据，实现网络硬件、软件和数据共享。

远程 I/O 网络一般采用串行异步半双工通信方式，采用标准通信网络，如 RS-422，RS-485 标准总线网络，也可以设计专用的通信网络。

远程 I/O 网络的通信线多采用屏蔽双绞线，也可采用同轴电缆或光缆。为现场使用方便，目前都采用屏蔽双绞线。

为保证网络系统的可靠运行，还设计有网络隔离，即网络与前端机，网络与通信适配器都实现了电气隔离（光电隔离、变压器隔离），使网络处于"浮空"状态，保证了网络具有较高的通信速度和抗干扰能力。

### 三、数据库管理技术

计算机测控管理系统的设计，不仅要考虑数据的自动采集、自动处理、实时控制，而且还要考虑数据的管理。

数据库系统实现大量有关联数据的存储，是为多用户访问服务的数据管理系统。数据库是数据有组织的集合，它可以将系统采集的实时数据、历史数据，完整系统地管理起来。数据库技术产生于 20 世纪 60 年代，70 年代有了较大的发展，80 年代已广泛应用于计算机测控管理系统。

数据库的类型很多，分为层次数据库、网络数据库、关系数据库。由于关系数据库数据结构简明、清晰（二维表达式），有良好的数据独立性和保密性，易于建立和维护，所以在实际中获得广泛应用。测控管理系统应用的关系数据库主要由以下部分组成：

一是当前数据库。当前数据库的数据来源于各个采集现场，属于动态数据。它有序地存放各采集点在当前一般时间内的数据，如实际采集值、状态标志等。

二是历史数据库。数据来源于当前数据库送来的数据。历史数据库内存放相当长一段时间内的数据。利用历史数据库可对参数进行相关分析，可输出打印日、月报表，可显示趋势图形和总貌图形，可进行工艺核算等。

三是控制参数库。由组态软件生成，包括控制系统的组成、控制上下限的设定、控制精度等。

四是报警库。由当前报警表（含故障表号、故障类别等），故障记录表（包括故障产生的时间，终止时间等信息）构成。数据库系统的核心是数据库管理系统（DBMS）软件。DBMS 是对具有操作系统（OS）的计算机系统进行第二次扩充（操作系统为第一次扩充）。DBMS 和 OS 为用户使用物理数据库（它是存放在外存或内存储中的实际数据）提供了方便，被视为用户与物理数据库之间的两层接口。数据库系统实现了高度集中的管理数据，保证了数据的安全性和完整性，方便了用户使用系统的数据资源，增强了计算机测控管理系统的功能。

### 四、可靠性技术

所谓可靠性是指在规定时间内、规定条件下系统具有完成规定功能的能力。系统的可靠性首先依赖于完善的可靠性设计，也与规范的安装调试、正确的操作使用和经常性的维护有关。引起系统故障的原因来源于两个方面：一是系统运行的外环境因素，如电源的异常、环境温度的变化、现场的电磁干扰等，通过系统内部反映出来；二是系统内部自身产生的故障，如元器件失效、线路的开路与短路、接插件导电面的氧化与腐蚀等。

提高系统的可靠性常应用以下三种技术：

一是避错技术。避错技术即通过各种措施防止错误的产生，例如减额设计、元器件的优选和老化，标准模块组装、电磁兼容性设计、完善的加工工艺等，这些是提高可靠性的重要措施。

二是容错技术。客观上系统故障是难免的，万一系统故障产生，系统能自动诊断故障的来源、部位，通过多机重构、降级运行，保证系统的运行，这就是所谓容错技术。冗余是容错技术的关键措施。所谓冗余是指系统在满足一定功能要求下，配置的设备超过系统实际需要的最低数量，例如，双主机、双电源、双通信线路等。冗余有两种办法：一种是工作冗余，即对系统的关键设备实行双重或三重重复配置，这些设备都同时处于运行状态，其中一台出现故障便会自动脱离系统，系统仍能正常工作。另一种是后备冗余，即一台设备投入运行，另一台属热机备用，在线设备一旦出现故障，备用热机立即切入运行，保证系统正常运行。容错技术的应用，有效提高了系统的可靠性。

三是自诊断技术。自诊断技术是通过软件运行，迅速准确地确定系统故障的产生和产生的部位，指导操作人员及时排除故障或采取其他重构、降级运行等措施。自诊断软件包括 CPU 的检查、RAM 检查、输入输出通道的检查、控制软件和存储器的检查等。计算机定时执行自诊断程序实现软、硬件故障诊断。

## 五、多媒体技术

多媒体技术属于一种新型技术，在 20 世纪 90 年代开始逐渐发展。多媒体技术大大增加了计算机的各项处理功能，比如文字处理、声音、图像处理以及数据管理等，使人机界面发生了翻天覆地的变化，与计算机交流沟通时更为快捷，各项信息的传递也更为方便，比如声音沟通、画面沟通等。

多媒体交流不仅局限于计算机，人与人之间的交流也属于一种多媒体交流，比如语言交流、声音传递、动作交流等。目前人机交互还是有很大限制的，大多为单媒体之间的传递，比如电话只能传递声音、电报靠文字传递，以及人与计算机之间的交流也是单方面的。

20 世纪 90 年代后，是计算机于通信技术迅速崛起的时代，各项信息处理技术也不断更新，计算机上开始增加各项输入输出接口，用以满足文字音频以及影像的传播。光纤通信的问世大大拓宽了通信网络信息传输通道。各类数据压缩技术的不断革新使各项大容量数据可以通过压缩集成于芯片中，后期可以通过计算机读取观看，扩宽了计算机的应用领域，目前多媒体技术已经深入到生活的方方面面。

在数据采集与管理过程中多媒体技术应用也十分广泛，使各项系统的监控与管理更加快捷方便。计算机操作员对系统的管理不仅仅局限于原有的键盘与鼠标等，还可以通过声音、动作等进行。

# 第 七 章 <<<

## 现代农业信息技术的建设

现代农业的发展离不开信息技术的支持，从传统农业到现代农业，将信息技术从高端下放到田间地头，如何将信息技术有效应用于农业，从而实现健康农业、有机农业、绿色农业、循环农业、再生农业、观光农业统一的现代农业，这是一个艰巨而光辉的重大建设工程。本章从什么是现代农业信息科学、农业中的现代空间信息处理技术的建设、农业中的现代电子信息技术的建设、现代农业信息综合基础数据库的建设、农业信息系统工程的建设等方面进行论述。

## 第一节　现代农业信息科学的认知与发展

### 一、信息科学与信息技术的认知

#### （一）信息科学

信息科学是以信息作为主要研究对象，以信息的运动规律作为主要研究内容，以信息科学方法论作为主要研究方法，以扩展人的信息功能（特别是其中的智力功能）作为主要研究目标的一门科学。以信息科学与农业科学、地球科学的关系，从形成一门学科的基础和技术应用角度进行以下分析：[①]

信息论、系统论、哲学以及控制论是信息科学的基础和理论依据，信息科学的研究对象是信息，并综合了电子学、半导体微电子学、光子学、航天航空科学以及计算机科学等学科的一种高新技术学科，它主要是研究信息的产生、存储、传输、处理、使用以及获取等，换句话说，是通过现代化的高新技术来研究人类和自然界的各种信息流的一门学科。它主要对信息进行研究、认识以及利用。关于信息科学的学科设置更没有统一的认识，按现状似有根据学科性质划分的，例如分为电子学和半导体微电子学、光子学和光电子学、计算机科学、自动化科学等分支学科。也有按信息科学的应用领域划分的，例如地球信

---

① 王人潮，史舟．农业信息科学与农业信息技术［M］．北京：中国农业出版社，2003.

息科学（或地球空间信息科学）、地理信息科学、海洋信息科学、农业信息科学、遥感信息科学和管理信息科学等分支学科。

### （二）信息技术

信息技术是为了获取、存储、处理、通信、显示以及应用信息而采取各种技术，如卫星遥感技术、地理信息系统技术、全球定位系统技术、模拟模型技术、人工智能技术、电子和光电子技术、光纤通信技术、磁盘及光盘存储技术、液晶和等离子体显示技术等来予以实现的一种技术综合。以此也表明，信息技术具有较高的知识密度、综合性强的一种技术。它的适应性非常广，渗透性也非常之强，到目前为止，也可以算是人类发展史上的一次重大突破。因此，在人类劳动工具的技术性能的改进上、劳动者的技术素质的提升上以及劳动对象的优化等方面来说，信息技术都产生了非常重要的作用，对人类生产管理水平和调控能力的提升也产生了较大的促进作用，有利于提升人类生产的社会效益、生态效益以及经济效益。

## 二、现代农业信息科学的发展

现代农业信息科学的形成与发展，是一个随着信息技术的发展及其在农业领域中的应用与发展的过程。它是一个在农业生产活动过程中，先引进信息技术在农业科学中的应用，尔后逐渐形成农业信息科学的发展过程。也可以是一个由信息科学、农业科学、地球科学等多学科，通过信息技术实施交叉融合而产生农业信息科学的发展过程。大致可以分为以下三个发展阶段：

### （一）遥感技术应用于农业

1957 年，苏联发射了第一颗人造卫星，开创了航天遥感的时期，特别是美国于 1961 年发射的 TIROS-1 和 NOAA-1 太阳同步气象卫星，以及 1972 年发射的第一颗地球资源卫星（后改为陆地卫星），人类进入了太空时代，人们从飞机的高度（10～20km）到太空高度（几百到几万千米）来观察人类生存环境的地球。它也为在地球表面露天进行的有生命的农业生产活动，提供了获取农业现势性和连续性农业信息的遥感平台。

### （二）"3S"技术和计算机网络技术综合应用

所谓"3S"技术就是遥感（RS）、地理信息系统（GIS）和全球定位系统（GPS）三项技术的融合与应用，其功能很大，再加上计算机网络技术的综合应用就有可能有效地调控农业生产的四个基本难点的问题。由此可见，此时的农业信息技术体系已经基本形成了，故此阶段又可称为农业信息技术体系形成阶段。

农业信息技术用于农业至少有以下突出优点：

**1. 海量数据的快速处理**

人们要想有效地调控农业生产活动的四大基本难点，首要任务是快速获取涉及天、地、人、物等因素的大量信息。由于信息量很大而称之为海量信息。这些海量信息中含有空间数据和属性数据，如何统一处理也是一个技术问题。其次就是如何快速处理海量信息的技术问题。最后，要想快速地综合处理海量信息，只有运用"3S"技术和计算机网络技术（或称农业信息技术），不仅能做到空间数据和属性数据统一处理，而且还能快速地综合处理海量信息，其结果可以为科学决策提供数据信息依据和辅助决策方案等。

**2. 农业信息的快速定向和定位**

农业生产是广泛分布在地球表面上进行的，因此，用遥感技术获取的空间信息必须要有其空间位置，即对信息数据进行定向和定位。运用"3S"技术能在卫星遥感资料中做到实时、快速地确定目标物体的空间位置和海拔高度等，也能做到定向、定位地从遥感资料中获取所需的信息，并能导向和测绘图斑周边和量算面积等。另外，"3S"技术也可用于田间空间变量信息采集和引导农业机械实施操作等。

**3. 信息共享和快速传输**

农业生产活动是一个难度很大的极其复杂的系统工程，与其有关的信息涉及天、地、人、物等因素和农、工、商、学等所有部门。因此，及时获取各方面的信息就显得十分重要。这不仅要求做到部门之间的信息共享和快速传输，而且还要与国际农业信息连接。计算机网络技术能很好地在网域内做到信息共享和快速传输，其网域可以是一个实验室到一个地区，乃至全国和世界。

**4. 宏观决策和技术咨询服务**

农业信息采集与处理的最终目的，是为农业管理部门提供宏观管理决策和为生产单位（含农户）提供技术咨询服务。例如，农业决策支持和技术咨询服务系统，就是为各级管理部门提供辅助决策依据和方案；为生产单位（含农户）提供各类农业技术服务；为各类农技人员提供农技推广和培训平台等。又如土地利用规划是土地资源管理的核心，但是，回忆过去的规划就是落实不下去，多数成为"规划、规划、墙上挂挂"的装饰品。究其原因很多，其中"规划不能适应形势"是重要原因之一。如果运用农业信息技术建立土地利用规划信息系统，就能同时作出该地区经济实施快速发展、中速发展和稳速发展等几套方案，分析利弊供领导选择。即使重新修编规划的时间也不会很长，很快就能拿出一个新的土地利用规划，这对落实土地利用规划是十分有利的。在农业生产中，有的还要求能快速地提供现势性信息和决策支持方案。

### （三） 农业信息科学正在形成

形成一个新学科必须具备有特色的理论基础（或叫理论机制）、技术体系和服务对象等三个条件。其中农业信息技术体系和服务对象已基本明确，当然随着信息技术及其在农业领域中应用的发展，还会有新的发展。如果农业信息科学的理论基础研究有所突破，则农业信息科学就基本上形成了。

对当前需要研究的内容提出如下建议：

**1. 农业信息的含义及其科学分类**

首先要研究农业信息的确切含义和给出科学的定义，并在研究各类农业信息的结构和性质的基础上，对农业信息进行科学分类，在分类研究的基础上，再去修正农业信息的定义。这项研究很重要，因为农业信息的科学分类不仅是确立农业信息科学的基础，而且也是农业信息科学发展水平的标志和农业信息共享的基本条件。

**2. 农业信息的传输及其理论机制**

研究各类农业信息的传输过程及其机理，也就是通过农业生产活动中的信息传输过程及其物理机制的研究，以揭示农业信息流的形成机理，这可能就是形成农业信息科学的理论基础。但对其认识还很肤浅，甚至有误，极有待于通过艰苦的深入研究，以取得正确的认识。

**3. 农业信息的认知及其调控技术**

研究农业信息科学的理论基础，不仅仅是为了建立农业信息科学，而且还要为科学地利用农业信息提供科学依据。由此可见，研究农业信息、认识农业信息的目的就是要科学地利用农业信息。这就需要根据各类农业信息的特性、结构和组成，研究出对其具有调控能力的技术，以达到更好地利用各类农业信息，最终为建设信息农业服务。

# 第二节　农业中的现代空间信息处理技术的建设

现代空间信息处理技术是指解决与地球空间信息有关的数据获取、存储、传输、管理、分析与应用等技术。现代空间信息处理技术主要包括"3S"技术，即遥感技术、地理信息系统技术和全球定位技术。

## 一、遥感技术

遥感技术是指把传感器获得的目标物体或自然现象的信息信号（以图像或数字表现形式），通过一定的数据处理和分析判读，来识别目标物体或自然现象的技术方法。

### （一）　遥感技术的分类

按照反射或发射电磁波的不同，遥感技术可分为可见光、红外、微波等遥感技术。按照感测目标的能源作用可分为：主动式遥感技术和被动式遥感技术。按照记录信息的表现形式可分为：图像方式和非图像方式。按照遥感器使用的平台可分为：航天遥感技术、航空遥感技术、地面遥感技术。

常用的传感器有航空摄影机（Aerial Survey Cameras）、全景摄影机（Panoramic Cameras）、多光谱摄影机（Multi-spectral Cameras）、多光谱扫描仪（Multi-Spectral Scanner，MSS）、专题制图仪（Thematic Mapper，TM）、高分辨率辐射计（Advanced Very High Resolution Radiometer Model，AVHRR）、合成孔径侧视雷达（Side-Looking Airborne Radar，SLAR）等。

常用的遥感数据有美国陆地卫星（Landsat）的 TM 和 MSS 遥感数据，法国 SPOT 卫星高分辨率可见光成像系统（High Resolution Visible Imaging System，HRV）的遥感数据，美国 NOAA 卫星的 AVHRR 遥感数据，以及加拿大 Radarsat 雷达遥感数据。

农业遥感技术主要通过不同传感器测得农业目标物体的信息数据，通过一定的数据处理和分析判读来探测、识别农业目标物体及其现象的技术。它的优势是适时准确地获取农业信息数据。

### （二）　遥感技术的农业应用

**1. 农业资源的调查与监测**

遥感技术能快速准确地获取研究区域内农业资源的遥感图像、图片，提供大量其他常规手段难以得到的资源信息，经判读解译、图像分类处理，提取各类专题信息。

**2. 农作物估产与长势监测**

农作物长势监测是一个动态过程，利用遥感多时相的影像信息，就能够宏观反映出农作物生长发育的规律特征。在实践中，结合相关资料，判读解译遥感影像信息，结合地理信息技术对各种数据信息进行空间分析，识别作物类型，统计量算出其播种面积，分析作物生长过程中自身的态势和生长环境的变化，以及估算产量。

**3. 农业灾害预警及应急反应**

借助于遥感技术的动态监测优势功能，利用地理信息系统技术，建成各类灾害预警信息系统，可以有效地应用于诸如洪涝灾、旱灾、农业面源污染和作物病虫害等农业灾害的灾前预测预报、灾中灾情演变趋势模拟和灾情变化动态监测、灾后灾情损失估算和组织救灾等，为防灾、抗灾、救灾的预警及应急措施及时提供准确的决策信息。例如，对农作物病虫害的防治，遥感技术可以对农作物内在因素及环境因素的正常和异常状况加以区别，根据这些因素的变化，就有可能预测病虫害的发生；遥感技术可以追踪害虫的群集密集、飞行状况、生活习性及迁移方向等，借助于对历史资料的空间分析处理，就可能预测出病虫害的蔓延趋势等。

### （三）遥感技术农业应用的优点

遥感技术在农业上的应用至少有以下突出的优点。

#### 1. 覆盖面大、宏观性强

在农业领域中最常用的美国陆地卫星（Landsat）的 1 幅图像面积为 $185km \times 185km = 34225km^2$，在 $5 \sim 6min$ 内扫描完成，这就意味着可以实现对农业的大面积同步观察。再如一幅地球同步气象卫星图像，可以覆盖 1/3 的地球表面，可以实现对农业更宏观的同步观察。特别是现代的卫星遥感已能提供各种尺度的农业信息资料。

#### 2. 扩大波谱、多波段观测

人们肉眼能观测的波段是可见光波段，在 $0.4 \sim 0.7\mu m$ 范围，而且是混合光谱。而卫星观测的波段范围，不仅由可见光扩大到反射红外、热红外和微波范围，而且是多波段观测。例如，我国和巴西联合发射的中巴地球资源卫星（CBERS）就有三种遥感器：

（1）高分辨率 CCD 相机的波段范围是 $0.45 \sim 0.89\mu m$，分为 $0.45 \sim 0.52\mu m$（蓝绿）、$0.52 \sim 0.59\mu m$（绿）、$0.63 \sim 0.69\mu m$（红）、$0.77 \sim 0.89\mu m$（近红外）和 $0.51 \sim 0.73\mu m$（全色），属于可见光与反射红外遥感技术。

（2）红外多光谱扫描仪（IR-MSS）有 4 个波段：$0.5 \sim 1.55 \sim 1.75\mu m$、$2.08 \sim 2.35\mu m$ 和 $10.4 \sim 12.5\mu m$，属于可见光和反射红外以及热红外遥感技术。

（3）广角成像仪（WFI）是高分辨率 CCD 相机的辅助传感器，对植被监测和生物调查很有效，有 $0.63 \sim 0.69\mu m$ 和 $0.77 \sim 0.89\mu m$ 两个波段，其特点是覆盖宽度为 885km，可以短期内对同一地区进行监测。另外，还有微波遥感的波长是 $0.75 \sim 100cm$。这种扩大波谱和多波段观测的功能为鉴别各类地物创造了条件。

#### 3. 多时向性、时效性强

卫星遥感可以重复观测地球表面现象，也就是可以重复获取地球表面的农业信息资料。例如，地球同步轨道卫星（如 FY-2 气象卫星）可以半小时对地观测 1 次；太阳同步轨道卫星（如 NOAA 和 FY-1 气象卫星）可以每天 2 次对同一地区观测；地球资源卫星，如美国的 Landsat、法国的 SPOT 和我国的

CBERS，则分别为 16d、26d 或 4～5d 对同一地区重复观测一次，这就为农业生产及其环境条件实施动态监测提供了条件。

**4. 高分辨率、突出细节**

随着高光谱遥感技术的发展，也就是由可见光和红外波段分割为几个到十几个波段，发展到 200 多个光谱波段，例如美国研制的 AVIRIS 航空可见光/红外光成像光谱仪，共有 224 个波段，光谱范围从 $0.38\mu m$ 到 $2.5\mu m$，波段宽度＜10nn（我国上海技术物理所已研究成功）。又如加拿大研制的 CASI 小型机载高光谱成像仪，共有 288 个波段，光谱范围从 $0.385\mu m$ 到 $0.9\mu m$，波段宽度是 1.8nm。这种高光谱分辨率遥感，通过高光谱遥感数据处理，能突出农业信息的某些细节，从而提高对地物的鉴别能力。甚至可以通过高光谱处理，反演某些生化指标等，这就为遥感监测农作物品质提供了技术条件。

**5. 多角度化、三维结构**

人们在实践中发现，植被冠层的反射特性不仅受植被冠层几何形态和光谱特性的影响，而且还受入射光方向和反射方向的影响。因此，从一个角度获得反射光谱不能如实地反映其特征。例如植被二向反射特性研究，就是通过对植被冠层反射率进行多角度观测，以掌握植被冠层反射率随观测角和入射角的变化规律。再通过建立植被二向反射模型，模拟光在植被冠层内的传输过程，掌握植被冠层二向反射率、冠层厚度、冠层叶角分布、叶的形态结构和空间分布，以及植被下垫面特性之间的关系。最后通过模型反演，以获得丰富的冠层结构信息，从而达到非破坏性手段，实现对作物的长势监测和产量估算等。

## 二、地理信息系统技术

地理信息是指地球表面与空间地理分布有关的信息。地理信息系统（Geography Information System，GIS）是在计算机硬、软件系统支撑下，对整个或部分地球表面空间中有关地理分布数据进行采集、储存、管理、运算、分析、显示和描述表达的技术系统。

地理信息系统一般由硬件、软件、数据、人员和模型方法五个主要部分构成。其中典型的 GIS 硬件配置除计算机外，还包括数字化仪、扫描仪、绘图仪、磁带机等外部设备。

### （一）地理信息系统技术特点

地理信息系统技术的特点有：

一是一个空间型的信息系统，具有采集、管理、分析和输出多种地理空间信息的能力，并能将空间与属性数据相联结，能实现空间数据与属性数据的统一处理。

二是强大的空间分析、多要素综合分析和动态预测能力，可在系统支持下进行空间过程演化的模拟和预测，产生常规方法难以得到的高层次地理分析决策信息。

三是对空间数据信息的图形化输出方式，表达形象直观，便于决策者应用。

四是由计算机系统支持进行空间数据管理，以地理模型为方法手段，由计算机程序模拟常规的或专门的地理分析方法，作用于空间数据，产生有用信息，完成人类难以完成的任务。从技术的角度看，GIS 具有空间数据管理、空间指标量算、综合分析评价与模拟预测等功能。

## （二） 地理信息系统技术的农业应用

地理信息系统以其高效率处理空间信息的功能，通过多要素综合分析，提出农业的科学管理和规划，也可根据动态性模拟预测随时间演变的规律，为农业的现代化管理提供技术支持。

### 1. 农业资源的清查与核算

利用地理信息系统技术强大的图形分析与制作功能，编绘出所需的各种资源要素的图件，诸如土地利用现状图、植被分布图、地形地貌图、水系图、气候图、交通规划图及一系列社会经济指标统计图等专题信息图，据此可进行多种专题图的重叠而获得综合信息。同时，利用遥感技术对农业资源质和量的变化进行动态的监测，及时更新基础数据库，调整各种图件。

### 2. 农业资源管理与决策

实现农业资源的永续利用是农业可持续发展的要求。实现这一目标，必须科学地评价区域的农业资源信息。在资源清查和动态监测基础上，借助资源分析与评价模型，基于地理信息系统强大的数据管理与空间分析功能，即可以对具有时空变化特点的农业资源进行存量和价值量的测算，进行资源现状、潜力和质量的客观评估。设计组合农、林、牧、副、渔各业，农业资源优化配置，水土流失监测及提供治理决策，为科学利用和管理农业资源提供强有力的决策依据。另外，通过地理信息系统技术对研究的宏观区域内各资源要素、区位数据及相关社会经济数据进行综合分析，已成为其应用的最大热点。

### 3. 农业区划

遥感和地理信息系统获得的诸如资源分布、土地利用、空间社会经济差异等丰富的信息，具有综合性、同源性、宏观性及动态的特点，地理信息系统的数据库管理功能，为这些数据的汇总提供了强有力的支持，对其中的空间或非空间信息进行高效的处理，使农业区划工作者可以从更为宏观的角度分析区域农业的差异规律，为区划提供丰富而有效的信息。地理信息系统技术，为农业区划提供了更直观也更定量化的手段，通过构建区划模型，可以在地理信息系统中进行不同区划方案空间过程的动态模拟与评价，编绘出综合评价图、区划图，直观地、定量化地再现不同区划方案的行为结果和时空效果，为决策者提供可靠的依据，提高了区划的效率和精度。

**4. 农业环境监测和管理**

人们越来越认识到农业生态环境对农业生产及人们生活的重要性，环境管理已成为一项重要的工作。利用遥感与地理信息系统技术，能够对农业资源环境质量的变化进行动态的监测，及时发现情况进行预警；建立农业资源环境空间数据库，管理、分析和处理海量的环境数据，高效地汇总、汲取有用的决策信息；通过建立若干环境污染模型，模拟区域农业资源环境污染演变状况及发展趋势；提供多种形象、直观的表达方式。

## 三、全球定位系统技术

### （一）全球定位系统的组成部分

全球定位系统（GPS）是一种以人造地球卫星为基础的高精度无线电导航的定位系统，它在全球任何地方以及近地空间都能够提供准确的地理位置、车行速度及精确的时间信息。目前世界上有四大全球定位系统，美国的GPS、欧盟的伽利略、俄罗斯的格洛纳斯、中国的北斗。

全球定位系统由以下三个部分组成：空间部分（GPS卫星）、地面监控部分和用户部分。

1. GPS卫星可连续向用户播发用于进行导航定位的测距信号和导航电文，并接收来自地面监控系统的各种信息和命令以维持系统的正常运转。

2. 地面监控系统的主要功能是：跟踪GPS卫星，对其进行距离测量，确定卫星的运行轨道及卫星钟改正数，进行预报后，再按规定格式编制成导航电文，并通过注入站送往卫星。地面监控系统还能通过注入站向卫星发布各种指令，调整卫星的轨道及时钟读数，修复故障或启用备用件等。

3. 用户则用GPS接收机来测定从接收机至GPS卫星的距离，并根据卫星星历所给出的观测瞬间卫星在空间的位置等信息求出自己的三维位置、三维运动速度和钟差等参数。

### （二）全球定位系统在农业上的应用

全球定位系统在精细农业实施过程中异常重要：能对农田各种信息给予精确定位，包括对农机车辆导航、平地、精确播种、喷药、撒肥、数据管理以及作物活力检测和变量控制。精准农业中较为成熟的、效益较好的应用包括：自动驾驶、施肥、喷药和播种等。

全球定位系统应用于农业,具体有以下一些表现:

1. 全球定位系统对于土壤养分分布调查、检测作物产量和农田管理在效率、准确率上比人的管理高很多。

2. 在联合收割机上配置监视器和 GPS 接收机,构成作物产量监视系统。

通过和土壤养分含量分布网的综合分析,可以找出影响作物产量的相关因素,从而进行具体的田间施肥等管理工作。

3. 利用棕色土壤和绿色作物叶子反射光波波长的差可辨别土壤、作物和杂草。

4. 利用反射光波的差别,鉴别缺乏营养或感染病虫害的作物叶子。施加除草剂有两种方法:一是利用杂草检测传感器,采集田间杂草信息,通过变量喷洒设备的控制系统,控制除草剂的喷施量;二是事先用杂草传感器绘制出田间杂草斑块分布图,由电子地图输出处方,通过变量喷药机械实施。

# 第三节　农业中的现代电子信息技术的建设

随着信息技术产业的迅速发展,现代电子信息技术已逐步应用于现代农业的生产和管理中。以下主要分析计算机网络技术、人工智能和专家系统、多媒体技术和模拟模型技术及其在农业中的应用。

## 一、计算机网络技术

计算机网络技术是指以共享资源为目的,利用现代通信手段将地域上分散的多个独立的计算机系统、终端数据设备与中心服务器、控制系统连接起来,对网上信息进行开发、获取、传播、加工、再生和利用的综合设备体系。

农业计算机网络系统的服务目标各异,有的服务于一般目的,如提供天气与市场信息;有的服务于特殊目的,如法国农业部植保总局建立了一个全国范围的病虫测报计算机网络系统,可以实时提供病虫害实况、药残毒预报和农药评价等信息。这些先进的农业计算机网络系统,使农业生产者更为及时、准确、完整地获得各种农业科技和市场信息,有效地减少了农业经营的生产风险。

## 二、人工智能与专家系统

人工智能(AI)是研究人类智能规律,构造具有一定智能行为,以实现用电脑部分地取代人的脑力劳动的综合性科学。人工智能的应用很广,在农业方面,以专家系统(ES)为代表的研究最多,取得了一系列的成果。

### （一）专家系统与农业专家系统

专家系统是以知识为基础，在特定问题领域内能像专家那样解决复杂的现实问题的计算机系统。自 20 世纪 70 年代中期专家系统的理论逐步形成以来，人们就开始了专家系统在农业方面的应用研究。农业生产的不确定性、农业知识的不完整性，以及农业领域的复杂性决定了农业是一个涉及生物、环境、社会、经济等诸学科的巨大系统。对于这样一个复杂的系统，应用专家系统进行描述可能是最好的解决途径之一。

所谓农业专家系统简单地理解，是一种实用农业软件系统，即把分散的、局部的单项农业技术综合集成起来，在全方位、高层次农业专业知识基础之上，利用计算机对农业信息进行智能化处理。从科学角度看，农业专家系统就是将农业专家的经验，用合适的表示方法，经过知识的获取、总结、理解、分析，存入知识库，通过推理机构来求解农业问题。

### （二）专家系统的开发工具

专家系统主要采用一般的高级程序语言（如 PASCAL，FORTRAN，C 语言等）或人工智能语言（LISP，PROLOG 等）开发，由于专家系统中各个部分用了不同的语言，其链接和调试都比较烦琐，对于计算机语言不熟悉的知识工程师，建立专家系统将是很困难的。20 世纪 80 年代初，一些研究人员根据专家系统具有知识库和推理机分离的特点，开发专家系统的通用平台，即专家系统开发工具，或称专家系统外壳。这是专为开发专家系统而创建的程序设计语言或其他辅助工具。利用专家系统开发工具，各个领域的专家只需将专门知识装入知识库，经调试修改，即可得到相应领域的专家系统，无须懂得许多计算机专业知识。

### （三）专家系统在农业领域的应用

国外从 20 世纪 70 年代后期起就把专家系统技术应用于农业领域，最初用于农作物的病虫害诊断。1978 年伊利诺斯大学开发的大豆病虫害诊断专家系统，是世界上应用最早的专家系统。到 20 世纪 80 年代中期，研究从单一的病虫害诊断转向生产管理、经济决策与分析、生态环境等。在国际上有多个农业专家系统，广泛应用于作物生产管理、灌溉、施肥、品种选择、病虫害控制、温室管理、畜禽饲料配方、水土保持、食品加工、财务分析、农业机械选择等方面。如用于昆虫识别的 PEST、棉花长势监测专家系统 COTMAN、大豆病害诊断 PLAT/DS、小麦病害流行预测系统 EPIN-RORM、有关作物营养方面的专家系统 NEXSYS，以及有关马铃薯病害、向日葵杂草控制、环境胁迫、谷物干燥和贮藏等。而且，多种类型技术交叉融合在专家系统应用领域也有了长足发展，首先是模拟模型与专家系统的结合应用，如 LEACHN、CERES 和 SMARTSOY 等；应用多媒体技术结合植物保护专家系统 S. E. M. M；基于图像的杂草识别专家系统 NEPEER-Weed；澳大利亚新南威尔士大学的基于 GIS 技术的林地土地制图业务专家系统，以及 O. Richter 等人研制的基于模糊技术的专家系统等。

国内于 20 世纪 70 年代末期开始研究专家系统，20 世纪 80 年代初期开始研究农业专家系统。1980 年浙江大学与中国农业科学院蚕桑研究所合作开始研究蚕育种专家系统；1983 年中国科学院合肥智能研究所与安徽省农业科学院合作开发砂姜黑土小麦施肥专家系统。20 世纪 90 年代国际上举办了多次有关农业专家系统的会议，我国专家系统的研究更是蓬勃发展，出现了许多农业专家系统，包括小麦高产技术专家系统，水果果形判别人工神经网络专家系统，基于规则和图形的苹果、梨病虫害诊断及防治专家系统。

另外，还有农业资源高效利用技术集成专家系统的设计、生态农业投资项目外部效益评估的专家系统、基于作物生长特征的作物栽培专家系统、基于生长模型的小麦管理专家系统等。这些农业专家系统促进了农业科技成果的应用与推广。

## 三、多媒体技术和模拟模型技术

### （一） 多媒体技术

多媒体技术就是利用计算机技术把文字、声音、图形、图像等多种媒体综合为一体，使之建立起逻辑联系，并能进行加工处理的技术。如把摄录的全电视信号、录音信号转换成数字信息，为便于存储和传播，对这些信息进行剪裁、压缩，播放时再实施解压缩，以及对信息进行存储和传输等方面的技术。它是计算机技术、声像技术和通信技术高度结合的一个产物，除能做到多种媒体有机组合为一体外，还具有交互性、数字化、实时性等特征。

在国外，多媒体技术应用于农业已相当普遍，国内也有一些成功的开发实例。如中国农业大学研制开发的农作物有害寄生虫检索多媒体软件，为农产品进出口的检疫工作提供了有效的支持，检疫人员不仅可以检索查看存储在该软件中的各种有害寄生虫的彩图和文字说明资料，听到有关解说，还可将其中的资料进行加工和打印，必要时还可以获得实时的帮助。浙江大学以浙江省农业机械管理系统为背景，根据农机管理系统的特点和要求，开发了一套具有各种农机具多媒体信息查询、预测和辅助决策的计算机多媒体决策支持系统。它不仅能帮助农民了解农机信息和农机使用知识，减少盲目购机等现象，而且还能帮助农机管理和生产部门充分了解农机发展情况，科学地进行预测和辅助决策。

### （二）　模拟模型技术

运用系统学原理，联系事物的发生和演变的动态过程，通过计算机运行模型，建立可用于实践性描述结果的技术，称为模拟模型技术。模拟模型技术主要包括模型构件的选择（即因子、参数等）、模型结构、数学模型及知识模型等。其中模型结构、数学模型和知识模型是模拟模型技术的集中体现。

农业模拟模型技术，就是利用计算机模拟模型技术对各种具有不同属性、过程和规模的农业系统进行模拟，包括从宏观的农业经济发展到微观的作物光合作用过程，几乎涉及所有农业问题。

在农业模拟模型中，作物生长模拟模型研究最多，也发展得较为完善。作物生长模拟模型是应用系统分析和计算机技术，综合作物生理生态、农业气象、土壤和农学等学科研究成果，将作物与其生态环境因子作为一个整体进行动态的定量化分析和生产应用研究。它能够定量而系统地描述作物生长发育及其和农业环境的相互作用，是农业信息技术的高新产品，是把农业带入信息时代的主要动力和载体。

## 第四节　现代农业信息综合基础数据库的建设

农业信息综合基础数据库的建设是农业信息技术工作的基础。另外，国内农、林、水、气、土地和环境等部门正在开展信息技术的应用工作。而任何部门开展这项工作的第一步就是建立基础数据库。为了避免低水平的重复，特别是要发挥数据库作用，关键是保持数据库内容的现势性，而各种环境资源状况是在不断变化的，必须及时更新以保持数据库内容的现势性，否则数据库就不能发挥作用。因此，将农、林、水、土地等部门都需要的一些基础数据，例如将农业资源信息、社会经济信息和科技信息等集中起来，统一建设农业信息综合基础数据库，由一个部门负责建设、管理，各部门共用，可节省大量资金，并可集中力量维护以保持其现势性。[①]

### 一、农业信息综合基础数据库的设计

#### （一）　数据库的设计目标

农业信息综合基础数据库的应用效果取决于良好的数据结构设计，数据的完整、正确、缜密而又精炼地表达及无误差传播，数据质量和标准化程度以及

---

① 王人潮，史舟．农业信息科学与农业信息技术［M］．北京：中国农业出版社，2003.

数据的维护更新能力。

根据农业信息综合基础数据库的目的与任务，其数据库设计需达到以下目标：

**1. 数据的完整性和正确性**

完整性是指保证数据的完整无缺，即完整地表达事物与研究目标相关的所有属性。如农业信息数据库内的很多信息为地理信息（如土壤类型），应当将表达点、线、面之间拓扑关系的数据全部包含在空间数据之内。正确性是指正确表达事物本来的特征，它是数据质量的保证。如地理信息的数据应当能够准确地表达地表上各类地物的空间位置及其相应属性。为此，必须采用严格的检验措施和数据质量监控方法。

**2. 一致性、通用性和简洁性**

所谓一致性就是对于同一事物或同一类事物在数据库中采用同一数据格式与数据编码。如土地利用现状图和土壤图中的同一个村庄或河流，应采用同一个数据编码。通用性是指在信息系统运作过程中，对于同一事物有多种数据表达方式并存，例如对于同一图件，在系统中矢量格式数据与栅格格式数据并存，有时需要进行相互转换，但是作为最后信息的产品必须考虑数据表达方式的通用性与标准化。例如标准化编码，符合第一范式的数据库文件格式等，使数据库可以与其他系统相兼容。简洁性是指在不破坏数据完整性的前提下，数据表达方式应当尽量简洁明了。数据表达简洁性越高，数据冗余度就越低，系统运行效率也可以得到提高。

**3. 数据的现势性**

数据的现势性是保持数据库生命力的标志。为了不断反映现实世界的真实情况，必须通过良好的数据供应网络和数据共享方式，随时存入变化中的动态信息，以便及时向领导和有关部门提供可靠的信息。如土地利用现状图变更较大，通过遥感手段、实地调查和有关部门的变更纠正，使土地利用现状数据反映实际情况。

**4. 快速查询能力**

地理信息系统软件中的查询能力起着至关重要的作用。想要提升各项数据的查询速度，则需要将各数据之间的结构与组成进行合理设计，同时预测查询的目标，了解进程。农业信息数据库并不是简单的建立就可以的，更重要的是查询利用其中的信息，其中的查询可以分为多个方面，比如条件查询、属性查询以及图像查询等。

**5. 数据的更新功能与维护能力**

数据库想要长期发展，则需要具有一定的自我维护能力，相应的更新也需要与时俱进。当然，不仅仅是数据库系统具有对应的更新能力，更重要的是数据源更新，对各项资料的处理与加工方式不断更新，各项技术路径不断发展，当然还可以通过技术人员进行深入维护与更新。目的是为了提升数据库数据使用效率，避免浪费各种人力、物力资源。当然，数据处理以及各项调整更新也需要符合实际应用。

### （二）　数据库的数据分析

数据是农业信息综合基础数据库的物质基础，也是进行一切操作和分析的前提。在用户需求的基础上，针对数据库的任务，进一步掌握数据情况，提出所需资料的范围和内容，进行资料的有计划搜集。分析研究什么样的数据能变换成所需要的信息，这些数据中哪些已经收集齐全，哪些不全，然后对现有数据形式、精度、流通程度等作进一步分析，并确定它们的可能性和所缺数据的收集方法，收集的数据应具有权威性、科学性和现势性。

农业信息综合基础数据库的数据分析的主要内容包括确定数据来源、数据类型、数据边界、数据数量和质量、数据采集和输入方式，分析专题数据的组织结构、数据的利用等级和可更新程度。

### （三）　数据库的概念设计

概念设计的目标是产生反映用户需求的数据库概念结构。概念结构是独立于数据库逻辑结构和具体的数据库管理系统的、关于现实世界用户需求的"纯粹"描述，是用户、数据库设计者和数据库管理者之间的主要界面。具有易理解、易反映需求变动，易向各种具体数据模型转换等特点。

进行概念设计最常用的是著名的 E-R 方法。采用实体—联系模型（E-R模型）进行数据库设计的方法称为 E-R 方法。E-R 模型是一种重要的数据模型，它结构简单，语义表现力丰富，描述力强，同时又能方便地转换为其他经常使用的网状、层次或关系模型，所以，在数据库设计中得到广泛应用。

E-R 模型中最基本的概念是实体、联系和属性。实体是指任何一个能够根据它们所包含的信息而加以区别的"事物"。这个事物可以是一个具体对象，例如一个特定的土壤实体（在土壤图中表现为单个面域），也可以是抽象的，如一个事件。一个实体所包含的信息通常用一组有限个相应的值来描述，称作属性值。属性是事物某一方面的特征，通常根据属性的语义，赋以一个相应的"属性名"。

### （四）　数据库的逻辑结构设计

数据库的逻辑设计首先要做到整合分析所有数据，再进行各项数据布局，然后根据数据的结构性进行分析实施的一种方案。目的是可以有效导出特定的数据库管理系统（Database Management System，DBMS）中的各项逻辑结构，通常情况下，此种类型的转换可以分两步来实施。第一步是遵循特定的概念结构导出其中的各关系以及层次等，即导出逻辑模型；第二步是在逻辑模型中进行，主要是从其中导出 DBMS 支持下的逻辑模式，导出过程中需要遵循特定的 DBMS 规定。

对于农业信息综合基础数据库中的各项逻辑设计可快速提升农业信息的获取速度，同时，有效分析其中的各项信息，大大加强各项农业管理手段。当然在逻辑设计前，需要分析研究分享地理情况及各要素。其中的空间特征可以有效描述各项地理数据。地理要素数据表示也不是单方面的，通常情况下可以分为空间信息、属性信息和关系信息三个方面。

在了解地理数据的主要形式后，可对数据库概念模型进行具体的划分和细化，特别要结合系统开发所采用的软件所提供的数据结构。如采用 Arclnfo 为建立农业信息综合基础数据库的主要软件平台，则数据库逻辑结构设计的过程，就是把该数据库的概念模型转换为 Arclnfo 系统中的数据模型的过程。

## 二、农业信息综合基础数据库的数据内容

### （一） 农业信息综合基础数据库的数据源

农业信息综合基础数据库的数据来源多为以下三种类型，即地图、遥感资料与全球定位系统数据在内的其他资料。作为主要的数据源，地图的地位相当重要，主要包含了地形图在内的普通图与其他专题图。遥感资料则涵盖了卫星遥感与航空遥感等多方数据，成为数据库更新的主力数据源，有效保障了数据库的现实性。除此之外，除了 GPS 定位数据外的其他数据，诸如各种各样的统计图表、数据、文字文献报告、法律法规等方面的文件，以及多种实际测量与调查数据，类似气象、水文、土壤定位、肥料长期定位等观测调查数据等。这些类型多样的统计数据通常可以按照属性归类入数据库，附着在空间数据框架上。现阶段，越来越多的应用软件、系统计算机文件数据等，包括数字地形数据与数字正射影像数据也已经广泛应用。

### （二） 农业信息综合基础数据库的内容

农业信息综合基础数据库的内容及其详细程度与建库范围直接相关。主要分为省级和县级两级建库内容。

**1. 省级数据库范围与比例尺以及内容与作用**

（1）范围与比例尺：因地区不同而有较大差异。根据已有研究成果，省级数据库建议做到县级，其中省（自治区）范围为 1∶50 万、地（市）范围为 1∶25万、县（市）范围为 1∶5 万比例尺。

（2）内容与作用：基本内容包括地形图、行政图、交通图、水系图、土壤图、土地资源类型图、耕地分布图、植被和土地利用图、气候图，以及各类区划（规划）、文字资料和社会经济数据等。主要作用是为建立环境资源信息系统等提供数据和图件信息，并做某些宏观分析与应用。

**2. 县级数据库**

（1）范围与比例尺：因自然条件和经济发达程度不同有较大差异。如浙江省的县级数据库范围建议做到村级，其中县区范围为1：5万（与省级接轨）、镇（乡）范围为1：1万、村级范围为1：5000比例尺。

（2）内容与作用：基本内容与省级数据库相似，只是要求信息数据更加具体。例如植被（农业利用）要求有具体的作物结构和产量；土壤类型要求有具体的理化性质和养分性质等。主要作用是为建立具有面向农业生产单位（含农户）技术咨询服务功能的信息系统提供数据库信息等。

### 三、农业信息综合基础数据库的数据分类编码

数据的分类编码是对数据资料进行有效管理的重要依据。编码（coding）的主要目的是节省计算机内存空间和便于用户理解使用。农业信息综合基础数据进入数据库之前必须进行编码。

#### （一）数据分类与编码原则

**1. 数据分类的意义与原则**

自然界的事物或现象复杂、多样，而且多具渐变性，若不进行分类，就难以进行表示和管理，进而也就难以进行研究和运用。所谓分类，就是把不同的事物或现象分成不同的类别，如土地利用可分成耕地、园地、林地、交通用地、水域等，或把同一类别的事物或现象分成不同的等级，如把坡度分为平坡（<3°）、微坡（3°～7°）、缓坡（7°～15°）、中坡（15°～25°）、陡坡（25°～35°）、极陡坡（>35°）六级。

数据分类的原则是掌握好一个尺度，做到精度与工作量的统一，既能保证精度，又使工作量最小。分类过粗会影响将来数据分析的精度，分类过细则工作量很大，计算机的储存量也会加大，有时过细的分类在技术上也难以做到。

**2. 数据编码的原则**

编码是运用恰当的数码，如字符串或数值对经过分类的数据信息加以表示，也可称为数据信息的代码化。综合前文所述，农业信息综合基础数据库作为一个空间数据库，除了具备常见数据库中以数字字符方式表示的数量与名称数据外，还需要具备可以进行空间定位与拓扑关系管理的地理空间特征数据的能力。数字字符的数据表示形式，描述性更强，与几何空间参考系的选择几乎

不存在联系，因此通常将其称为非几何属性数据，简称为属性和属性数据；而涉及地理实体在几何空间中的位置的数据表示，与其相互之间空间关系的数据内容，可以称作为空间数据或做图形与几何数据。编码的主要对象就是属性数据。

编码原则大致有以下几点：一，唯一性。唯一性要求编码与分类相对应，避免出现一对多或多对一的情形；二，可扩充性。数据内容的不断更新，要求在后续的内容增添中，在不改变固有体系的基础上补充内容，一方面可以增加用户黏性，另一方面则可以减少数据库的大量内容转换与软件的变动；三，易识别性。用户对于编码的熟悉可以使其凭借经验分类，更好地与其他事物加以对比，产生联想；四，简单性。编码形式的简单，可以加强人们的操作与记忆，使计算机处理更加方便；五，完整性。信息系统的综合性具备了更加广泛的牵涉面，面对这种情形需要更加全面地考虑信息类型与分类方法，谨防顾此失彼。

### （二） 数据分类编码的方法

按照需求的不同，数据分类编码的方式多有不同，例如层次分类编码法与顺序分类编码法的区别。编码通过格式表示，常见的多运用英文字母、数字或字母与数字的相互组合等。

数据编码一般涵盖着以下三方面的内容：第一，登记部分，多用序号来标识属性数据，一般采取连续编号的方式，有时也按照层次不同划分后进行顺序编码；第二，分类部分，常用来标识属性的地理特征，一般采用多位代码来反映多样化的特征；第三，控制部分，利用查错算法，检查编码的录入与整体过程中出现的错误，在属性数据量较大的情况下，该部分具备着相当重要的意义。除此之外，还要考虑到文件编码，作为数据库的文件名，文件编码反映着专题要素的主要意义，存在完全符合操作系统的命令与要求。

## 四、农业信息综合基础数据库的数据输入与入库

### （一） 农业信息综合基础数据库的数据输入

#### 1. 地图资料的输入

地图是农业信息综合基础数据库最主要的数据来源，数据输入的大部分工作是地图的输入。它包括图形输入和属性输入。图形输入常用的方法有手扶跟踪数字化和扫描数字化两种。一些地理信息系统软件都具备这些功能。具体方法可参考有关文献。在对土壤、土地等一些基础图件进行数字化输入时，还应注意以下问题：

（1）资料预处理。由于年代久远，物理磨损等原因，一些土壤图会出现图

面不清的情况，影响到数字化精确度，因此要求在输入前进行预处理，如检查修改、调整坐标格网、制图综合等。这种预处理的工作主要是为了简化数字化工作，在此期间，按照要求整理与筛选需要输入的图层要素加。手扶跟踪数字化方法使图形预处理主要包含以下三种方法：一是对数字化原稿加以编绘，在原稿上对图形单元界线与控制点进行标绘、设置编号；二则是在原稿的图形单元内，在描绘标志点与标志码的同时进行单元属性表的编制；三是在专题图纸上直接标绘控制点与编号，同时用彩色笔对图形单元加以类型的区别。

（2）数字化图的检查及修改。数字化精度作为数字化工作的着重点，要求在保证原图质量的基础上，将图纸变形，同时保证图面清晰。这种情况下，多采用的方法是蒙透法——把数字化后的数据，借助绘图仪绘制出回放图形，之后用较透明的纸作图，将这个回放图形套盒在原图件上，选取地标建筑进行测量，计算出图中平面和高程的误差。有时也会运用该方法对数字化图进行修改与精确化。

（3）统一的地理坐标。由于农业信息综合基础数据库的各种图件来自不同的部门和单位，地图投影、比例尺等各不相同，数字化后必须经过投影变换、坐标变换，转换为统一的地理坐标。

属性数据的输入一般是在空间数据输入、编辑完成之后进行的。属性数据主要用来描述空间数据的特征性质，前文所提及的分类与编码都是属性数据的重要构成部分。虽然本身并不能直接体现空间位置的特征，但对空间实体的描述融入数据库中。例如一个土壤测点除了在图上的坐标位置外，还蕴含着一系列相关属性数据，如土壤理化性质、整体剖面状况、现阶段的利用等。除此之外，一块土地，除了记录其边界线的空间位置，还可以表示出土地所有者、使用者、面积以及整体利用方式等内容。当然，某些属性数据库建立于空间数据输入前，遇到这种情况，就需要通过设置共同的关键字段，将两者有机结合。

**2. 其他数据的输入**

（1）遥感数据的输入。原始的遥感图像是数字的，其输入只要直接用遥感软件读取文件即可。不过，由于数据格式通常存在差异，因此，一般需要进行文件格式转换。对于以相片形式出现的遥感图像，则可进行扫描输入。

（2）GPS数据的输入。GPS接收机能以数字形式自动记录测量数据。把GPS测得的坐标数据输入数据库可以采用手工的办法，也可以采取把GPS接收机里的定位数据以文件的形式输入数据库。例如采用GARMIN牌GPS接收机进行定位，可以借助PCX5软件先把定位数据以文件的形式转入计算机，然后再把它转入数据库。

（3）电子数据的输入。电子数据通常有其特定的文件格式，在进入我们所用的GIS软件前，一般需要进行数据格式的转换。例如，较为通用的GIS

数据交换格式，有 Arclnfo 的 EOO、Maplnfo 的 MIF、AUTOCAD 的 DXF 等。

### （二） 农业信息综合基础数据库的属性数据与空间数据

属性数据和空间数据是农业信息综合基础数据库紧密联系的两部分内容。对属性数据管理的好坏直接影响到整个数据库的运行，数据库的存储效率与查询速度很大程度上取决于对属性数据的管理和查询速度。

农业信息综合基础数据库中属性数据和空间数据连接和管理方式，取决于所采用的 GIS 软件系统。

属性数据借助相对应的多种图素，类似点、弧段、多边形编码等等，与图形建立联系。属性数据的内容有时在空间数据中直接记录和展现，有时则通过某种特殊的结构存储，借助关键词段与空间数据关联。有了属性数据的支持，空间数据脱离简单的几何意义，成为具有地理意义的地理试题。常见情况下，GIS 通过不同的数据模型，这空间数据与属性数据加以分类管理，属性数据多采用关系模型，空间数据则广泛运用网状模型，这两种数据的连接意义深刻。而从实际出发，在图幅上不同的图形单元有唯一确定的标识码区别，相对应的，属性数据库也有着相同的标识码。这样一来，空间数据与属性数据就可以通过这一字段的关联搭成两种数据的有效联结。

空间数据的输入虽然可以对图形实体直接附加特征编码，然而，一旦数据量大，直接降低这种交互式输出的效率。如此一来，运用特定的程序将属性数据与已经进行数字化的点线面等空间实体加以连接，使空间实体的识别符具备唯一性，提高输入效率。这种情况下，识别符既可以由程序自动生成，也可以通过手工输入来完成。一般情况下，同属于一个空间实体的属性项目数量可能会很多，如果将它们放入同一个记录中，那么这一记录的顺序号或其他特征数据项就可以作为该记录的识别符。如此一来，这一识别符与其所对应的空间数据识别符就构成了彼此之间互相检索的纽带。

GIS 的数据管理方式多采用空间数据与属性数据分开管理的办法，使其不可避免地产生以下弱点：一是打破了空间数据的整体性，不利于整体管理，难以保持数据一致性；二是 GIS 的开放性与互操作性受到较大限制；三，无法保证数据共享与并行处理。因此，空间数据像关系型转换，也可以看作是空间数据与属性数据通过统一关系型数据库管理系统进行管理，成为当前值得关注的发展趋势。这样一来，有效解决了 GIS 数据二元化的问题，极大加强了空间数据的网上管理。但是，关系数据库也存在着一些不可避免的问题，如不能有效表示、处理复杂对象，无法支持用户对数据类型的定义，以及不支持对象封装等。

### （三） 农业信息综合基础数据库的数据入库

农业信息综合基础数据库的规模一般都比较大，需要存入的数据很多，数据入库的工作是很繁重的。这项工作花费的时间和人力，超过数据库建设中的其他任何具体工作阶段。为了提高数据入库工作的效率，并且保证装入数据的正确，应注意随时做好以下检查工作，即：数据有效性检查；数据格式检查，数值的校核。必要时可以建立检查、校核程序来辅助上述工作。

# 第五节　农业信息系统工程的建设

农业信息技术可以理解为信息技术在农业上的应用。从表观而言，农业信息技术是现代空间信息处理技术和现代电子信息技术，根据农业生产的特点及需要解决的问题，选用其中一项技术或多项技术集成在农业中的应用。如果从科学含义上来认识，农业信息技术是农业信息科学的技术体系，其实际内容是以电子信息科学为基础，以近代数学、航天技术和计算机技术为支撑，以农业生产活动信息为对象的信息采集、综合处理、解译分析和结果输出等的技术过程。所说的农业信息系统工程，就是指建设农业信息系统的整个技术过程，它包括农业信息系统的全部内容。

## 一、农业信息系统工程概述

农业信息技术是一项正在迅速发展的高新技术，现在还处于研究和发展状态。因此，对其认识和科学的定义还很不一致。但是，一门新的学科及其相应的技术，需要基础理论不断完善和支持，而对其学科和技术的定义是其发展和成熟的重要标志。农业信息科学是一门应用性的科学，因此，发展农业信息技术就显得极为重要。当前对农业信息技术的认识还很不一致，这是因为农业信息技术是一项正在迅速发展的，并处于研究状态的高新技术。

从农业信息流的传输周期看，农业信息技术可包括信息采集技术、信息处理技术、信息模拟技术三块技术流程，以及信息传输技术和信息存储技术两大支撑技术。农业信息技术的出现和发展，离不开现代计算机技术的支持，它是农业信息系统工程的基础开发环境。

信息采集技术包括航空航天遥感技术、全球定位技术和地面各类调查和自动监测技术，包括现在应用于精确农业中的田间快速测定技术；信息处理技术主要包括地理信息技术提供的空间分析技术、人工智能技术和各类专业模型技术，用来对各类信息进行分析和再加工；信息模拟技术主要包括模拟模型技术、虚拟现实技术和一些辅助表达技术（如多媒体技术等），用来建立"虚拟农场""虚拟作物""虚拟温室"等，对作物的生长或农业的生产管理进行模拟再现。

农业信息系统工程中的两大关键支撑技术，就是信息传输技术和信息存储技术，好比工业化生产中的"传送带"和"物流配送库"，将农业信息化技术整合成一个信息流的分析处理"生产线"。

## 二、农业信息系统工程建设的必要性

随着发达国家的信息技术在农业中的广泛应用和迅速发展，特别是我国自从改革开放以来，农业与社会经济一样得到飞快地发展，正在实现农业现代化并向信息农业发展，极需要农业信息技术的支撑，这就是建设农业信息系统工程的必要性。

### （一） 实现农业现代化和发展信息农业的需要

为了实现农业现代化，主要有以下建议：建立以农业现代化产业工程技术体系为突破口的管理模式；建立高效优质的农业生产体系和良性循环的农业生态体系为目标；运用现代信息技术，建立农业信息系统作为支撑技术，以促进农业逐渐走向信息化。对于信息农业，在发达国家中虽露初貌，但仍然还是一个理想农业的概念，有待探索。但有一点可以推断，它把信息技术作为基本技术用于农业生产的全过程及其各个方面，从而实现农业生产过程的信息化操作与管理。

### （二） 实施农业可持续发展战略的需要

当今世界针对环境、资源、粮食、人口四大问题，提出了实施国民经济可持续发展战略，特别是农业人口占主要地位的中国，如何实施《中共中央关于农业和农村工作若干重大问题的决定》中提出的农业可持续发展战略，是核心内容。

农业资源，例如土壤、土地、气候、生物和水等都是广泛分布在地球表面（或表层），不但空间变异性很大，而且随着时间的推移而不断地变化（时间变异性）的自然资源（或叫环境资源），要想合理利用这些农业自然资源，就必须掌握它们的分布、种类、性质及其利用的变化，并取得现势性资料。这些要求用常规技术是无法实现的。因此，只有运用包括卫星遥感技术、地理信息系统技术、全球定位系统技术、空间分析技术、模拟模型技术、虚拟现实技术、网络技术和人工智能技术等综合的现代信息技术，建立起农业资源信息系统，才有可能及时地为国民经济建设提供现势性的环境资源信息资料，并为领导或经营者提供决策咨询方案，以提高领导农业生产的技能水平，从而逐渐做到环境资源的合理利用。

### （三）　信息技术和农业生产结合发展的必然产物

随着社会经济与科学技术的发展，以计算机技术为主要支撑的信息化浪潮正在全球兴起，并正在向信息化时代迈进。20世纪80年代以来，有关信息科学和信息技术的名词不断出现，而且出现率逐年增加，表示信息科学与信息技术体系正在迅速发展与形成。众所周知，农业生产是在地球表面露天而有生命的生产活动。它具有生产的分散性，时空的变异性，灾害的突发性，市场的多变性，以及自身生长发育的规律性等基本难点和特点。

因此，随着信息技术的快速发展，农业科技工作者必定开展信息技术在农业领域中的应用研究，并在科学实验中，通过针对性很强的专业信息系统的研制与应用，例如农业资源信息系统、农业灾害监测系统、农作物长势监测与估产系统、农业决策支持和技术咨询服务系统、农业环境质量评价系统，以及智能化农业机械与装备等的研制与应用，最终将综合集成农业信息系统，为实现农业现代化和信息化提供高新技术支撑。

# 第八章 <<<

## 计算机及信息技术在农业上的应用

将计算机及信息技术应用于农业，是现代农业的一个重要手段与显著标志。信息技术在提高农产品的生产与销售效率方面，作用极其明显。一个农民利用智能机械能种几十亩，农业足不出户通过直播就可以叫卖农产品。本章围绕计算机在美日农业上的应用、计算机图像处理技术在农业检测中的应用、计算机在农业机械中的应用、信息技术辅助农业经济信息获取等方面进行介绍。

## 第一节 计算机在美日农业上的应用

### 一、计算机在美国农业中的应用

最早大约在 1950 年前后，在美国农业领域内已经开始应用计算机了。到现在，在美国的农场管理、生产、科研等方面，应用计算机带来的效果十分明显，质量、效率、效益都得到了显著提升。

#### （一） 作物生产管理的自动化

作物生产管理自动化，就是指将作物的生产和管理系统进行计算机化。随着技术的不断发展进步，具备的各种功能也在不断地优化完善，最终将发展成为专家应用系统。截至目前，美国联邦以及各州、各个大学都已经成功开发出不少农业专家应用系统，应用在大豆病害诊断（P-LANT/ds）、预测玉米螟危害（PLANT/cd）、苹果虫害与果园管理（POMME）、农业技术资源保护（EXTRA）等领域。

#### （二） 农田灌溉调控自动化

在灌溉方面美国已经实现了喷灌和滴灌技术的计算机化，并在亚利桑那州西南部的大片沙漠地带中进行了安装和使用，这也是目前世界上最大的灌溉调控系统。这个系统不仅能够使用水量和能量节约至少 50%，同时，对于盐分的集结也能够进行有效降低，使整体产量实现 1 倍增长。克劳德·芬恩，美国加州的农田灌溉专家，他研制出了一种生物程序控制机，能够实现地下滴灌。这个控制系统主要借助于计算机将传感器联结到一起，测定作物的需水信息，并控制水阀（用于控制细小塑料水管的，通常都埋在表层土壤之下），不但可以实现按需为作物供水，同时还能实现肥水同滴，提升效益。

### （三）　畜禽生产管理自动化

在美国，畜禽饲养的计算机化已经十分常见了。在对猪生产进行管理的计算机系统中就储存有很多不同的数据和信息，比如生长、分娩、死亡、出售、食物比例等，这些都是管理过程中需要的。借助这个系统，可以分析和预测猪的销售情况，为进行交配、产仔的母猪配制所需的饲料，研究猪种退化情况并寻找可替代的最佳良种；除此之外，系统中还储存了一些能够帮助分析预测经济效益和价值的各类数据，比如育种和品质资料、营养效果、母猪级别指标、猪仔生产、市场价格等。

### （四）　农机管理与产品加工自动化

借助于计算机对农业机械管理在美国也是很常见的，可以帮助农民恰当选择农机的规格和型号，使其使用成本尽可能降低，并最终确定究竟何时更加适合更新设备。在各项应用中，温室环境方面应用计算机的效果是最为明显的。在美国中北部，有一种计算机控制箱的应用十分普遍，能够自动调控温室的湿度和温度，同时还能在恰当的时间对农药、肥料等进行适量喷洒，并调节灌溉系统，让作物能够处于最适合生长的一个状态，因此也可以使产量得到极大提升。除此之外，在农副产品加工方面，也可以对计算机进行应用。在美国，一个一天能够生产 700 吨混合饲料的加工中心，就购进并应用了 2 台 IBM 小型机，对 20 种混合饲料的全部生产流程进行自动化控制。在华盛顿州，1 家马铃薯通风库，借助于计算机的帮助，自动控制调节通风窗，可以使马铃薯的储存期达到 3 个月、6 个月、10 个月，使马铃薯的周年供应得以实现。

### （五）　农业科研与服务系统信息化

进入到 1980 年后，美国的新信息技术得到了飞速发展，农业信息服务也得到了进一步发展，最终形成一种全新的农业产业。目前，美国能够为我们提供相关农业信息服务的商业性系统已经有差不多 300 家了。比如说，全美的第一个农用视频电报系统，它建立在肯塔基，拥有一个大型数据库，每个个人机键盘都有自己的识别号，通过这个识别号，就可以存取系统里的相关信息，比如当前的天气、市场价格、新闻、相关的其他农业信息等。

### （六） 计算机模拟模型技术

在农业科研时，有一个十分热门的研究课题，即计算机模拟模型技术。它主要是针对各种不同规模和属性的农业系统模拟。目前，美国已经发展的模型几乎已经涵盖了能够涵盖的所有农业问题，不管是宏观方面的农业经济发展问题，还是微观方面的光合作用过程的问题，都有所涉猎。例如，CERES、SINCOTII，都是美国的作物模拟模型，除了能够对土壤中的水分变化以及作物的生产过程进行模拟之外，对于发芽日期等和发育有关的过程也可以进行模拟。除此之外，农用机器人、数字图像处理、计算机辅助 C-AD、实时处理与数字化控制以及计算机教学等都是美国的计算机农业正在发展当中或者是已经获得应用的技术。

## 二、计算机在日本农业中的应用

计算机在日本农家的应用始于 20 世纪 80 年代，大体上日本农家个人计算机的应用分以下五个阶段：[①]

### （一） 第一个阶段 （1980—1984）

这个阶段的个人计算机主要是 8 位的，其价格十分昂贵，其中也没有能够供人民使用的商业化的农业软件。这个时期的计算机使用的编程语言主要是 BASIC 语言或一些其他的高级语言。有一些农业研究机构对其进行了应用，主要是做统计分析用。只有很少一部分的奶牛养殖户对此进行了实际应用，大都是用来计算奶牛的饲料量，或协助进行比较简单的饲料配比。

### （二） 第二个阶段 （1985—1989）

在这个时期，计算机技术的发展十分迅速，尤其在个人计算机方面，发展迅猛，16 位的个人计算机登上历史舞台，并逐渐成为主流。出现了能够供用户进行使用的电子表格和文字处理软件，是这一时期最为明显的一个特点。这一时期，绝大多数的计算机都使用的是由 IBM 公司和微软公司共同开发的 DOS 系统作为操作系统，同时还出现了农业记账软件等专业软件。这一阶段，开始有养殖户借助于个人计算机来对奶牛进行管理，并和其他养殖户通过 BBS 交流学习。不过，这一时期，仍旧只有少数养殖户会使用个人计算机，并不普及。

---

① 孙月强．计算机技术与农业现代化 ［M］．成都：电子科技大学出版社，2015．

### （三）　第三个阶段 （1990—1994）

这一时期，计算机的使用人数显著增加，农业记账软件的应用范围也得到了极大拓展，日本有很多地方的农民都自发组成了学习小组，共同学习了解和掌握记账软件的使用要点。在这一时期，计算机的用途表现出多元化的特点，比如说，借助数据库软件对客户信息进行管理等。此外，还有一些地区建立起了农业信息中心，并对传真服务系统进行了引入，帮助用户更好地获取农业信息。

### （四）　第四个阶段 （1995—2000）

这一时期，32 位的计算机开始大量出现，涌入人们的生活，同时也开发并投入使用了很多的视窗操作系统，对农业记账软件以及其他软件的开发和发展起到了一定促进作用。这一阶段，计算机的数量有了极大增长，越来越多的人开始接触因特网，计算机不再像以前一样是一种昂贵的奢侈品，而成为为大家提供便利的一种信息工具，十分常见。

### （五）　第五个阶段 （2000 年至今）

进入到 2000 年以后，人们的日常生活中网络已经很常见了，有很多提供信息服务的人，他们想了各种方法能够让用户可以更便利地享受到网络服务，而在农业方面的信息服务相比之前也有了明显提升和丰富。像借助计算机上网查询、了解相关的农业决策信息已经是比较常规的内容了，手机开始逐渐普及，特别是智能手机的普及，使得我们对信息进行获取的工具更加丰富，绝大多数的农民都可以随时随地获取掌握农业信息。

# 第二节　计算机图像处理技术在农业检测中的应用

## 一、计算机图像处理技术的认知

计算机图像处理技术在 20 世纪 60 年代发展起来，之所以被广泛运用，主要因为当时的航天技术发展迅速，通过计算机来进行相关程序的运行实现其中的视觉效果。数字图像主要是通过测量图像映射，同时进行模拟辨别，将其中的图像进行理解与识别。计算机图像处理技术主要通过计算机中的软件等进行处理并输出，其中会运用到图像采集卡与摄像机等，通过图像转换显示出来，显示的图像通常为数字图像，主要通过红（R）、绿（G）、蓝（B）三原色灰度值来表示。

图像处理也分为狭义与广义。狭义的图像处理技术只是简单地完成图像到图像之间的转换即可，如从劣质图像转换为优质图像；广义上的图像处理则是需要仔细的分析，将其中有用的信息提取出来，对图像进行一定描述，即图像到描述之间的转换。

目前科技技术在飞速发展，网络也已经进入了千家万户，计算机图像处理技术也越来越广泛，例如科学研究、医疗技术、军事技术以及农业发展技术方面等均有其影子。

想要使用计算机图像处理技术，硬件设备必不可少，比如 CCD 摄影机以及 PC 机和图像采集卡 IMAQ 等。另外还需要部分软件系统，比如图像采集卡驱动软件、图像分析处理软件以及各类识别记录软件等。CCD 摄像机的作用主要是将各图像以及背景等进行记录，通过传感器接收传递电信号，后期将对应的采集卡插入到计算机中可以将所接收的电信号转化成计算机中的数字信号，通过计算机进行相应分析处理，最后以图像的形式展现。

## 二、计算机图像处理的种类与方法

### （一） 图像处理种类

图像处理方法分为两种，分别是光学图像处理与计算机数字处理。两者之间存在一定的差异，主要表现在以下几个方面：

**1. 图像处理工具存在差异**

常见的数字图像处理通常情况下是在计算机中就可以进行，而光学处理方法在进行图像处理时需要运用专门的光学仪器。

**2. 后期产生的数据形式不同**

数字图像处理通过数字磁带来产生图像，而光学处理则需要拷贝相应的相片或者影像等方可产生。

**3. 图像处理原理不同**

数字图像处理主要是运用计算机解析变幻原理形成对应的影像，而光学处理过程中则是需要曝光对应感光材料对图像中的阴影。

### （二） 图像处理方法

随着计算机的普及，数字图像处理运用越来越广泛，各类图像处理过程中的原理相同，对应的步骤也基本类似，步骤主要分为以下几个方面：

**1. 通过计算机系统进行对应图像的处理**

处理过程中第一步需要在空间上进行取样离散化，幅度上也需要量化分层，简单地说，便是将对应的图像数字化。图像传输过程中需要用到 CCD 摄像机连接数据采集卡，当然，通过图像扫描仪也可以完成图像的传输。通常情况下图像的像素控制在 256×256、512×512 或者 1024×1024 等，主要是为了确保图像信息真实且完整。

**2. 将图像进行编码**

所有图像像素统一使用 8bit 空间的话会导致其数据量增大，不利于存储，且在传输过程中也会降低传输速度，因此引入了图像编码。图像编码的主要要求是在不影响图像所要传递的信息的情况下减小相应的比特数。图像的压缩编码也分为两种：失真编码和无失真编码，编码技术运用也相对比较广泛，霍夫曼（Huffman）编码以及对数编码和香农—诺曼码等均是比较常用的编码技术。

**3. 将图像进行灰度化操作**

图像处理过程中直接处理彩色图像更为复杂困难，因此在处理图像时会先将彩色进行灰度操作，对相应的灰度图像进行处理，操作起来更为快捷方便，当然进行灰度化时需要注意不能影响整体图片处理效果。

**4. 图像的对比度调节**

图像处理时首先将图片整体扫描，进行灰度化操作后找出其中的最大值与最小值，通过计算得到两者之间的差值，对比得到的差值和灰度色调范围。后期需要将最大值与最小值之间的像素放大相应的比例，再进行对比度调节，这样可以使得最后调节的图像更加真实且不会出现色调过明或过暗的情况。

**5. 对图案进行数字图像纠正**

数字图像纠正过程中主要是运用计算机对图像进行处理，需要调整图像中的每个像素均。纠正过程中有相应的变换公式可供使用，影响的位置以及各个像素的亮度值等均可以通过变换公式调节。例如，卫星遥感过程中的数字图像纠正可以将卫星运行情况以及展现方向等进行误差纠正。

**6. 对图像进行平滑化**

不管是图像生成过程还是图像传输过程，都有可能受外界因素的干扰，从而使得图像的质量下降，比如噪声等。想要提高图像的质量需要对图像进行平滑化。平滑化的过程中可以采用平均法在空间域中进行或者是采用低频通滤波法在频率域中进行。

**7. 数字图像增强**

图像增强是将图像的重点进行突出，主要是将有用的信息凸显出来，便于后期处理。图像增强主要分为两个方面，分别是边缘增强与反差增强。边缘增强更多地强调灰阶变化，增强后图像的边缘部分会更容易辨别，同时图像的其他内容会相应减少；反差增强调节的时候会遵循一定的规律进行调整。对比两者则边缘增强会使得图像更加失真。因此为了保证数字图像的完整性以及可分析性，在图像处理时要尽量选择更好的函数算法。

### 8. 图像滤波

通过滤波处理可以有效消除噪声，让图像更加清晰明了，更多运用于噪声与可用信息的灰度值差异较大的情况，此过程中主要通过编程来进行。滤波的类型也分为低、中、高三种，使用的时候可以根据图像处理结果进行选择。

### 9. 反相

反相简单地说便是将图像中的明暗亮度进行反置，相对来说技术性不强。图像进行反相处理以后明暗亮度发生变化，可以多角度观察图像。其新值的产生主要是通过最大像素值与原像素值相减得到。

### 10. 图像镶嵌

图像镶嵌主要是根据迭复技术将相邻的图像进行配准，后期可以根据拼接好的图像进行投影。使用此技术可以有效减少迭复部分的重复像素，快速找到可用信息。

### 11. 伪彩色处理

人眼对于灰度的分辨通常情况下在 0～20 个灰阶级之间，不同于彩色的分辨，在处理伪彩色时主要通过彩色映射，也可以将灰度差别进行区分。比如，B 超伪彩色处理，处理后可以有效观察到其中的有用信息。

### 12. 图像的二值化

在进行图像处理的时候不管是彩色图像还是灰度图像，处理的结果与原图差别较小均没有处理意义，且会增大图片处理的工作量。所以在进行图像处理的时候为了更加方便地分辨，直观地看到其中的可用信息，可以将图像转化为黑白两色图像。数字图像技术中的信息提取方式也不是单一的，K—T 交换图像以及图像分割、提取等均属于该技术。想要将图像处理得更加完美并不是说要将数字图像技术都运用一遍，而是需要根据图像内容以及信息和最后的领域选择更加合适的图像处理方式，完成图像信息的处理、传输、提取。

## 三、计算机图像处理技术在农业检测中的应用

目前图像检测技术已经广泛运用于农业检测之中，应用如下：

1. 建立对应的农副产品数据库来进行品质等级分类，同时建立相应的数据分析采集系统收集作物状况。

2. 通过极轨业务气象卫星（NOAA）图像来观察了解小麦的生产情况，同时根据卫星图像检测纠正地球曲率问题，较小实际与图像产生的误差。

3. 想要研究玉米苗的生长情况与杂草情况也可以使用计算机图像处理技术。通过计算机对杂草量的识别与生长周期位置等定位可以有效分析其中的特征量。为了方便清晰地看到作物与杂草等，可以使用双峰法将土壤的背景过滤掉，处理过程中还可以根据杂草阴影了解到杂草的生长情况与聚集情况。

4. 计算机视觉技术还可以检测芒果质量，通过对比分析表皮生长情况与图像，可快速分辨出其果皮坏损程度，了解质量情况，准确率非常高。

5. 果皮颜色分级也可以通过计算机图像处理技术来完成。

6. 对温室的黄瓜幼苗进行检测时可以使用 VC＋＋6.0 编制的图像分析处理软件，利用此软件可以快速了解黄瓜幼苗的各种形态与特征，且检测的时候不会对黄瓜幼苗产生损害，大大提升了对温室育苗的各项控制水平。

7. 播种机排种检测也可以使用计算机图像处理技术，主要是运用虚拟仪器进行相关图像的处理与运用，加快了农产品检测方式的探索研究与发展。

综上所述，随着计算机技术的快速发展，其图像处理技术也逐渐被广泛应用，农业检测方向的处理运用只是其中的一小方面。生活中的指纹鉴定以及图像搜索、医学中的成分鉴定、工业中的自动化、航天等均有其影子。随着高新技术的不断发展，以及新技术的不断革新，图像处理技术也会越来越快速方便，影响着生活的方方面面。

# 第三节　计算机在农业机械中的应用

## 一、耕作机械的智能化

美国东伦敦综合技术学院土地管理系成功研制了一种耕作机械——激光拖拉机。激光拖拉机是借助内置的计算机系统导航装置，精准测定机械所处的位置和其运行方向，其误差应当小于 25cm，同时，农场计算中心还会被输送入电子图表，根据该表能够查找了解土地的化学成分、湿度、排水沟位置以及其他特点，精准测算种植所需的种子、农药、肥料数量等，以便确定最佳种植方案。只需要一个人及一块屏幕，就能够对激光拖拉机进行操控，控制其进行耕作，速度很快，种子、农药、肥料等的消耗也有所降低，生产成本大约能够节省一半，作物的产量大致能够提高 2 成。

## 二、收获机械的智能化

卫西·弗格森，美国的农场装备制造商，他们将一种产量计量器安装在了联合收割机上，在收割作物时能同时精准收集产量的相关资料，并绘制成图，展示各个田块的产量分布。借助于这个产量分布图，农场主可以对下一季的种植计划进行制定，并确定不同田块中，种子、农药以及化肥等的用量。

## 三、灌溉机械的智能化

在美国内布拉斯加州，ARS 公司和瓦尔蒙特工业股份有限公司研发出了一种红外湿度计，借助它可以使农田的自动灌溉成为可能。在农田灌溉系统上安装该仪器后，每 6 秒钟就可以对植物的叶面湿度进行一次读取，在植物需要补充水分时，就会借助计算机发出灌溉指令，使农田能够得到及时灌溉补水。

### 四、挖土机械的智能化

在美国匹兹堡，一种超声波挖土机成功被一家公司研发出来，在挖土时，可以有效避开埋有管道、电缆等的地方，避免管道、电缆被破坏。这种新型挖土机主要是借助超声波喷气流，将土壤打碎，然后再借助真空装置把土吸走，并不会损害管道和电缆。

### 五、采摘机器的智能化

法国科学家开发研制了摘苹果的机器人，能够自主分辨苹果的成熟度。该机器人只需要 6 秒时间就能够摘一只苹果，耗时比人工采摘要节约一半。而美国则有一家公司研制出了采蘑菇机器人，在提前设置好可采摘的最小直径的蘑菇伞后，就可以采摘蘑菇，大约每采摘一朵只需 6 秒，并保证蘑菇不会受到损伤。

综合上面提到的这些内容，可以发现，在农业机械领域，计算机的应用范围是很广的。在这个领域，我国的发展相对来说还是比较落后。我国农业农村部是在 1994 年才第一次提出了"金农工程"，该项目就是对我国的农业信息化建设进行推进的，我国的农业信息化也由此拉开大幕。我国的经济正在不断发展当中，相信随着迅猛发展，未来，将会有更多我国自主研制的智能农机在绿色田野上耕作。

# 第四节　信息技术辅助农业经济信息获取

随着信息化的深入，信息的数量以惊人的速度增加。除了广播、电视、书籍、报纸等各种传统的信息传播媒介之外，又出现了国际互联网、无线上网、手机上网等新的信息传递手段，使信息获取方式变得更加复杂多样，同样使农业信息获取的渠道增多。对于农民而言，信息资源的有效开发利用是农村信息化中的重要环节，如何及时获取准确、实用的信息，是他们脱贫致富奔小康的关键。

### 一、农业经济信息网的类别

网络进入千家万户预示着信息时代的到来，农业网站也因此开始迅速发展，信息传递途径也越来越多。目前已经建立了很多我国特有的农业信息网站，比如中国农业信息网、国家农业网等。各省市也是积极响应号召建立各行政区域的农业信息网站，目前已有 80％多的地级农业农村部建立了健全的农业网站。计算机作为农业网站建设的基础目前已在农业信息网站普及 1.7 万台以上，占总数的 41％左右。

除了专门的农业部门外很多的涉农部门也开始建立相应的网站，比如信息服务网站、咨询网站等。很多的涉农企业开始逐渐重视这一方面，根据自身企业性质与服务对象建立相应的农业网站，既符合自身企业发展又具有特色农业信息。目前，各地已经逐渐形成了以政府为主导各方参与的农业信息网，各种中介信息以及企业、市场、种养等政策与科技信息蕴含其中，涉及农业的方方面面，不断促进农业经济快速发展。

农业网站有特有的框架内容，涉及的方面也比较多，比如农业相关政策、新闻、科技以及农业相关的技术、气象等信息和各类供求信息等，各方面深入农业研究方向，环环相扣。

当然，不同农业信息网站的主办部门及各类网站的功能均存在一定差异，根据此进行分类可以分为以下几种：

### （一）　综合型农业经济信息网

顾名思义，综合型的农业经济信息网中的类型相对来说综合性较强且较为全面，网民想要查询的各类农业信息以及技术、新闻等均可以在其中查询到，与农业发展密切联系，涉及农业的方方面面。当然，综合型的农业经济信息网想要建立需要有相应的区域性企业作为基础，网站中的内容非常详细且全面，类型也较多，包括农业新闻、产业类型、供求信息等，属于对农业行业涵盖性较强的农业经济信息网。

### （二）　政府型农业经济信息网

政府型的农业经济信息网主要以政府为中心，围绕农业部门事项铺展开来，政府是网站的支柱，各项服务依托于政府支持。此种类型的网站中各地方的农业局以及林业局等相关单位起着主要作用，在经济信息网站中的地位也相对较高。目前，我国各地省市的农业相关单位均已有各自的信息网站，但各类信息网站中相对独立的较少。

### （三）　涉农企业农业经济信息网

这种类型的网站主要依托于企业，网站中的农业信息则更侧重于交易内容，通常情况下，企业宣传的多为企业本身经营的涉农产品以及相关技术或服务等，最终的目的是企业盈利。这种类型的网站也相对较多，比如广东燕糖乳业、金农网以及广东温氏食品集团有限公司和河北润田节水设备有限公司等。

### （四） 科教型农业经济信息网

科教型农业经济信息网侧重于教学与科学研究等方面的服务，通常情况下由教学或者科研机构组织构建，网站中的信息可以涵盖教学、招生以及各类成果展现的信息。这种类型的网站对于农业发展水平以及应用程度等有着领头作用。科教型网站也有很多是由高校以及研究所等建立的，比如中国农业科学院以及华南农业大学等。

### （五） 媒体型农业经济信息网

这类型的农业网站更注重于农业新闻的传播，主办机构也多为媒体机构，类型较为全面且更新快速。随着互联网的快速发展，传统媒体信息传播将逐渐过渡到互联网中，现代科学技术将逐渐占据主导地位，网络媒体的优势逐渐凸显，对于农业的发展起着非常重要的作用。此种类型的网站有中国绿色时报、广东星火计划网等。

### （六） 行业型农业经济信息网

行业型网站分类主要是围绕农业相关的不同行业进行划分的，比如种植业、农机、花卉、果蔬等，中国牧业网、中国蔬菜网等均是其典型代表。这种类型的网站主要针对行业发展信息，具有一定专业性与权威性，指引行业发展方向。另外其他行业的相关信息与农业信息相联系也为农业经济信息网站发展提供了更多的可能性。

## 二、网络查询农业经济信息的方式

随着经济的快速发展与科学技术的革新，手机以及电视机等均已进入千家万户，各类信息的承载与传播也更加快速方便。随着电脑的逐渐普及，信息传播将更为便捷。目前我国各地，包括农村地区，各类信息新技术的普及与发展为人们的生活带来了翻天覆地的变化。

想要更好地在农业上发展，农民需要不断学习新的知识体系，了解新的农业技术与现代农业信息，逐步重视各类信息传播工具，并知晓使用方式，方便快速了解新型农业信息与知识，掌握新型技术与方法。除去原有的报纸信息以及广播信息等，目前很多农民已经学会了如何使用手机、计算机等先进信息工具查询对自己有用的信息，互联网使用已经基本熟练，可以快速准确的查询筛选出有利于农业发展的信息。利用现有的新工具不仅可以了解到农业相关知识，对应的行业发展以及各类社会知识类型均非常齐全，了解时事的同时，可以快速提升自身各方面素质，增强自身的信息捕捉能力，及时调整发展方向，走向致富之路。

当然，在信息爆炸的今天，生活中的方方面面均离不开信息知识的传播与获取，因此接收大量信息的同时，还需要有分辨、筛选信息的能力。正确且实用的农业知识信息对农业生产起着至关重要的作用，不仅可以知道生产，同时可以为农业发展提供更多的发展方向。因此，在阅读信息时需要从不同的方向去了解分析信息的可用性，核实真实性，不断总结与学习，掌握更多的农业技能，实现科学生产发展，了解种植过程中需要掌握的增产技能，科学种植。

### （一）　学会搜集农业经济信息

网络信息传播越来越普遍，信息量也在逐渐增加，农业相关的用户在查询搜索信息时，可以使用搜索引擎。网络搜索引擎可以实现各项搜索导航服务，且有专门的信息网站供查询，主要是运用超文本技术在 Internet 上建立对应的服务器。在查询专题信息时非常方便，国内外均有很多此种类型的搜索引擎，比如国内的百度、国外的谷歌（Google）等。在查询相应的信息时直接在搜索引擎中输入所需信息或者关键字、关键词即可。对应的农业网站以及农业信息、技术、新闻等均可以从中搜索到。当然，在不能上网的情况下也可以让他人帮忙搜索，大部分信息均可以转发并保存。例如，想要获得更多关于当前猪肉的市场价格等，可以在搜索引擎中输入猪肉价格、猪肉、猪肉市场以及生猪售卖等，均可以搜索到相关的信息，后期再根据自己地域以及需求进行筛选；想要知道生姜种植注意事项以及相关的技术，可以搜索生姜种植或生姜技术等，相关信息非常多。不同地域的农民想要了解当地的农业发展方向与市场情况，则可以在当地网站了解或在搜索引擎中输入地域等，比如广东的农民在搜索时，可以输入广东省农产品、广东农业种植等，相关本地的网页就会展现出来，各方面内容均可以从中查阅。

### （二）　学会分析农业经济信息

网络信息涉及方面非常广泛，各类信息也不止一条，且并不是每条信息都是有用的，因此信息查询后需要删选、分析相应的信息。

在分析信息时需要注意以下几点：

1. 信息分析需要根据自身研究产品对象，了解自身行业发展以及主导产业，根据需求搜索信息，针对性分析方可让信息有效实用。

2. 搜集信息时需注意地域特性。我国地域辽阔，不同地域的气候以及地势不同，所对应的种植品种以及方式等存在一定差异，因此导致农业相关的市场、管理、种植等存在明显差异，因此在搜寻农业相关信息时需要注意地域性，是否符合所在地区，能否直接套用。比如，越南的冬瓜，在阳光条件好的情况下冬季也可以生长，但是阳光差的地方冬季播种却需要提前，保证冬瓜可以在冷空气到来之际生长到一定程度，可以抵抗一定寒冷，方可确保后期产量。

3. 所有的信息均有其时效性，农业信息也不例外，从网络中搜寻的信息较为广泛，时间没有确定的限制，因此在筛选时需要注意时效性。比如在搜寻供求信息以及价格信息的时候，一年以上的信息基本没有参考价值，更重要的是当前的市场情况。

4. 信息分析之间需要懂得筛选，查看信息的真实性以及实用性。很多时候农民对于网络中搜寻的信息没有办法辨别真伪，分析时无从下手，这时候可以找相关专业人员分析。比如，关于蔬菜中的病虫害信息、施肥信息等均可以找当地的专家因地制宜，根据实际情况分析信息的真实性，确定可用性。

### （三） 学会利用农业经济信息

很多信息并不可以直接使用，需要经过分析加工后方可被利用，利用信息时也不能盲目，更多的是根据自身的实际情况，结合作物、市场、产品等情况筛选使用，做到活学活用，不能死搬硬套。关于农业生产方面的成功案例，网络中有很多。比如关于荔枝的种植大户钟关生，所在的地域为广东高州市泗水镇，其在开始种植之前也是先了解当地的情况通过网络查询，同时在网络上学习了各种关于荔枝的种植技巧，为其成为成功的荔枝种植大户打下基础。后期到荔枝收货，其一直在网络中关注市场动态，了解价格，获取更多的收益。还有就是山东莱阳的洋葱种植大户，为了让洋葱可以获得更高的产量，在政府的支持下很多的农业服务站相结合，共同了解洋葱的生长周期，在网络中获得各种洋葱种植案例加以分析实验，后期还通过网络获取了更多的销售渠道。当时主要是以中国农业信息网为重心，将河北、青岛以及烟台等地的网站相联系，形成一个广阔的促销平台，在平台中可以有各类供销商相互交流信息和产品，多方位了解市场，将洋葱销售到各地，不仅销售速度快，且价格合适，直接提升了当地农民的收入。

## 三、农业经济信息分析与预测

农业经济信息方向的分析与预测并非凭空而来，需要建立在相应的实际市场调查之上，通过对市场情况的了解以及深入研究供求关系，方可将市场中各种因素综合起来，从而分析出更符合实际的信息，对未来趋势以及发展进行更准确的预测，便于后期经营决策。对于市场发展来说经济信息的分析与预测有着非常重要的作用，对于后期的发展与决策等需要在正确分析的基础上进行，两者之间的目标均面向未来所研究对象的发展趋势。

## （一） 经济信息分析与预测的主要内容

### 1. 对宏观条件及因素进行分析，预测后期市场变化

随着科学技术的发展，我国的经济在稳步前进，市场的需求也在逐年增加，不管是人口数量还人员素质等均有很大程度的提升，生活的方方面面均在发生翻天覆地的变化，农业发展也在与时俱进，因此需要分析研究未来市场，便于了解农业发展趋势。

### 2. 对农业购买力等信息进行分析，预测商品的需求程度

经济发展迅速，公众的生活水平与消费能力也在逐渐增加，且目前的各种商品更新换代非常快，消费者对商品的需求也随着商品信息的变化而改变着。部分商品的需求量随着时间的推移会逐渐减少，部分商品的需求量随着时间的变化也会逐渐增大，因此，在固定的一段时间内，购买力的变化趋势在一定程度上影响着产品的数量与比例。生活水平提高必然会导致需求更加精益求精。同一种商品或者同种性能的商品，消费者更愿意买高档次商品，因此中高档商品的比例随之增加。当前商品因需求不同所产生的趋势也存在一定规律，比如从低到高或者从粗糙到精致以及高级化、多样化等。

### 3. 对销售情况进行预测，拓展销售渠道

对于市场需求来进行预测属于宏观预测，而对具体的销售策略以及销售方向等进行预测属于微观预测，在预测时主要针对商品的具体情况，比如质量、物流、品种以及规格等。如何将商品销售出去，如何让消费者认可商品等均需要分析研究特定时间段内的市场情况，在预测时才会更加准确。比如同一类型的商品，对于群众来说更愿意选择什么样式或从哪里生产的产品，这样可以根据调查情况进行样式的选择或者选择货源地等。销售预测更注重于消费者的实际需求，同时可以根据消费者反映情况了解商品的市场情况以及所存在的问题。当然引起商品需求量变化的因素很多，比如产品宣传、价格包装等，因此在进行市场预测时需要综合各个方面，根据整体的情况进行调控。

通过经济信息进行分析与预测并不是单方面的，对于商品的分析与研究还可以从其资源、使用寿命等情况进行分析研究，当然实际销售前还需要分析研究相应的经济效益。

## （二） 经济信息分析与预测的具体方法

### 1. 顾客需求度直接调查方法

对市场经济来说，顾客在市场中占据重要地位。顾客需求度直接调查方法主要是根据市场的发展情况以及商品所针对的群体去进行调查，从调查的结果中分析顾客的需求情况以及对产品的相关建议。顾客需求度直接调查法的形式

也非常多，常见的调查形式有问卷调查、顾客直接询问法、开展相应的品牌会议、座谈会等，既可以了解客户需求情况，还可以让客户了解新产品信息。这些调查方式均通过与顾客进行直接接触进行，所调查的信息更为精确且具有针对性，在分析研究与后期预测时更具真实性。

**2. 经纪人评判分析预测方法**

该方法主要针对产品经纪人进行，通过经纪人对市场的调研与农户沟通情况等获得相应的信息，进而预测后期市场的需求情况。

**3. 销售人员意见综合预测分析方法**

销售人员是直接与客户接触的群体，通过切实进入市场了解客户情况与产品之间的竞争情况，对于不同地区不同人群需求进行分析研究更为准确。通常情况下农贸市场的销售人员均通过挨家销售，且交流更为深入，预测价值非常高。当然销售人员也并不单一，因此可以整合销售人员的意见情况对整体的商品市场情况进行分析预测。

**4. 市场因子推演法**

顾名思义，此种方法主要是对市场的各项因子来进行分析推算的。这里的市场因子是市场中存在的所有可能引起商品需求变动的因素。例如，整体的农业发展情况、粮食增减情况以及人口情况等，市场因素的变化通常情况下与其使用者有关，因此也需要对相应用户进行分析研究。

**5. 季节变化分析法**

我国大部分区域季节变化明显，消费者需求会因季节变化而改变，季节具有一定的规律性，因此此种情况下引起的产品需求变化也具有一定的规律性，一般为年度循环。当然，并不是说每年的需求变化都是不变的，但是变动的趋势与类型确实基本相同，因此在分析预测产品需求时可以根据季节变化以及以前年度情况来分析研究，确定相应的产品淡季与旺季。

## 四、农业经济信息应用于农业生产

### （一）市场供需信息

农业经济信息对农民最大的帮助之一就是提供农产品及农用物资市场供需情况，也就是市场行情。由于生产者和消费者之间的信息不对称，生产者难以把握市场未来走向，无法预见生产会带来具体的效益，而农业经济信息可以解决这个问题。因此，可以通过浏览互联网、阅读报刊及农产品价格定期监测报告等材料、收看电视频道获取农业市场供需信息，并将这些信息按照地区、品种等进行分类，结合本地的地理、气候等因素，选出市场紧缺而且有市场价值的农产品作为未来生产的主要品种，安排未来的生产计划。

## （二）　支农惠农政策

支农惠农政策主要包括农业补贴政策、农产品最低价收购价格政策、耕地保护政策等。其中，农业补贴政策包括种粮补贴、良种补贴、农机具补贴、重大农业技术推广专项补贴；农产品最低价收购价格政策是指国家为调动农民种粮的积极性，切实保障国家粮食安全，采取对粮食收购限定最低价格的措施；耕地保护政策是为了严格耕地保护政策，制止弃耕抛荒，对承包经营耕地的单位和个人弃耕抛荒的，由各级人民政府按一定的标准收取荒芜费的措施。

紧跟支农惠农政策，有利于农民减少生产成本，保证农产品市场价格。在制订农业生产计划中，农资、农机具的购买应该首先考虑符合补贴要求、具有补贴资格的品牌，按照补贴标准合理安排农资、农机具的购买数量，尽量减少成本支出；按照种粮补贴、良种补贴的补贴标准，及时掌握补贴的变化情况，以利于维护享受国家补贴的权利；耕地保护政策规定，对承包经营耕地的单位和个人弃耕抛荒的，由各级人民政府按该基本农田弃耕前三年平均产值的一至两倍收取荒芜费，连续两年弃耕抛荒的，同原发包单位终止承包合同，收回发包的耕地重新发包。因而，在制订农业生产计划时，应考虑到可能弃耕的情况，合理选择承包合同年限；农产品销售价格可以参考国家最新设定的最低收购价格，及时掌握市场价格动向，保护自己的合理利益。

## （三）　气象预告信息

农业灾害通常情况下指的就是农业气象灾害，我国气候变化明显，气象条件在很大程度上会给农业带来一定灾害。因为我国地广物博，各地的温度存在很大差异且区域性温差较大，对农业引起的灾害类型也较多，比如霜冻、热害、低温冷害等；水因素对农业也非常重要，其中旱灾、洪涝以及冻雪等均可能导致农作物减产；很多露天作物还会受到风因素的影响。

农业气象灾害与气象概念存在一定的不同，农业气象灾害主要是针对农作物生长以及产量方面来说。比如倒春寒等，从气象上来说属于正常现象，对生活也不会有太大的影响，但是对农作物来说却非常致命，很有可能造成低温冻害等。

时刻注意气象信息可以有效减少气象灾害，减少农作物因此造成的减产情况。对于农业气象预告的途径非常多，比如互联网、手机、电视、广播等，很多均由国家气象局发布，有较高准确性。了解气象情况后还需要对农业气象灾害进行一定的防御，常用的防御措施有改良土地、改善周围地势以及水利灌溉等，增强农作物的抵抗能力；还可以建设相应的农田防护林，此种方法可以有效减少高温气象灾害以及风力灾害；根据气象规律进行季节性种植，根据作物的生长情况分布；根据地势防护，减少灾害等，同时还可以采取相应的灾后补救措施以及灾前抢收等。

目前我国也已经研究出很多的抗灾药剂，比如抗倒伏药剂、抗旱药剂等，根据不同地域的气象情况进行药剂的使用也可以大大减少农业气象灾害带来的损失。农业经济在不断的发展，也需要深入研究开发对应的防灾措施及技术，整体提升农业的抗灾能力。

## 五、农业经济信息咨询机构与管理

### （一）农产品、农用物资咨询机构

以广东省为例，农产品、农用物资供需及其价格咨询机构主要包括广东省农业厅，广东省物价局及其直属机构广东省价格监测中心，广东各市、县农业局和物价局。全面的信息主要来源于以上机构的网站，包括广东农产品交易网、广东价格信息网等，以及广州江南果菜市场等农产品批发市场的网站。下面主要对三大网站进行探讨：

广东农产品交易网是由广东省农业厅主管、广东省农村信息中心主办的我国首个省级农产品交易网，网站功能包括交易功能、网上店铺、网上交易会、网上农博会、手机服务等。网站涵盖了全国各地的农产品、农用物资的供应和求购信息，这对于扩大农产品销路、农用物资的购买提供了十分便捷的途径。

广东价格信息网是广东省物价局的官方网站，提供的信息具有权威性，网站内容涉及价格政策、价费标准、价格监测、价格认证等。农产品价格、农用物资价格的咨询主要可查询"价格信息"专栏，该专栏包括了国内市场动态、国际市场动态、监测动态、专项监测等价格动态和监测分析，还可以按照地区、分类、产品名称等进行价格查询。

广州江南果菜市场是广东省及广州市的农业龙头企业，又是农业农村部定点批发市场、中国蔬菜流通协会定点市场和争创全国绿色批发示范单位，是全国最大的果蔬集散地，进口水果量占全国的80％。在该网站上可以查询到来自全国各地及国外的蔬菜、水果在广东的批发价格，同时该网站还编制了《江南市场报》，对蔬菜、水果价格的变化进行了分析，对于农民朋友深入了解市场很有帮助。

### （二）农业政策咨询管理

仍以广东省为例，农业政策咨询机构包括中华人民共和国农业农村部、广东省农业厅、广东省各地市县农业局以及中国农业科学院、广东农业科学院、广东各地农业科学所，咨询方式包括电话咨询、现场咨询、互联网咨询等。在信息技术发达的今天，互联网咨询成为获取全面信息的主要方式。互联网咨询主要是通过访问农业政策咨询机构的官方网站来实现，以访问广东省农业厅官方网为例，政策咨询集中在网站首页的"资讯区"，可点击"畜牧兽医"咨询畜牧业类政策，点击"农村经济管理"咨询农民减负、农村土地承包等政策，等等。①

① 王人潮，史舟．农业信息科学与农业信息技术 ［M］．北京：中国农业出版社，2003.

# 第九章 <<<

# 现代农业环境中信息技术的应用

随着现代农业建设的推进，计算机及信息技术在农业领域发挥的作用也越来越突出。目前，现代农业发展存在生态环境问题，基于此，本章重点围绕农田气候信息系统中计算机信息技术的应用、农田土壤环境信息系统中计算机信息技术的应用、农田植物电生理信息系统中计算机信息技术的应用、农田环境生物信息系统中计算机信息技术的应用进行研究。

## 第一节　农田气候信息系统中信息技术的应用

农田气候一般指距农田地面几米内的空间气候，它是各种动物、植物、微生物赖以生存的空间气候，与生物的生长、繁育密切相关。

农田气候区介于大气层和土壤层之间，它们相互依存、相互制约。气候区内的各种生物与气候区直接进行物质和能量的交换。气候区的各项因子，如太阳辐射、大气温度、大气湿度、风速等，都随时间、地点、空间而变化，并且有比较大的变化幅度。以下分析农田气候要素及其对生物的影响，探讨农田气候信息的采集与处理系统的构成、硬件与软件设计以及系统的应用。

### 一、农田气候要素及其对生物的重要影响

#### （一）太阳辐射

万物生长靠太阳，这说明太阳辐射是地球上一切能量的最终来源，也是影响地面气候的重要因素。

到达农田地表面的太阳辐射，由两部分组成：直接辐射和散射辐射。

直接辐射一般指未经散射和反射的太阳辐射。定义为：来自太阳圆面的立体角内，投向与该立体角轴线相垂直的面上的太阳辐射。直接辐射一般用直接日射表测量。

直接辐射和散射辐射之和称为太阳总辐射。一般用总辐射表测量。

太阳辐射具有波粒两重性，可视为具有一定能量的电磁波，可用辐照度度

量，即单位时间单位面积上入射的辐射总量，单位为 $W \cdot m^{-2}$。

太阳辐射又具有粒子性，可视为具有一定能量的粒子（光子）流，可用光合量子通量密度（PPFD）表示。PPFD 表示单位时间单位面积上，波长范围为 400nm～700nm 的入射的光量子数，单位为 $s^{-1} m^{-2}$。

太阳辐射穿过大气层照射到地球表面上，由于大气成分（$H_2O$，$O_3$，$O_2$，$CO_2$ 等）的吸收和散射，到达地表面的光强有很大衰减，能照射到地面植物叶面上的辐射，仅为太阳总辐射的 48%。

由于臭氧层对紫外光的吸收及大气水分对红外光的吸收，到达地面的辐射光谱有很大的变化，光谱范围仅为 310nm～3000nm。地面气候区直接接收来自太阳和地面两方面的辐射，它们从白天到夜间相继进入地面气候区，带来地面气候的日变化。

### （二）　空气温度

空气温度是指空气的相对"热"或"冷"。它标志了气体间热传导的方向和能力。热量总是从"热"处传向"冷"处，温差越大，热传导的能力就越强，所以温度又可表示热"强度"。地面空气温度与土壤温度、空气湿度、风速密切相关，地面空气温度明显地随土壤温度的变化而变化。土壤近于黑体，对太阳辐射有很强的吸收，成为太阳辐射热量的主要储存场所。随着太阳辐射的日变化和季节变化，土壤交互储存和释放热量。白天吸收太阳辐射，存储热量，夜间又成为热源，以热辐射方式向大气释放热量；夏季吸收储存热量，冬季又将热量释放到大气中。土壤与大气的热传导，决定了空气的温度。

### （三）　空气湿度

空气湿度表示了空气中水分的含量，与水域、陆地的蒸发和植被的蒸腾有关。水汽的输送通常按照白天蒸发、夜间结露这种形式进行。

大气中水汽的存在影响着大气中热量的交换、水分的传递，也影响到达地面的太阳辐射，成为地面生态环境的重要因子。

空气湿度一般用绝对湿度（单位体积中水汽的含量：$g/m^3$）和相对湿度（在相同温度下空气实际水汽的分压与饱和水汽压力之比的百分数）表示。干湿球法、高分子薄膜湿敏电容法是常用的测试方法。

大气中的水汽压和相对湿度有明显的日变化。由于太阳辐射的日变化峰值出现在中午前后，地面蒸发、植被蒸腾中午前后也达到最大，所以水汽压在中午前后出现极大值。夜间空气中的水汽压比白天小，但是由于夜间温度低，空气对水汽的容量急剧减小，故相对湿度反而增大。

### （四） 近地面风速

空气定向水平流动形成风。风可以使空气中的热量、水汽、二氧化碳等迅速地从一个地方输送到另一个地方。风也是影响地面气候的主要因子。

风速通常以平均风速表示，即一定时间里气流的平均速度。小型风杯风速表和热风速仪是常用的风速仪，其测量精度都不超过±0.5m/s。

地面的风速与地形、地貌情况密切相关。地面无植被覆盖比有植被覆盖风速要大；植株上比植株内风速大；水面上的风速比陆地上的大。

风速有明显的季节变化和日变化。春秋两季日气温变化大，风速变化也大。夜间风速最小，中午前后风速达到最大。

### （五） 农田气候变化对农业生物的影响

近地面环境是动物、植物、微生物进行生命活动的环境，是生物与环境进行物质和能量交换的场所，近地面环境气候的变化与生物的新陈代谢和生长发育密切相关。

太阳辐射是生物进行新陈代谢活动的能源。太阳辐射有显著的日变化，白天太阳辐射强，气温高，有利于植物进行光合作用，吸收二氧化碳和水，将无机物合成为有机物。夜间光照弱，植物进行呼吸作用，吸收氧气对碳水化合物进行氧化，为生物的生长和复杂生化物的合成提供能源，同时释放二氧化碳保持空气中 $CO_2$ 的平衡。

太阳辐射的季节变化，形成了植物生长的季节性，一些作物夏种秋收；另一些作物则秋种夏收，一些为长日照植物；另一些则为短日照植物。

近地面空气温度对生物体生长的影响很大，地面环境温度虽然不是生物体本身的温度，但生物体不断与外界环境进行热交换，所以空气温度直接影响生物体的温度。

生物体内的各种生化反应、代谢速度与生物体的温度密切相关，温度高，则各种生化反应快；温度低，则各种生化反应慢，直接影响生物的生长、发育。

农业生物的光合作用、蒸腾作用，在很大程度上也依赖于生物体温度和地面空气温度，在一定的范围内，光合作用、蒸腾作用随温度的升高而增强。

大气水分对生物代谢功能的影响来自三个方面：首先保持农业生物内部特殊的水分平衡，使生物内部的各种生化反应能在保持水分状态下连续进行；其次，大气水分可以调节生物与环境间水分的交换速率，保持生物与环境间水分的相对平衡；最后，由于水的比热容比陆地上其他物质的比热容要高，大气水的运动和相态变化将有效的调节热量的传输，环境温度高，水分蒸发、蒸腾作用强，水分由液态转化为气态，从环境中吸收热量，维持环境温度不再升高；当环境温度较低时，蒸发、蒸腾作用减弱，水分由气态又变为液态或固态，释放热量，维持环境温度不再降低。大气水分的运动和相态变化，为农业生物的生长、发育创造了一个良好的常温环境。

地面风速，成为环境水分和热能的输送工具。环境地区间的温差大，空气易于流动，促进了环境内的水分平衡和热量平衡。

## 二、农田气候信息采集与处理系统

农田气候环境是农业生物赖以生存的环境。采集与处理农田气候信息，以便对农业生态环境进行模拟、调节和控制。

环境气候信息的采集与处理系统，能实时地采集生物环境的多种气候信息（光辐射、空气温度、空气湿度、土壤温度等）并进行相关的分析与处理，用于研究生物与环境的相关系统，研究农业生物环境的模拟和调控。

随着计算机技术的发展，各种气候信息自动采集处理系统相继出现，以下主要探讨气候信息采集处理系统的一般构成及功能。

第一，农田气候信息采集处理系统，仍以信息的采集为主，同时完成相关的处理分析。系统主要在野外使用，要求携带方便，操作简单，在总体设计上多选用以单片机为中心的智能化系统。系统由数据传感器、采集器、单片机输入/输出接口、输入/输出设备等组成。

第二，农田气候信息采集系统，一般采用直流供电并配有智能控制系统。系统要进入"工作状态"，就自动接通电源；系统停止运行，就自动切断电源，确保电源有效工作。气候信息随时间、空间而变化，实时采集要求提供准确的时钟，故实际中多扩展提供年、月、日、星期、时、分、秒的日历硬时钟。

为对采集的数据进行系统分析、处理，以了解气候变化的趋势，系统多扩展有串行、并行通信接口，以便与系统机进行数据通信。考虑到数据传感器的非线性和数码显示的直观性，系统多设计有线性化软件和标度变换软件。

## 三、采集处理系统的数据通信

采集处理系统为方便数据处理、数据存储和图形显示，设置了与系统主机的通信系统。

8032 单片机内部有一个全双工的串行通信口，由发送数据缓冲器（SBUF1）、接收数据缓冲器（SBUF2）、串行控制寄存器（SCON）、电源控制寄存器（PCON）组成。RXD 为串行通信输入线，TXD 为串行通信输出线。串行通信方式及数据通信速率决定于对 SCON 和 PCON 初始化编程设定。单片机的串行通信口为 TTL 电平，通信距离只限在 3m 以内，为扩展通信距离，通常再接入标准通信总线。

## （一） RS-232-C 串行通信总线

8032 与 80486 的串行通信采用电压标准总线 RS-232-C。RS-232-C 标准是美国电子工程学会推荐的一种串行通信电压标准口，又称 EIA 标准。它规定了一个 25 引线的连接器，规定＋3V～＋15V 之间任意电压表示逻辑"0"电平，－3V～－15V 之间任意电压表示逻辑"1"电平，即采用负逻辑。采用 RS-232-C 标准串行通信，一般 30m 以内能可靠的传递。

8032 单片机串行口和其他标准串行接口电路一样，输出输入为 TTL 电平，高电平为 3.8V 左右，低电平为 0.3V 左右。当采用 RS-232-C 电压标准总线与 80486 系统相通信时，必须将串行口的输入输出电平进行转换，将输出的 TTL 电平转换为 EIA 电平。系统采用集成芯片 1488，1489 完成 RS-232-C 串行通信总线的电平转换。如图 9-1 所示[①]。

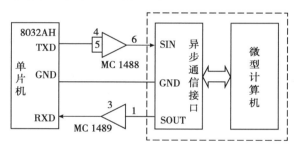

图 9-1　RS-232-C 标准总线电平转换电路

## （二） 异步通信适配器

目前通用的微型计算机（IBM PC/XT·80286 等）都配有与 RS-232-C 串行通信的功能卡，插在系统机的扩展槽内。异步通信适配器就是具有与 RS-232-C 接口，完成发送、接收、电平转换、串并数据变换的多功能器。适配器的通信接口如图 9-2。

异步通信适配器一般选用 INS8250 芯片作为通用异步通信接收发送器（UART），可选择 RS-232-C 标准总线接口操作，也可以选择 20mA 电流环接口操作。一般，系统机距现场近，采用接口简单的 RS-232-C 串行标准总线；相距远，现场干扰强，适于采用 20mA 电流环传送数据。

---

①　本节图片引自：白广存.计算机在农业生物环境测控与管理中的应用［M］.北京：清华大学出版社，1998.

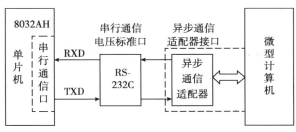

图 9-2　异步通信适配器的通信接口

## 四、采集处理系统应用软件设计

程序软件是系统的灵魂,系统靠运行程序软件实现信息的自动采集和自动处理。程序软件的设计可以有效地发挥和扩展系统硬件的功能,又可以完善抗干扰措施。

Intel 公司生产的 8052AH-BASIC 单片机内有 8KB BASIC 解释程序软件包, 其具有典型 BASIC 语言特征,并扩展了直接访问单片机内部与外部资源及直接与硬件打交道的语言功能;还有强有力的算术运算和逻辑运算算子、字符串算子、特殊算子等,给应用软件的设计提供了方便。

采集处理系统选择低价的 8032AH 单片机,外扩 8KB EPROM2C 分配地址为 0000H～1FFFH,将 8052AH-BASIC 芯片中的 8KB BASIC 解释程序移植到地址 0000H～1FFFH 的外扩程序存储器 (EPROM2) 中,这样应用系统就扩展了运算 BASIC 语言程序的能力。

8032AH 单片机是 8031 单片机的增强型,完全与 8031 兼容,又可以运行各种汇编语言程序,这样应用系统既可以采用汇编语言编程,也可以采用 BASIC 高级语言编程,两种语言交叉使用,方便了数据的处理和软件开发。采集处理系统应用软件系统框图,如图 9-3 所示。

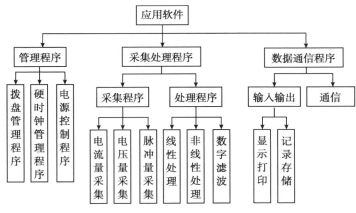

图 9-3　应用软件系统框图

应用系统运行汇编语言程序，能充分发挥计算机硬件速度快、效率高的特长，便于实现实时采集；系统运行 BASIC 高级语言程序，数据处理功能强、通用性好。两种语言交叉使用，可以充分发挥计算机硬件和计算机软件的功能，又增加了系统的通用性。目前采用混合语言编程已成为程序软件设计开发的发展趋势。

## 五、系统可靠性设计

气候信息采集处理系统主要用于农田气候综合监测和农业气象预测预报，也用于能量平衡研究，可靠性是重要指标。

采集系统应用于农田现场，外界环境复杂，信号系统常受到来自各方面的干扰，如电源系统干扰、地线系统干扰、空间电磁干扰等。从对信号的影响又分为串模干扰、共模干扰。完善抗干扰措施，是保持系统可靠性的重要保证。

### （一） 电源系统的抗干扰措施

1. 系统所用的 $\pm5V$、$\pm6V$ 电源均加上 $10\mu F$ 和 $0.1\mu F$ 的电容滤波，减少电源的波纹成分对芯片工作的影响。

2. 主板上的 RAM、EPROM、EEPROM 芯片所用电源再加一级 $0.1\mu F$ 的电容滤波，这些电容为芯片的工作提供尖峰脉冲和高频脉冲的通道，防止它们对芯片工作的影响。

3. 模拟板上的 A/D 转换器、模拟开关、测量放大器电源部分都加了阻容滤波，减少芯片间的相互影响。

### （二） 地线系统的抗干扰措施

1. 系统模拟地（AG）和数字地（DG）分开。采集系统有模拟部分，也有数示部分。有多个模拟地和数字地分散在系统内，为减少 AG 和 DG 的共地干扰，先将系统所有的模拟地和数字地分别集中接在一起，然后再将模拟地、数字地和电源地线连在一起。

2. 测量放大器的接地处理。若放大器的接地处理不当，放大器的输出会对输入产生干扰。

### （三） 串模干扰的抑制

1. 现场信号线传输采用双绞线或屏蔽双绞线，防止空间干扰。

2. 在 A/D 转换前，模拟芯片都加 RC 低通滤波器，滤去高频干扰及噪声。

3. 设计数字滤波软件，如中值滤波程序、平均值滤波程序，滤掉随机干扰。

### （四）　共模干扰抑制

1. 选用共模抑制比（CMRR）较大的放大电路，变换电路，如差动输入放大器等。

2. 输入与输出加隔离级，例如加光电隔离级，使输入与输出不存在共地，共模干扰自然受到抑制。

# 第二节　农田土壤环境信息系统中信息技术的应用

土壤是地球陆地表面疏松的覆盖层，以具有肥力并能生长植物为其特征。土壤是一种不均一体，而且是一个多相的、多分散的多孔体系。土壤能生长植物，它是农业生产的基础，也是一种基本的生产资料；土壤是工业和交通的基地，又可作为直接的建筑材料。因而，土壤是一种重要的自然资源。土壤和周围环境有着广泛而密切的联系，相互影响，相互制约，处在永不休止的动态平衡之中；土壤圈与水圈、大气圈、岩石圈、生物圈有着不断的物质和能量的交换。土壤科学已有百余年的专门研究历史，但由于土壤自身组成和性质的特殊性和复杂性，以及土壤与周围环境的复杂关系，给土壤学研究带来了许多困难。随着科学技术的进步，土壤学研究也不断深入和拓展。近代计算机技术的发展，有力地推动了土壤学研究向前发展，计算机在土壤学的应用也不断推广。

## 一、土壤的组成和物理化学的性质

### （一）　土壤的组成

尽管土壤的形态、组成、性质和状况千变万化，就总体而言，土壤是由固相、液相和气相三相物质组成的。

固相物质包括矿物质和有机质两部分。矿物质是由岩石和矿物风化而成，土壤矿质颗粒有粗有细，不同粗细颗粒的配合决定了土壤质地的砂粘。有机质主要是由植物残体转化而成，它不但单独存在，而且往往和矿物质结合成有机-无机复合体。这些固相物质的排列，决定了土壤的孔隙状况——孔隙大小、形状和连续性，而这些孔隙是土壤液相和气相保存的处所与运行的通道。

液相物质就是土壤溶液。进入到土壤孔隙中的水分，不断和周围的固相物质起作用，形成了稀浓不等的溶液，它不但是植物水分的给源，而且也是养分和其他可溶性物质运输的载体。土壤失去了水分，也就失去了支持生命的能力。

气相物质就是土壤空气，它与液相都存在于土壤孔隙中，互为消长。一般情况下，土壤空气是与大气相连通的，它比后者含有较多的二氧化碳和较少的氧气，多数是在水汽饱和状态。随着温度的变化和分压的差异，土壤空气与大气进行着气体交换，一般称之为土壤呼吸。

土壤的形态是各种物质的组成、成分、性质和状态的综合反映。岩石、矿物风化而成的土壤母质，在各种成土因素的综合作用下，形成了土壤，本来上下大致相同的风化产物，便逐渐分化出各种各样的层次来。一般，上层土壤在以植物为主的生物作用下和耕种、施肥的农业措施影响下，颜色较深而且比较疏松；下层土壤由于受植物根系和农业措施的影响较少，而受重力作用的影响较大，因此比较紧实，往往淀积了从上层淋溶下来的物质。所以可以把土壤剖面粗略地划分为表土层（淋溶层）、心土层（淀积层）和底土层（母质层）。实际上，在错综复杂的自然因素和人为因素影响下，有些层次可以进一步分化或缺失，例如森林覆盖的土壤，在表土层上面还可以有一层半腐解残落物层和新鲜残落物层；在水土流失严重的黄土地、黑土地和红土地，往往由于表土被冲刷而露出心土层。

### （二）土壤的物理与化学特性

土壤有其特有的物理与化学性质。土壤质地是土壤的基本性质之一，它表征土壤颗粒的大小及其组成比例，而土壤颗粒的排列和组织及其表现出的某些特性是土壤结构。土壤质地和土壤结构是土壤的两个很重要的物理性质，对一特定地区的土壤，一经形成，该土壤的这两个性质就很难改变。土壤质地和土壤结构决定了土壤的孔隙状况，使土壤具有特定的水分物理性质，包括持水性、导水性等，在土壤孔隙中的水和空气，不仅影响土壤的通气性，也使土壤表现出特有的热性质。

前文已提到，土壤借以区分其他自然体的本质特征乃是具有肥力。所谓肥力就是指土壤给作物提供并协调一些作物生长所需的物质和条件的性能，这些物质和条件包括扎根条件、水分、养分、空气、温度和土壤本身没有毒害物质等六项。由此可见，土壤肥力涉及土壤的各种物理学、化学、生物学和机械的性质。这些性质彼此关联，如土壤水分制约着土壤空气和土壤温度的情况，这些又影响到微生物的活性，而后者则直接对养分的释放和毒害物质的有无产生影响，等等。

在谈到各种性质时，其实都离不开物质本身，因此肥力的综合表现必然和土中固、气、液三相物质密切相关。在土壤物质组成中，液体和气体变化很大，很不稳定，固相物质是相当稳定的，但最不活泼，而胶体是比较稳定而性质又活泼的物质。因此土壤里胶体物质的种类、数量、性质和状态对土壤其他组成部分及其性质的影响很大。换言之，土壤胶体对土壤各种性质的影响最大。

　　一般所说的胶体是指作为分散相的细小颗粒，其直径的上限是 $0.1\mu m$，下限为 $0.001\mu m$，而小于 $0.001\mu m$ 属溶液的范围。也就是胶体颗粒比溶液大，但比晶体小。胶体的性质是随粒径的变小而逐渐显现的，所以这一大小的界限不是绝对的，主要根据胶体性质表现情况而定，如光学性质、电学性质等。土壤胶体的大小范围就有所不同，一般将其上限规定为 $0.001mm$，即 $1\mu m$，这就比一般胶体上限大 10 倍，这是由于这样大小的土粒已表现出明显的胶体性质的缘故。

　　吸附性又称吸收性，是土壤的相当重要的基本性质，它不但直接影响土壤的化学性质，而且对土壤的物理学性质和生物学性质也有很大的影响，可以说它对土壤性状是有全面影响的。吸附性也是最能表征胶体特征的性质，土壤胶体之所以相当重要，也正是由于它所表现的吸附性的缘故。土壤的吸收性就是土壤能吸收并保持一些物质的性质，它主要是吸收（附）并保持溶液或气体中的离子、分子以至一些悬浮物质。按吸附的方式和动力的性质，即按吸附的机理将土壤吸附分为五种类型：机械吸附、物理吸附、化学吸收、物理化学吸附（又称交换吸附）和生物吸收。

　　由于土壤胶体和土壤吸附性的存在，以及一些交换性吸附离子的存在，交换性阴阳离子对土壤性状的影响不仅限于化学性质，它对土壤的物理状况，甚至于间接地对微生物的活动也有很大的作用。离子的交换吸附对土壤养分的供给和储存有直接影响，对土壤酸碱性有直接贡献和缓冲作用，因而对土壤盐化度有直接影响，对土壤中对植物生长有毒害作用的物质也具有缓冲作用。

## 二、土壤信息的采集方法

　　土壤信息主要是表征土壤状况和性质的一系列参数，包括土壤质地、结构、有机质含量等，对一特定土壤而言，这些都是基本固定不变的参数，一般不必多次测定。而诸如土壤含水量、含盐量以及土壤养分含量等，则是随时间变化的，所以这些信息的采集必须是动态的，需多次测定。土壤信息的内容及其采集方法多种多样，在此仅就土壤水盐监测的 TDR 法和土壤养分的连续流动进行详细探讨。

### （一）　土壤水盐含量的电磁监测：TDR 法

**1. TDR 法的发展与特点**

　　时域反射仪法（Time Domain Reflectometry，TDR）是 20 世纪 80 年代初发展起来的一种测定方法，它首先用于土壤含水量的测定，继而又用于测定土壤含盐量。TDR 法在国外已较普遍使用，在国内也有些研究机构开始引进和开发。

长期以来，许多研究者试图开发一种测定土壤水含量的电容法，因为人们发现置于土壤中两导体的电容决定于土壤含水量，这是由土壤三相物质的介电常数决定的，一般自由水的介电常数为 80.36（20C），土粒的介电常数约为 5，而空气的介电常数为 1。但电容法不成功的主要原因在于土壤本身具有一定的导电性，所测定的电容除受土壤含水量的影响外，还取决于土壤的电导（电导受土壤溶液的影响）。

TDR 系统类似一个短波雷达系统，可以直接、快速、方便、可靠地监测土壤水盐状况，与其他测定方法相比，TDR 具有较强的独立性，测定结果几乎与土壤类型、密度、温度等无关。另外，将 TDR 技术应用于结冰条件下土壤水分状况的测定，并得到了满意的结果，而用其他测定方法则是比较困难的。TDR 另一个特点是可同时监测土壤水盐含量，在同一地点同时测定，测定结果具有一致性，二者测定是完全独立的，互不影响。

**2. TDR 系统的设计**

时域反射仪基于电磁测量原理，图 9-4[①] 为 TDR 系统原理框图，其主要部件及工作原理如下：

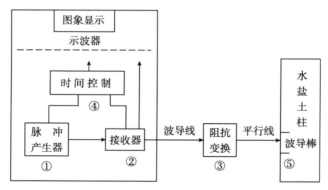

图 9-4　TDR 系统实验装置示意图

（1）阶跃脉冲信号产生器：输出幅度稳定、频率可调（20MHz～1GHZ）的系列阶跃脉冲。阶跃脉冲信号通过接收器、标准波导线、阻抗匹配器、平行线，进入波导样品容器。由于波导线终端开路，阶跃脉冲被反射，又返回到接收器。

（2）接收器：应用脉冲调制技术，将接收到的高频反射脉冲信号变换为低频脉冲信号，送往示波器显示、测量。

---

①　本节表格引自：白广存．计算机在农业生物环境测控与管理中的应用［M］．北京：清华大学出版社，1998．

（3）示波器：为 TDR 系统的显示器并实现脉冲幅度和脉冲延迟时间的测量。

（4）时间控制电路：输出时标脉冲，控制阶跃脉冲产生器与接收器工作同步，以便在示波器上显示和测量。

（5）波导棒：将其埋入含有水盐的土壤中，土壤作为电磁脉冲的导电介质。波导棒的尺寸应同电磁脉冲的频率相一致，有利于脉冲终端反射。

**3. TDR 监测土壤水盐的原理**

土壤水盐的电磁测定是基于土壤的介电性质。将长度为 $L$ 的波导棒插入土壤介质中，电磁脉冲信号从波导棒的始端传播到终端，由于波导棒终端处于开路状态，脉冲信号受反射又沿波导棒返回到始端。考察脉冲从输入到反射返回的时间以及反射时的脉冲幅度的衰减，即可计算土壤水盐含量。

## （二）　土壤养分的连续流动

土壤养分的测定一般是将土样取回后，称取一部分浸提或消煮，加入有关试剂显色或屏蔽待测组分的影响组分，然后用比色计等检测仪器测定。传统的分析方法是一个一个手动显色和检测，工作效率较低。连续流动分析系统（CONTIFLO）的开发，使浸提样品的检测效率成倍提高。另外，CONT1FLO 系统将样品显色与检测合为一体，本系统由取样器、蠕动泵、反应仓、检测器、记录仪、打印机等 6 台设备依次连接而成。除反应仓和检测器外，各分析线的其他部件都是通用的，这正是该系统的优点。检测仪器可选择光电比色计、火焰光度计、pH 计和原子吸收分光光度计。通用流程如图 9-5 所示。

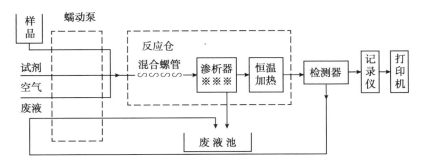

图 9-5　土壤试样自动测试分析流程

系统的氮分析线最具特色，其三通道分析装置能够实现 $NH_4^+-N$，$NO_3^--N$ 和全氮三个项目的同时测定。两个取样器，一个吸取全氮试样，另一个吸取 $NH_4^+-N$ 和 $NO_3^--N$ 试样，由同一蠕动泵分别导入三个不同的反应仓。检定器由三个型号相同、滤色片各异的比色计组成。加上四通道记录仪和打印机等，每小时可完成 60 个样品的 180 项次测定。

在土壤微量元素和 pH 值测定中，可采用直接测量法而省去反应仓，pH 值可以不经记录仪而由打印机直接输出。

### （三） 土壤—作物系统中氮素行为的模拟

土壤—作物系统中氮素行为主要包括土壤氮素转化和运动以及作物根系吸收等。对其定量研究可以为制定和评价最佳农业管理技术措施（灌水、施肥等）服务，以保证既获得较高的农作物产量和较好的品质，又不至于造成很大的土壤氮素损失而污染环境，使现代农业得以持续发展。

对土壤—作物系统中氮素行为的研究，传统的方法多采用物质平衡估算。在 20 世纪 70 年代以后，在国外大量出现了以定点观测为基础，建立数学模型，并进行计算机模拟的研究方法。这一方法应用于研究氮素行为，既可包括土壤—作物系统中氮素的主要过程，又可以反映出各过程之间相互作用的关系。

**1. 模拟的目的和方法**

在土壤—作物的系统中，氮素的行为多为动态化，涉及很多相互作用，例如土壤氮素转化、运移与作物的吸收等。如此一来，为了研究系统中氮素的行为，就需要收集土壤、氮素转化等多方面的资料，综合研究。如此一来，最有效的处理方法之一就是通过建立数学模型，运用计算机模拟，加以研究。

建立数学模型和模拟模型有着相当广泛的目的和意义。一方面模型可以最大程度地反映整个系统中的过程变化与总体结果呈现，既可以用来验证已有的概念或者新的假说，也可以通过定量评价，预测实验现象与结果，还可以帮助研究者深入理解问题，设计相关实验，以此帮助研究者获得最佳技术措施或指导。

模型模拟的首要步骤就是选择和建立适当的数学模型，即运用数学模型来描述一个物理的，乃至整个系统的过程，然后将之转建成计算机计算的公式，变为程序设计。调试计算机程序后，再校准模型，使模型系数与参数相互协调，从而更好地获得符合实际观测值的计算结果。而模型建立后的实测数据经过验证后，可以继续优化，通过一系列独立的试验和数据，达成模型建造者不同的研究目的。

**2. 模型分类**

土壤—作物系统中的氮素行为，主要包括土壤氮素的运移、转化以及作物根系吸收。土壤氮素运移属于土壤溶质运移范畴，其定量化研究主要依据土壤溶质运移的基本原理和模型。土壤氮素转化和作物吸收，正是土壤氮素运移区别于一般土壤溶质运移的特殊性，它们分别作用于土壤氮素运移中的源汇项中，因此，现有的氮素模型中，主要依据其选用的土壤溶质运移模型来划分其类别。

当前应用的土壤溶质运移模型很多，基本上可分为两大类：一是确定性模型，它假设一个系统或过程的运行中，存在明显的因果关系，一系列事件的发生将导致唯一的、限定的输出。它忽略了真实系统必然会遇到的某些不确定因素。确定性模型又可分为机理的和函数的两类模型。二是随机性模型，它认为每个真实系统必然会遇到某种不确定因素的影响，如土壤的变异性等必然会导致土壤水和溶质运移的不确定结果，因此，随机性模型先假设系统输出是不肯定的，研究系统输出的概率。它又可分为机理的和非机理的（如随机传输函数模型）两类模型。不同类型的模型中，依据描述对象所应用的是速率参数或容量参数，分别称为速率模型和容量模型。目前，在土壤氮素运移模拟中，应用较多的仍属确定性的机理模型，部分应用确定性的函数模型。

（1）确定性的机理模型。确定性的机理模型体现了过程的最基本的机理。在氮素运移中，水流应用达西定律，引起的溶质运移则用质流和扩散—弥散方程。该类模型常称为对流弥散模型（CDM），主要为速率模型，受时间驱动，应用速率参数。

（2）确定性函数模型。确定性函数模型对基本原理没有什么要求，对溶质和水流进行了简化处理，因此应用时只需要少量的输入和计算机专门知识。该类模型为容量模型，应用容量参数，受降雨、蒸发或灌溉量的驱动，间接地考虑时间，如每日蒸发量等。

（3）随机模型。由于土壤和作物参数的变异性，确定性模型往往不能很好地预测土壤—作物系统中的氮素行为，有些研究者借鉴工程物理学中的系统辨识方法，提出了描述土壤溶质运移的随机模型。就目前的研究来看，随机模型的应用有两种形式：一是与确定性模型结合，估算或拟合有关参数；二是整个模型完全是随机的，只考虑土壤溶质的输入来估算其随机输出。

（4）几类模型的比较。在目前的土壤—作物系统氮素模型中，确定性模型应用较多，而随机模型应用尚少。比较而言，确定性模型需要的输入参数较多，考虑的土壤氮素的过程也较多，因而建立该模型比较困难。就确定性模型中的机理模型和函数模型比较，前者考虑了系统中有关氮素过程的机理，所需参数更多一些；而后者不强调有关过程的机理，所需参数较少一些。与确定性模型相比较，随机模型则更容易建立，它不考虑溶质在土体内众多的物理、化学、物理化学和生物学等作用和过程，以及过程之间的相互作用，仅考虑溶质在土体中的输入及其随机输出。但完全的随机模型中的参数不具备明显的物理意义或解释。

就各模型模拟的精度而言，确定性机理模型和确定性函数模型对土壤氮素淋洗的模拟精度无明显的差异，但机理模型能有效地估算有关氮素过程的动态，函数模型则偏重过程的结果。有些研究者比较了确定性模型和随机模型的模拟效果，结果表明在不同的条件下，二者的模拟精度会有所不同。

**3. 所选模拟模型的原理**

模拟的主要依据是土壤溶质运移原理。本模型以土壤无机氮（$NH_4^+$-N 和 $NO_3^-$-N）为模拟对象，视其为土壤溶质，根据对流—弥散基本方程，用动力学模型描述土壤无机氮的运移。土壤中其他氮素形态则依各种转化作用考虑在基本方程的源汇项中。将作物根系吸收也考虑在土壤无机氮运移的源汇项中，从而构成了一个较完整的土壤—作物系统中氮素行为的模拟模型。由于土壤氮素行为与土壤水分状况密切相关，同时有关转化参数受温度的影响较大，所以，在土壤氮素模拟中，同时需要模拟土壤水分的运移和土壤温度状况。土壤水热模拟分别选择土壤水动力学模型和土壤热动力学模型。

**4. 模型的输入和输出**

依据选取的上下边界条件的不同，模型的输入参数会有差异，但一般的模型应有如下输入项：第一，试验地土壤基础资料（土壤水分特征曲线、饱和非饱和导水率、土壤比热容和热导率等）；第二，初始条件（土壤剖面含水量、$NH_4^+$-N 和 $NO_3^-$-N 含量、土壤温度）；第三，气象资料（模拟时段内逐日降雨量、日照时数、相对湿度、平均风速等）；第四，田间管理措施（灌水量、施肥量以及时间）；第五，模拟时段内作物田间调查资料（作物株高、叶面积指数、覆盖度以及根系在土壤剖面上的分布）；第六，模拟时段内植株养分分析资料；第七，土壤氮素转化的有关参数以及土壤 $NH_4^+$-N 和 $NO_3^-$-N 的扩散—弥散参数。

模型的输出项基本包括五项：第一，模拟时段内逐日潜在蒸发、蒸腾和实际蒸发、蒸腾；第二，模拟时段内逐日土壤剖面含水量及 $NH_4^+$-N 和 $NO_3^-$-N 含量；第三，模拟时段内土壤氮素转化结果；第四，土壤剖面各层作物根系吸氮量；第五，土壤剖面下边界水通量和无机氮通量。

# 第三节　农田植物电生理信息系统中信息技术的应用

植物在生命活动的过程中不断产生电的现象。电现象是植物进行正常生理活动的反应，一定的生理过程对应着一定的电反应。运用计算机数据采集与处理技术，实时地采集植物体内的电信息和电特性的变化，进而判断植物的生理活动是否处于正常状态，推测植物的生长发育是否受到外界环境的胁迫。以下探讨植物生理电现象、植物电生理信息采集与处理系统的硬件组成、软件设计及其在植物生理研究中的应用。

## 一、植物生理电现象及其研究

生物的器官、组织和细胞，在生命活动的过程中不断产生电的变化，如植物进行光合作用时，会产生代谢电位变化，且在一定范围内，电位差的大小与光照强度成正比。植物细胞膜受到损伤，损伤处的细胞液外流，正常部位与损伤部位之间呈现损伤电位等。

生物为了适应多变的外界环境，普遍存在着对外界刺激产生感应的现象。在生物体对外界刺激产生感应的过程中，也常常伴随有电位的变化。植物受到伤害性刺激，如压伤、烧伤等，将引起变异电位的传递。变异电位是一个峰值较低，持续时间较长的起伏不定的高原状电位波。它的传递速度较慢（1mm/s～30mm/s），但可以在全身传递。植物受到非伤害性刺激，如电刺激、光刺激等，则在植物体内产生动作电位。动作电位是一个峰值较高，持续时间较短的脉冲波，它的传递速度较快（10mm/s～150mm/s），但传递的距离较近，常局限于一定的范围内，如在一个叶片中。

虽然一般把植物中电波的传递，依照刺激的类型分为变异电位和动作电位。但在实际中发现，伤害性的热击刺激所引起的电波传递，常常是动作电位和变异电位组成的复合电波。在有些情况下，伤害性刺激还可以引发典型的动作电位，这种电波反应的差异，是由植物的兴奋性差异所造成的。

植物体受到外界的刺激，体内产生电波的传递，成为植物体对外刺激反应的最初信使。采集、处理植物电波信息，可推知植物体在生长过程中是否受到外界因子变化的刺激。

植物体内的电现象，还常常表现植物体电特性（电阻、电容等）的变化。通过生物电特性信息的采集和处理，可以了解植物生理活动的变化。电特性的研究还有助于了解植物体内电的产生和传播过程。

一定的生理活动对应着一定的电反应，分析生理电信息，可以推知植物的生理活动是否处于正常状态，可用于植物的诊断。以多种形式的能量，如电能、热能、机械能等刺激植物体，采集、处理、分析植物体内发生的电现象和电特性的变化，探讨电反应对植物体生理效应的调节作用，是植物电生理研究的主要内容。

生物电极通常是金属丝，或面积为几平方厘米的金属片、银、不锈钢等把电极安放在待测部位，将生物体内的电信息引导出来，以便记录。

生物电放大器，是具有高输入阻抗（75MD～100MD）、高增益（10～100）的低频放大器。为了获得高的共模抑制比，常接成差动式，采用高稳定度的供电电源。

记录仪，一般为多路自动电位记录仪，可同时记录多部位生物电的变化，以进行相关分析。

植物电生理信息采集处理系统是在计算机硬件和计算机软件基础上发展起来的，由于它功能强，操作方便，在生物学、生理学、仿生学、医学等领域得到应用。

## 二、植物电生理信息采集与处理系统的构成与功能

植物电生理信息采集处理系统是一个计算机应用系统，它具有计算机的结构和计算机的操作方式，它由计算机系统硬件、计算机应用软件、信息采集器、输入输出接口以及植物根冠培育箱等部分构成。系统既具有测试仪器转换、测试功能，又具有计算机自动采集、图形处理和显示输出。

### （一）植物电生理信息的采集系统

#### 1. 植物电位信息的采集

植物体受到外界的刺激，体内会产生电位的变化。采集、处理植物的电位信息，可以研究植物在生长、发育过程中是否受到外界环境因子变化的刺激以及产生的生理效应。为方便研究植物不同植株、不同部位电位的变化，系统设置 4～8 个电位通道。植物生理电信号是一个变化缓慢的弱信号，信号幅值范围一般为 0～200mV。生理电信号经生物微电极引导，送入信号调理系统进行放大，变为 0～±5000mV 的电压信号，再由 A/D 转换器变为数字化信号由计算机采集处理。采集速度设置为 30Hz～5000Hz。

#### 2. 植物电阻信息的采集

植物体近于导体，具有电阻、电容特性。植物体电阻的变化与植物体内的含水量和进行的生理活动有关。采集植物生理电阻信息，可以研究植物体内物质运输、水分传导、信息传递以及生理活动是否处于正常状态。电阻采集一般设置 4～8 个通道，以监测植物体不同部位体电阻的变化。植物体电阻的变化范围一般为 300kΩ～10MΩ，采用恒流源技术，将微安级的电流信号通过生物微电极加在植物体的不同部位，监测体电阻的变化。采集的信号同样经信号调理和数字化处理，由计算机采集、处理。

#### 3. 植物生理信息的采集

植物生理信息的采集设置 2～4 个通道，以便研究电波传递对生理活动的调节作用。比如植物单叶光合信息的采集。植物光合速率是以单位时间内单位叶面积所吸收的 $CO_2$ 的量来表示的。采用红外线气体分析传感器，检测叶室内 $CO_2$ 浓度的变化，实现植物光合信息的采集。红外传感器的采集范围设计为 0～1000ppm，误差为 ±3%。

**4. 植物蒸腾信息的采集**

植物叶面的蒸腾速率，一般以每小时每平方分米叶面蒸腾失水的克数表示。选择微重量电子传感器，检测植物叶片蒸腾量的变化，实现蒸腾信息的采集。微质量传感器的检测范围 $0\sim500g$，误差为 $\pm0.5‰$。

**5. 生物环境信息的采集**

生物环境信息的采集设置 $4\sim6$ 个通道，以便研究植物生理功能与环境因子变化的相关关系，探讨植物对环境变化的适应性。采用集成半导体温度传感器（AD 590）采集环境温度的变化，检测范围（$0\sim50℃$），误差为 $\pm0.5℃$；选择干湿球法测定环境相对湿度的变化，测定范围为 $0\sim100\%RH$，误差为 $\pm2.5\%$；选择光量子传感器检测环境生理有效辐射的变化，检测范围为 $0\sim2927E/$（$m·s$），误差为 $\pm5\%$；采用红外线气体分析传感器检测环境 $CO_2$ 浓度的变化，检测范围为 $0\sim1000ppm$，误差为 $\pm3\%$；被测植物和各种传感器都放入冠根培养箱内，箱内的温度、光照、湿度可以自动调控。

**（二）　电生理信号的调理系统**

信号的调理是植物电生理信息提取的关键。没有来自传感器的各种原始信号的采集与调理，就难以从信息的载体——信号中提取特定的生理信息。信号调理系统主要由放大器、滤波器和隔离保护部分组成。

**1. 信号放大器**

放大器把输入信号放大到 A/D 模数转换所需的电压（$\pm5V$）范围。传感器输出的信号多为微伏级或毫伏级，但进行数字化处理的 A/D 转换器多数工作在伏特级，这就需要采用放大器，来提高 A/D 转换的灵敏度。放大器把输入较小的信号放大后，再送入 A/D 转换器，使 A/D 的最小量化电压值可以减小 1 个等于放大器增益的倍数，使 A/D 转换器能检测到更小的输入电压。

**2. 干扰抑制**

串模干扰是串联于信号源回路之中的干扰。串模干扰主要是通过分布电容的静电耦合、长线传输的互感、工频电源以及空间电磁场的耦合引入的。串模干扰的抑制一般较为困难，采用滤波器是抑制串模干扰最常用的方法。根据串模干扰的频率与被检测信号的频率特性，选用具有低通、高通、带通等传输特性的滤波器。其中 C 和 RC 等无源元件构成的滤波器是常用的。生物信号多为低频信号，系统采用 C 或 RC 低通滤波器，来抑制工频干扰和外界的电磁耦合干扰。

**3. 隔离保护**

隔离保护主要用于保护输入系统不受任何输入信号可能携带的共模高压的冲击损坏。共模干扰是系统测量误差的重要来源，也常使输入电路受到共模高压冲击的危险。共模电压主要来自传感器的测量电压、传感器与测量系统间的地电压以及感应耦合。共模电压的叠加值可以高达几十伏或上百伏，常对输入电路构成威胁。系统采用光电隔离措施抑制共模电压。光电耦合器是由发光二极管和光敏三极管组合封装构成的。发光二极管两端为信号输入端，光敏三极管的集电极和发射极分别作为光电耦合器的输出端。发光二极管的工作受信号电压的控制，有信号到来时，二极管发光并通过光耦合驱动光敏三极管工作，输出信号。

光电耦合级靠光耦合传送信号，切断了电路部件间的电耦合，如地线静电耦合等，能较好地抑制共模干扰。

### （三） 采集系统的输入输出接口

采集系统采用功能接口板结构，将主机与采集电路、输入设备、输出设备连结起来。这相当于将系统硬件的功能交给用户去实施，增加了应用的灵活性。

系统选用通用的 PC-1232K 系列 AD/DA 转换接口板，实现 32 路采集、AD/DA 转换以及数据通信。

PC-1232K 系列是与 IBM-PC/AT/386 及兼容机总线配用的通用 AD/DA 转换板。它由 A/D 转换器、D/A 转换器、多路器、定时/计数器以及数字量 I/O 等几部分组成。

A/D 转换器的分辨率为 12 位，32 路单端输入，转换时间为 $35\mu s$，输入量程±5V，I/O 频率为 25kHz。D/A 转换器的分辨率为 12 位，1 路输出，输出量程±5V。数字量 I/O，通道为 TTL 电平，配上数字信号控制器，1 个简单的数字输出信号就可以控制带有高压的风扇、加热器或步进电机。PC-1232K 多功能板安装调整方便。安装前应根据需要将板上短路块设置好，然后关掉主机电源，打开机箱，将 PC-1232K 板插入主机空余的扩展槽中，拧紧固定螺钉即可打开主机电源进行检测与调整。运行 1232K.EXE 检测程序，即可调整 A/D 和 D/A 转换器的满度量程和零点偏移。

外部设备驱动接口板。由系统机配置包括显示器接口、打印机接口、鼠标器接口、键盘接口等，以实现系统的输入、控制、打印和图形显示。

## 三、植物电生理信息采集与处理系统应用软件的设计

应用软件的设计有很强的专业性，宜采取边开发边应用，逐步完善的开发方法。

### （一） 单项采集处理应用软件设计

传统的植物生理研究方法，多以单项测试研究为主。为方便专业人员的应

用，应用软件的设计，先从单项研究入手，例如，可以分别开发植物生理电位、植物光合、植物蒸腾等单项采集处理软件。同传统的采集方法相比较，具有实时采集、数据处理、图形显示、数据存储、操作方便等特点，显示了计算机数据采集处理系统的特点和优势。但植物生理学是研究植物生命活动的科学，包括植物体内的物质运输、能量转化和形态的建成，带有很强的综合性，进一步拓宽植物生理学的研究领域和研究方法，需要进一步开发综合采集处理软件。

### （二）　综合采集处理应用软件设计

综合采集处理应用软件是集各单项采集处理于一体，分时采集各种植物电生理信息，如植物电位、植物体电阻、光合作用、蒸腾作用以及温度、湿度、光照、$CO_2$ 浓度等环境因子，为植物生理学的综合研究和相关研究提供方便。

### （三）　图形处理软件的设计

植物处于土壤—植物—大气连续的系统中，采集的各种信息是在复杂的背景下获得的。大环境中的高频电磁干扰、高频噪声、热噪声、工频干扰会寄生于电信号中，故计算机显示的信息图形常常叠加有噪声，产生图形畸变或超限显示等，这由图形处理软件来调整。

傅里叶变换处理软件是应用图形的时域-频域变换特性，来抑制信号中低频或高频的分量，减弱或消除高频、低频干扰，显示特定的生理信息。

## 四、采集处理系统在植物生理学研究中的主要应用

### （一）　电波传递对生理功能的调节

外界的各种刺激（光、热、电、冷、化学物质等），都可以引起植物体内电波的传递并导致植物体不同生理功能的变化，如光合作用增强、蒸腾作用减弱、生长受到抑制等。应用系统实时地采集植物体内的电波传递，同时监测植物光合作用、呼吸作用、蒸腾作用的变化，可以探讨不同电波传递对不同作物、不同生理功能的调节作用。

### （二）　蒸腾量与蒸腾速率的测定

蒸腾作用是植物水分代谢的重要环节，从根系吸收的水分95％以上是通过植物蒸腾作用散失的。蒸腾作用所产生的蒸腾拉力，也是植物吸收水分与传导水分的主要动力。应用系统实时地采集植物蒸腾和蒸腾速率的变化，同时监测环境因子的变化，可以测定植物在一段时间内的生理蒸腾量和蒸腾速率。

### （三） 光合作用与呼吸作用的测定

作物干物质 90％以上是由光合作用生产的有机物质组成的。改善作物的光合性能可以有效地提高作物产量，应用系统实时采集植物光合信息并监测环境因子的变化，可以测定不同植物在不同条件下的光合作用。另外，系统利用植物体内的物质运输和水分的传导引起的植物体电阻的变化，可以研究水分、养分在植物体内的传导速率，研究外界环境因子的变化对植物生理活动的影响等。

采集处理系统为植物生理学的研究提供了新的方法和手段，拓宽了植物生理学的研究领域。

# 第四节　农田环境生物信息系统中信息技术的应用

## 一、农田环境生物系统的概述

### （一） 农田环境生物系统的内涵

现代农业从本质上讲，就是将现代科学技术的新方法、新技术应用于农业生产活动，改变传统的农业生产方式，实现农业生产的"高产、优质、高效"目标。现代科学技术的发展计算机在农田环境生物信息采集与处理系统中的应用，使农田这个复杂的系统由"人与自然"的系统向"人工系统"发展。

信息检测就是将被检测对象的某种化学、物理或物化性质负载到某种具有能量形式的载体上，如光、电、热、声、磁等，这些物理量被称为信号。信息检测所依据的性质特征和数量特征分别由信号的性质参数和数量参数来表征。模拟信号经过 A/D 转换，转变为计算机所能识别的数字信号，才能用计算机进行信息处理。

每种信息都代表特定的物理或化学性质，认识和了解每种信息所代表的物理或化学性质，研究采用何种物理量搭载信息，就是研究使用什么信息检测仪器进行信息检测。由于农田环境生物信息的复杂性，必须使用不同类型的信息检测仪器，才能满足农田环境生物信息采集的需要。

由于所采集的信息有一部分来源于复杂的农田非生物环境，即信息中具有很强的复杂的背景，使生物信息变成了弱信息，给提取这些信息带来了一定的困难，必须采用弱信息提取与恢复技术，使弱信息变强。为满足活体、整体和动态测定的要求，采集到的生物信息往往是多种组分信息的叠加，如何分离、利用这些多组分的信息，达到快速、准确测试的目的，又必须应用多组分信息分离技术。

农田环境生物的宏观信息，如形态结构的信息，在传统的信息采集中往往根据人们的直觉感观或模拟图像处理的方法处理，不仅准确性低，而且达不到快速测定的要求。还有一些复杂的形态结构信息很难由人们的直觉感观获得，计算机图像处理技术的发展及其在农业中的应用，使信息采集与处理技术的领域进一步扩大，信息采集的准确度、精确度、灵活性都有很大的提高，我们在下面将讨论如何充分利用计算机图像处理技术进行农田环境生物信息采集。

农田环境生物信息采集与处理的基础工作已经有了很大的进步，作为整个系统研究，国外在这方面已经初具规模，但从功能上还有待进一步完善，在我国还刚刚开始。随着基础工作的不断进步，计算机技术的不断完善，我们可以通过该系统动态地、实时地获取农田环境生物信息，揭示作物生产系统更深层次的奥秘及其内在规律性，形成高技术的作物生产体系，科学地指导农业生产。

由于农田环境生物信息的复杂性，如农作物生理功能的信息、形态结构的信息等，所以要获得各种生物信息就要求使用不同的信息检测硬件（仪器），要从这些采集到的复杂信息中提取我们所需要的多元信息和弱信息，要求根据实际情况有各种各样的信息处理软件与之相适应。这些软件可以存放在不同的软件包中以便调用。生物信息来自不同的检测硬件仪器，因此计算机还要求通过接口与许多信息检测的硬件仪器相连接。该系统的运行所需要的多方面的知识还需要不同方面的专家协同工作才能完成。

由此看来，农田环境生物信息采集与处理系统是复杂的系统工程。该系统的应用，将及时、高效地采集与处理农田环境生物信息，应用于农业生产的决策和控制。近些年来出现了一些科研上用的光合作用测定仪、地面光谱测定仪，这些仪器的出现，为农田环境生物信息采集与处理系统的完善和发展奠定了良好的基础，但这些仪器采集的信息还不能直接与计算机联机，最终还要带回到室内进行处理。如将这些仪器进一步缩小体积，并与计算机通过接口连接，将其直接安装在大田中，即可成为农田生物信息自动采集系统的一部分。

## （二）　农田环境生物系统的结构

农田环境生物系统是高度综合又非常复杂的系统，农田环境生物系统中的各个因素之间都是相互依赖和相互利用的，各个因素之间构成一个统一的整体。在农田生物系统中，一种环境因素的变化可能造成整体的变化，例如，在农田生物环境系统中，作物的病、虫害发生不仅仅决定于病菌的传布和昆虫的繁衍，而且还决定于作物的生长势、生育期阶段、群体结构的空间分布状况等，这些状况的改变又可以通过肥、水调节和其他栽培措施加以控制。如作物田间密度的改变，即可造成田间通风、透光以及其他农田小气候环境的变化，从而造成农田病虫害的类型、强度、发生时间等各种变化，因此，及时掌握和了解农田环境生物的信息是非常重要的。

现代农业高产、高效与优质的目标主要决定于提供产量的作物群体的功能以及农田非生物环境；而作物群体的功能决定于农田作物的群体与个体的结构特征（与作物的遗传特征和农业措施有关），也与农田非生物环境的特征有关。

农田作物的结构分成地上与地下两部分：地下部分主要是根系，作物通过根系将植株固定，并在土壤中吸收养分与水分；地上部分主要是茎叶，作物借助其中的色素将太阳能固定为化学能，形成生物产量，再通过作物体内的各种调控过程，形成经济产量。农田非生物环境也分为地上部（农田小气候）与地下部（土壤）。

农业措施主要通过影响农田作物的结构，进而控制农田作物的功能。此外，农业措施还对生态环境产生各种影响，如农田污染。因此农业生产实现"两高一优"（高产、高效、优质）、保护生态环境目标的关键是实施准确与恰当的农业措施。

### （三） 农田环境生物系统的主要信息

农业措施的正确决策来自对农田环境生物系统的功能、结构和环境特征的了解，也就是这些信息的采集、分析和利用。这就是研究农田环境生物信息的重要所在。

农田环境生物系统的信息主要有以下方面：

#### 1. 农田作物生理功能的信息

作物群体与个体的生理功能直接决定了农田作物的生物产量与经济产量。作物地上部分的生理功能主要包括光合速率、光能利用率、呼吸强度和叶片的蒸腾作用等。由于光能在植物群体内有时间、空间分布的特征，而且不同叶位的叶片在不同的时间具有不同的功能，对作物产量、品质有不同的作用，因此作物地上部分生理功能的时间、空间分布特征是决定农业措施的重要依据。

作物根系决定了养分吸收、运输和转化状况以及对土壤水分的吸收状况。由于根系分为根毛区等不同区域，它们的生理活性不同，因此作物根系生理功能的时间、空间分布特征也是决定农业措施的重要依据。

农作物生理功能的信息需要用各种特殊的仪器或传感器来取得，其时间、空间分布则要用多传感器技术。

#### 2. 农田作物结构信息

作物的结构对生理功能起着主要的决定作用。一般包括微观与宏观两种。微观结构五种主要表现为：生物组织中大量元素与微量元素的构成，以及部分有机成分，例如蛋白质、碳水化合物、脂肪类等，包含色素、激素在内的生长调节剂等不同的成分与含量。生物组织的微观结构与成分可以用光谱分析、色谱分析等仪器分析方法测量。

宏观结构在生物组织上呈现出不同的层次，与产量有着最直接关系的则是作物群体与个体的结构。地上部分的结构涵盖着作物生长不同阶段的状况，如生长速度、群体的田间基本苗数，以及覆盖率或植株高度等，加上单株作物的整体形态特征，类似叶片的长宽、面积与伸展状况等，如此传统的农田参数可以运用叶面积的时间与空间分布、叶片与主茎的夹角、叶片的形态特征以及叶绿素的空间分布等加以表示。

地下部分结构特征包括根的生长速度和长度、作物根系在土壤中的分布状况，这些都是确定农业措施需要了解的基本数据。农作物形态结构信息属于宏观的信息，常规的仪器分析技术因为难以取得组分的空间分布信息，应用受到限制。可以用光谱分析结合计算机图形、图像处理技术来取得农作物形态结构的信息。

### 3. 农田作物病虫、杂草、鼠害相关生物信息

农田作物病虫害的整体状况，包括病虫害的发生流行以及危害程度与原因，杂草对农作物生产的威胁等信息，成为农田植保工作强有力的数据支撑。环境生物的信息通过化学与物理的传感器获得，同时，近年来不断发展的计算机图形与图像处理技术，也可以采集病虫信息。目前为止，病虫害的防治仍需要采用化学方法，但受到环境污染的影响，类似的化学措施，在使用过程中要更加谨慎，因此还需要利用如电磁波等物理方法，研究防治病虫的新方法。农田作物的生物信息也应该归属为宏观信息，因为可以利用计算机图形与图像处理技术来加以采集。

### （四）　农田环境生物信息的特性

农田环境生物信息不同于一般单纯的自然系统，具有自身的特点与研究方法，主要有以下方面：

### 1. 农田环境生物信息的层次性

农田作物由于物种不同，生长状况不同，群体与个体结构形态不同，而且同一物种内又有从整体到部分，从宏观到微观的不同层次组成。农田环境生物系统的结构包括微观的结构和宏观的结构。生物微观结构指分子水平的结构，如生物元素、生物无机分子、有机大分子的结构与成分。宏观结构又分成不同的层次：细胞器、细胞、组织、器官、个体直到群体水平的结构。对微观信息的采集主要用光谱、波谱、色谱、质谱等仪器分析的方法；对宏观信息的采集传统的方法主要依靠人的感官的定性描述，而计算机图形、图像学方法可以对

宏观物体的形态特征、纹理特征与灰度特征进行定量描述，这些技术对于农业生产系统的研究具有广阔的发展前景。

**2. 农田环境生物信息的多元性**

农田环境生物系统是复杂系统，因此农田环境生物信息表现出多元性的特点。多元信息的采集需要用多种传感器的协同工作，其分析可以运用化学计量学方法；对多元信息的综合分析可以运用近来发展的"多传感器融合"技术。

**3. 农田环境生物信息属于弱信息**

各种农田环境生物信息包含于复杂的农田环境系统之中，许多非生物因素产生了很强的背景信息，因此农田环境生物信息的另一个特点是弱信息。农田生物信息虽然表现出多元性和弱信息的特点，但是可以利用现代信息技术、仪器分析技术和计算机技术将其从复杂的强背景中分离、提取出来。农业生产需要尽可能多地了解农田环境生物信息，为农业生产者和农业生产决策者提供更可靠的依据。为了获取这些有用的信息，必须对这些信息有所了解，这样才能更好地应用所获得的信息来指导农业生产。

**4. 农田环境生物信息的时、空分布特征**

农田环境生物信息有时间、空间的特征，例如同一叶面系数的两种群体由于叶片的空间分布不同，可能得到完全不同的产量结果，例如"头重脚轻"的分布可能导致倒伏而减产；此外，不同的光照条件下光能在作物群体中垂直分布的不同，导致不同的产量结果；不同生育期对光照、温度、水分有不同的要求，因此要注意农田环境生物信息的动态变化，即时间、空间分布特征。由于生物信息具有时间分布特征，因此对生物信息的采集要注重实时性；又由于生物信息具有空间分布特征，因此对生物信息的采集可以广泛运用计算机图形、图像处理技术。

**5. 农田环境生物系统属于人工系统**

农田环境系统的发展在一定的条件和范围内，受人类各种农业措施的影响，因此这样的系统属于动态变化的自然—人工系统或简称为人工系统。研究这种动态的人工系统的核心问题是实时信息采集、加工、处理、决策和实施。传统农业上述过程主要依靠人，现代农业信息的采集不但依靠人的感官，而且更多地依靠各种传感器与分析仪器采集信息，信息的加工处理可以借助计算机。

## 二、农田环境生物信息采集与处理系统

### （一） 农田环境生物信息采集与处理系统的构成

农田环境生物信息采集与处理系统由硬件和软件两部分构成。

**1. 农田环境生物信息采集与处理系统的硬件部分**

农田环境生物信息采集与处理系统的硬件部分分为以下三种：信息检测系统、信息调理系统与计算机硬件系统。

（1）信息检测系统

①图像传感器。农田的形态结构与长期的农产品生产特性密切相关，通过一系列的农作物形态特征，如行间距、覆盖率等，通过野外安装的摄像机与计算机直接连接，用于采集作物群体与个体的信息，从而模式上地识别病虫害和栽培措施等，辨别杂草种类，获取作物生长发育状态信息，为了确保作物的观察更加立体，可以运用两台摄像机或镜面反射的原理获得作物的三维信息。

②光谱传感器。反射光谱蕴含着丰富的物质结构与其信息的构成。通过对作物群体与个体发射光谱的测定，可以获得作物不同生长阶段的信息与多种物质含量的变化信息；同时也可以测得作物的经济产量和生物产量；作物病虫害的发生规律也可以通过其作物冠丛表面的反射光谱进行观察监测。在田间安装与计算机联机的可见光、近红外光分光装置，可以实现波长在 $0.4\mu m \sim 2.5\mu m$ 范围内连续扫描、定时扫描，基于要求太阳的高度角必须达到一定的高度，在测量时间上还有一定的要求，一般要求在上午 9：00～下午 2：00，可以实现准确地遥测数据采集。

③生理信息传感器。作物的产量与作物的生理活动，如光合作用速率与呼吸速率、田间大气温度、光照条件、光照时数、大气湿度、$CO_2$ 浓度等的变化密切相关，采用近几年研制成的商品生理信息采集系统，可以实现随时观察田间作物的生理信息的变化。

④实验室分析仪器。室内分析仪器按其原理可分为：第一，光谱分析仪器包括紫外可见分光光度计、红外分光光度计、原子吸收分光光度计、荧光分光光度计、原子发射光谱仪、拉曼光谱仪、旋光色散与圆二色性测量仪等。第二，色谱分析仪器包括气相色谱仪、高效液相色谱仪、薄层色谱仪以及分析氨基酸的专用仪器——氨基酸自动分析仪等。第三，电化学分析仪器包括电极电位测定仪和电导测量仪等。另外，还有核磁共振仪、电子自旋共振谱仪和质谱仪等。以上这些仪器都是实验室内检测农业环境生物信息常用的主要仪器，这些仪器都可以与计算机联机，实现分析数据的自动采集与处理。

（2）信号调理系统

农田环境生物信息经过信息检测系统检测后，其信息负载到具有某种能量的模拟量上即为模拟信号。模拟信号被计算机采集以前需进行调理，以提高信噪比。农田环境信息采集系统的信号调理系统包括：滤波器、积分器、调制解调器、锁相放大器和厢车式积分器等。

（3）计算机硬件系统

①接口电路。信息采集仪器可以通过仪器内置式微机的接口电路，将模拟信号转变为数字信号，通过电缆送入计算机并存入计算机中。现在的接口电路都是标准口，可以直接采用。数据经过计算机处理以后，还要通过接口电路送往各个终端以供农业生产者利用来指导生产。

②计算机。计算机是信息采集控制、信息处理的中心部件，因此要求该计算机要有很高的运算速度、很大的内存以及多媒体功能，以满足图形、图像处理等功能的需要。同时，要设计适应多种信息采集的中断和实时控制以及多通道的输入输出控制。

③计算机输出输入设备。计算机输出设备（如显示器、打印机）的主要作用是将计算机的各种信息的处理结果传递给用户，以便用户决策；计算机输入设备（如键盘、图像扫描仪等）可以向计算机输入处理信息的程序和信息，以及各种专家知识和田间暂时还不能采集到而必须由室内工作来完成的信息采集。

**2. 农田环境生物信息采集与处理系统的软件部分**

农田环境生物信息采集与处理系统通过信息检测系统检测到的各种信息，经过 A/D 转换成能被计算机识别的数字信号，并以文件的形式储存到计算机的存储设备中。这些信息既有作物生理功能的信息，也有作物形态结构的信息和其他农田环境信息。由于农田环境的复杂性，所采集的信息拥有复杂的背景，要提取所必需的信息，需要充分发挥计算机的软件功能来实现对各种有用信息的处理和提取。农田环境生物信息采集与处理系统的软件根据其功能可以分为以下方面：

（1）信息预处理软件。由于信息采集系统所获得的信息中包含着各种复杂的背景，严重降低了信噪比，为信息的提取和利用带来了困难，所以必须对原始数据进行预处理。常见的波谱信息数据预处理方法有：数据平滑法、图谱叠加平均法、厢车式平均法、傅里叶变换滤波法、小波变换等。根据以上方法编制的软件对于原始图谱中的高频随机噪声的去除或降低都有明显的作用。这些软件可以结合起来使用，降低噪声的效果会更加明显。导数法和小波变换可以消除原始图谱中的慢变背景，但导数法也会增大高频噪声，因此导数法必须与其他方法结合起来使用。

对于图形、图像信息，进行预处理的软件，可以根据对比度增强法、非线性灰度变换法和直方图平坦化法编制。应用移动平均法、中值滤波法编制的软件可以消除或降低图像中的随机噪声；通过对位置不变的辐射量畸变校正和依赖于位置的辐射量畸变校正可以校正辐射量畸变；应用纵横比校正、斜校正、正切校正、偏位校正、参考点校正可以实现几何的畸变校正。以上软件方法都能使图像的质量得到改善。

（2）信息提取软件。对所获得的原始数据、图像信息进行预处理后，使图谱和图像的质量得到很大的改善，为信息的提取作了良好的准备。

弱信息提取软件有计算机差谱技术、计算机导数技术。

多元信息提取的软件包括应用化学计量学多组分分析法所编制的软件有：逐步回归分析法（SRA）、主成分回归法（PCR）、偏最小二乘法（PLS）等。

计算机图像处理纹理特征信息，也是利用多组分分析或多元统计方法，根据各像素点的灰度值不同而编制的软件，如逐步判别法、主成分分析法、聚类分析法等来实现的。

（3）信息综合处理、模拟和优化软件。农田环境生物系统的各个因素之间是相互影响、相互作用的，构成了一个统一的整体。农田环境生物信息采集与处理系统采集、提取的信息，通过对信息的综合处理，可以发现农田环境生态更深层次的东西，因此根据实际需要，必须开发一系列信息综合处理模拟优化软件，以得到最优化的农业栽培措施和农田管理措施。

### （二）　农田环境生物信息采集与处理系统功能

#### 1. 农田环境生物信息检测

农田环境生物信息检测是农田环境生物信息采集与处理的第一步，通过各种手段全面而又准确地获得农田环境生物信息是为农业生产提供科学依据的保证。由于科学技术发展的阶段和水平不同，所采取手段的先进程度也不同。随着科学技术的不断进步，获取生物环境信息的自动化程度越来越高，信息的准确性和精确性也越来越高。

农田环境生物信息大体可以分为三大类：第一，微观形态结构和组分的信息，如生物大分子结构信息和生物体物质组成信息；第二，宏观形态结构信息，如农田作物群体、个体、器官、组织、细胞的形态结构特征信息、纹理特征信息和颜色特征信息等；第三，作物生理功能方面的信息，如光合作用、呼吸作用、作物产量的形成、不同栽培条件下作物的不同生理反应等，各类信息检测的方法和使用的仪器设备是不同的。

在现代科学技术条件下，根据农田环境生物信息的分类不同，生物信息的获得可以通过以下途径：

（1）微观形态结构和组分的信息检测

所谓微观形态结构是指农田作物生物大分子的形态结构及其组成成分。在田间安装可见红外光谱传感器，能够检测到包含农田作物丰富的物质结构及其组成的漫反射光谱信息，可见和近红外光谱区的信息包含农田生物物质组成成分和含量的信息，中红外谱区包含农田生物组成物质的结构信息，这是一种自动化程度很高的获取信息的手段。由于受大田复杂环境的影响，许多微观形态结构和组分的信息检测还不能在大田环境中直接检测到，需要充分发挥实验室中先进信息检测仪器的功能进行信息检测。

实验室内光学类仪器中紫外可见分光光度计可以检测活体叶片色素含量、作物中蛋白质含量和氨基酸含量的信息；原子吸收分光光度计可以检测作物中营养元素和有害元素含量的信息；红外分光光度计近红外区的漫反射光谱可检测农作物蛋白质、脂肪和水分含量的信息，中红外区光谱能反映生物大分子的构象及其变化的信息；荧光分光光度计在农作物蛋白质、氨基酸、维生素含量的信息检测中应用很广；X 射线光电子光谱仪也可以检测作物蛋白质含量的信息。

色谱类仪器在农田生物信息检测中可用于检测农作物蛋白质、氨基酸、植物激素、核酸、糖类、脂类、维生素等物质含量的信息。

核磁共振波谱可以检测到农田生物中生物大分子的有关结构的信息，特别在蛋白质分子结构分析中 X 射线衍射法具有不需要制成晶体，在溶液中直接测定的优点。

质谱仪可检测农田生物组成成分的分子式信息。

电化学分析仪器中电极电位测定仪可以检测农田生物体的 pH，$NO_3^-$ 电极和 $K^+$ 电极可以测定植株中硝态氮与水溶性钾的含量，微电极电位还可以检测植物体细胞内膜电位的信息；电导仪可以检测作物活体的电导值信息。

（2）宏观形态结构的信息检测

相对于农作物组成生物大分子的微观形态结构，农作物群体、个体、器官、组织、细胞等的形态结构为宏观形态结构。农田环境生物群体、个体结构的信息检测可利用田间安装的与计算机联机的图像传感器进行信息检测，也可以用照相机摄取农田生物群体或个体的照片，然后用彩色图像扫描仪将图像信息输入计算机中。对于器官、组织、细胞等的形态结构信息不能在田间直接获得，可以利用实验室内的显微照相技术、摄像技术获得信息，然后通过图像扫描仪扫描或直接与计算机联机的摄像机将信息采集到计算机中。通过以上方法检测到的宏观形态结构信息中包括了几何形态结构信息、纹理特征信息和颜色特征信息。

（3）生理功能的信息检测

现在商品型植物光合作用测定仪都带有微型处理机，可用于农田作物光合作用信息的直接检测，也可以检测多个与光合作用有关的信息指标，检测到的信息以数据文件的形式存放于微处理机中，便于计算机自动处理。有些生理功能的信息不能在农田中检测到，可以在实验室内利用仪器进行检测。室内信息检测和田间信息检测有机地结合起来，可以实现对农田环境生物信息全面、准确、系统的检测，是当前农田环境生物信息检测的主要手段。

（4）间接信息的获得

另外还有一些不需要用仪器检测的信息或不能被计算机自动采集的信息，如不同地区的气候气象资料，间接收集到的科技情报信息资料等，都可以通过计算机输入设备直接输入到计算机中，作为环境生物信息的一部分，存放在计算机中，便于计算机综合处理信息时调用。

**2. 生物信息检测信号的检测**

（1）信噪比

当被检测的生物信息具有复杂的背景，或者当信号变得微弱时，要从噪声中分辨信号就变得相对困难，并会引起测量准确度和精确度的下降。仪器系统分辨信号和噪声的能力通常用信噪比来表示，在直流信号情况下，信噪比＝信号幅度的平均值/噪声幅度的平均值，信噪比的增加通常表明噪声的减小。所测量的物理量或者化学成分转换为电信号、就不能单独用简单的放大器来增强信噪比。因为增强信号大小的同时也伴随着噪声值的增强。因此，通常用电子硬件（滤波器、锁相放大器等）或者软件算法（整体平均、厢车式平均、傅里叶变换滤波、小波变换等）来获得高的信噪比。

（2）噪声来源

因为噪声决定了仪器的准确度和检测限，所以分析者应了解噪声的来源，并尽量减少这些噪声。噪声从测量系统外部的环境源进入测量系统，或者表现为系统的固有特性。通常我们可找出环境噪声源，减小或避免它们对测量的影响。但对固有噪声则不然，因为它产生于物质和能量的不连续本性，因此，固有噪声是限制测量准确度、精确度和检测限的主要因素。

固体电子器件的固有噪声的主要种类是热噪声、散弹噪声、$1/f$（$f$ 为频率）噪声。热噪声产生于阻抗电路元件中电子的热运动。散弹噪声来源于载流子通过 P-N 结或到达电极表面时的运动。它们的功率频谱密度均匀地包含各种频率的成分，这与白色光包含了所有波长的可见光的情况类似，因此将这种具有均匀频谱的噪声称为白噪声。可用降低检测器的频率带宽来减小白噪声。$1/f$ 噪声是在低频信号时观察到的。在放大系统中，$1/f$ 噪声通常被看作漂移。在灵敏测量时，避免使用低频（包括直流）以消除 $1/f$ 噪声。

环境噪声涉及测量系统周围的能量传递，它典型地发生在特定的频率或相对较窄的频带。环境噪声的两个常见的来源，是由 50Hz 的电力传输线产生的电场和磁场。这个噪声不仅在 50Hz，而且有相应的倍频率（100Hz，150Hz，200Hz）。环境噪声的其他来源为：反射的辐射能量、机械振动以及不同仪器之间的电的相互作用。减少这些噪声的适用技术是将所有仪器正确接地，使信号传输的频率远离环境噪声频率以及加屏蔽等。

（3）信号调理

信号调理是指采用电子硬件设备来改善信噪比，它包括滤波器、积分器、调制解调器、锁相放大器和厢车式积分器等。为避免数据遗失，在选择采样频率时，应遵守 Nyquist 采样定理，即如果信号本身的频率是有限的，而采样频率又大于等于两倍信号所包含的最高频率，则在理论上可以根据其离散采样值，完全恢复出原始信号。这相当于在信号最高频率时，每一周期至少提取两个采样值。实际上，为保证信号质量，选用的采样频率经常大于采样定理所指出的最小的采样频率，而选用信号最高频率的三四倍。

第一，滤波器。虽然输入和输出信号的大小和相位关系能被用来区分有意义的信号和无意义的噪声，但频率是最常用的属性。如前面所讨论的，白噪声能用降低频率带宽来减小；环境噪声能用选择合适的频率来消除。可用 3 种电子滤波器来选择测量频率的带宽：低通滤波器允许低于预先设定的截止频率的所有频率通过；高通滤波器允许高于给定截止频率的所有频率通过；带通滤波器结合了低通和高通滤波器的特点，仅通过窄的频率带（图 9-6 中 a，c）[1]。最简单的滤波器由无源电路元件（电阻 R、电容 C、电感 L）组成，其通过的频率由具体的电路元件值来决定（图 9-6 中 a′，b′，c′）。带通滤波器可用运算放大器来设计。

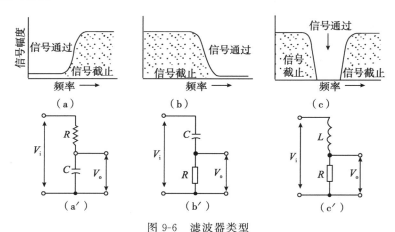

图 9-6　滤波器类型

（a）低通滤波器频率特性；（b）高通滤波器频率特性；（c）带通滤波器频率特性
（a′）低通 RC 滤波器线路图；（b′）高通 RC 滤波器线路图；（c′）低通 LR 滤波器线路图

第二，积分器。对直流信号在一段精确限定时间内的积分，是降低白噪声的有效方法。因为相干（非随机）信号的增加正比于积分时间，而随机噪声的

---

① 本节图表引自：白广存 . 计算机在农业生物环境测控与管理中的应用［M］. 北京：清华大学出版社，1998.

增加正比于积分时间的平方根，所以，S/N 随着积分时间的平方根而增加。虽然简单的 RC 电路具有积分作用，但通常用带有积分电容的运算放大器来作为硬件积分器。模数转换器，在其内部转换电路中，利用了积分技术，使 S/N 提高。

第三，调制解调器。如果信号和噪声不能通过滤波而分离，则可将待测信号移离噪声频率：信号首先被负载到有一定频率的载波上，称为调制，而后被传输到载波频率的放大器，最后，原来的信号从载波中恢复出来，称为解调。调制解调技术能用在噪声最小的区域内处理信号。例如，这种技术用来使信号重新定位于远离直流，因为直流时，$1/f$ 噪声最大。载波的任何属性均可被加于其上的信号所调制。应用于分光光度计的常用的是幅度和频率调制。如斩波器（一种电学或机械装置，用来在样品和选定的最小噪声频率的参考测量之间产生交替信号）等。

第四，锁相放大器。锁相或相敏放大器是运用信号频率和相位关系的结合，来辨别 $1/f$ 噪声和白噪声。相敏放大器的功能元件包括调制器（斩波器）、乘法器和低通滤波器（图 9-7）。

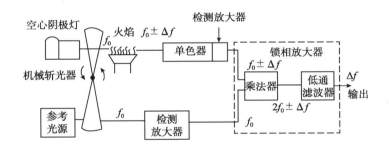

图 9-7　锁相放大器在原子吸收分光光度计中的应用

相敏检测器经常用于分光光度计来提高信噪比。例如在原子吸收光谱仪中，主要的噪声源是光源（空心阴极灯）和火焰。同时挡住参考光束和中空阴极灯光束，将产生两个具有同一频率和常数相位差的信号。经过相敏检测器后，输出了包含所需信息的频率 $\Delta f$。结果使由原来信息频率为 $\Delta f$，中心在 $f_0$ 的光谱，变换到包含 $\Delta f$，中心在直流（0Hz）的同样光谱。只要载波和参考波产生于同样的频率且有常数相位关系，则所求没有噪声的信息将出现于变换过的光谱中。这种降低噪声的方法的限制条件是：包含信息的信号是周期性的，或者可被调制成周期性的。当这些条件不满足时，如在快速变化信号的情况下，必须采用其他信号增强技术。因为最后的低通滤波器中心在直流，一些 $1/f$ 噪声可能仍存在于相敏放大器系统中。

图 9-7 中火焰、检测器和放大器中的随机噪声在相敏放大器的输出被减小。产生于中空阴极灯光源的噪声没有从最后的信号中除去，因为灯的输入没有被斩波器调制。要除去灯的噪声，灯的电源也必须调制以产生 1 个周期信号。

第五，厢车式（Boxcar）积分器。对重复性的信号，厢车式积分器是信号增强的相对简单的方法。它在一段固定的时间里周期性地对信号的同样部分进行取样，而后用低通 RC 滤波器来平均。它对被取样的信号部分增强了 S/N。这种技术在需要脉冲信号探测的仪器中有广泛的应用。

与单脉冲的平均值相比，厢车式积分器对 S/N 的增强等于脉冲次数的平方根。因为在取样时间里噪声积聚，进一步增强 S/N 来源于缩短厢车式方法的总的积分时间。像在锁相放大器中一样，取样频率应仔细选择，以避免来源于环境噪声频率和其倍频的干扰。

### （三） 农田环境生物弱信息的加强技术

由于农业生物量分析的对象和需解决的问题非常复杂，如活体分析、整体分析以及动态分析，不允许预先对分析对象进行分离，分析数据中包含着多种信息的重叠，直接需要的信息通常是微弱的，即包含着复杂的强背景，因此了解分析信号的背景消除和弱信息处理技术具有特别重要的意义。

分析信号包括两部分：由待测组分产生的部分和由样品中的其他成分或环境、仪器产生的部分，这后一部分称为背景。其中变化有一定规律的背景称为系统背景；变化的大小和方向无一定规律的背景称为随机背景，噪声信息增强除应用信号调理技术外，也可以应用计算机软件处理技术。

#### 1. 系统背景的消除与降低

各种仪器检测技术消除背景的原理相似，我们以光谱检测为例进行讨论。

（1）差谱技术

稳定的而且已知的系统背景可用相减的方法，将其从混合谱中除去，这种相减的技术在光谱检测中就是差谱技术。光谱检测中利用双光束光路可作两个样品的差异光谱，即显示两个样品间光谱上的差异。另外，利用差异光谱的原理，如果样品中除了待测成分以外还有其他的背景吸收（例如由溶剂引起的），对这样的样品只要把背景成分放入参比道，样品放入样品道，所得的光谱就是已经扣除背景的样品中待测成分的光谱。

计算机差谱技术是对存储的图谱进行数据处理的一种计算机软件功能。计算机差谱是对存储的两张谱图进行差减，以达到溶剂、基体的扣除，以及多组分光谱的分离等。计算机差谱技术与获得谱图的方法无关，若谱图的信息能送入计算机内，在光栅光谱中或是在傅里叶变换光谱中都可利用计算机差谱技术。目前，在有专用计算机的红外光谱仪中，一般都配有能进行差谱的计算机软件功能。

计算机差谱技术的特点：①由于差谱前后使用同一个吸收池，因而可以消除吸收池特性对差谱的影响；②由于对差谱前的光谱采用累加平均数据处理技术，对计算机差谱后所得的差谱图采用平滑处理和纵坐标扩展，因而得到的差谱图是十分清晰的光谱图；③通过逐级差谱程序可对多组分混合谱图进行谱图分离；④由于各种原因而出现的本底峰，可通过本底扣除程序予以消除；⑤在混合物样品中，在一定条件下可同时获得已知组分的定量和未知组分的差谱。

（2）导数光谱技术

按照信号处理的理论，任一种信号都可以通过傅里叶级数展开，用一系列不同频率分量的余弦波的迭加来逼近。各频率分量的强度按频率的分布，即为原信号的频谱。导数光谱技术可消除或降低信号中的低频分量。在光谱检测中，一般的光谱以吸光度 $A$ 或透过率 $T$ 为纵坐标，以波数 $\sigma$ 或波长 $\lambda$ 为横坐标。若以吸光度对波数（或波长）的导数 $dA/d\sigma$（或 $dA/d\lambda$）为纵坐标，以波数（或波长）为横坐标所记录的光谱图称为导数光谱或微分光谱。纵坐标也可以是二阶或更高阶导数。

导数光谱技术具有以下波形特征：①在基本光谱的极大处，其响应的奇阶导数（$n=1$，$3$，$5\cdots$）光谱通过零点；在基本光谱的两拐点处，奇阶导数光谱各为极大和极小。这有助于我们对基本光谱峰值的精密确定和是否有"肩"存在的鉴别。②偶阶导数（$n=2$，$4$，$6\cdots$）光谱具有和基本光谱较类似的形状，基本光谱的峰值对应于偶阶导数光谱的极值（极小和极大随导数阶数交替出现）；基本光谱的拐点在偶阶导数光谱通过零点处。随着导数阶数的增加，谱带变锐，带宽变窄，这有助于谱带的分辨。③谱带的极值随导数阶数的增加而增加，即极值数＝导数阶数＋1。这也可定性地解释导数光谱的分辨效应随导数阶数的增加而得到改善。

导数光谱技术可消除背景的影响。若吸光度 $A$ 包括待测组分的吸光度 $A_S$ 与背景的吸光度 $A_B$。

$$A = A_S + A_B = A_s + A_{B0} + A_{B1} + A_{B2} \tag{9-1}$$

$A_s$ 是波数 $\sigma$ 的函数 $A_S = f(\sigma)$；$A_{B0}$ 为背景中与波数无关组分的吸光度；$A_{B0} = a$；$A_{B1}$ 为背景中与波数呈线性关系组分的吸光度；$A_{B1} = b\sigma$；$A_{B1}$ 为背景中与波数呈线性关系组分的吸光度；$A_{B1} = b\sigma$；$A_{B2}$ 为背景中与波数的平方成正比组分的吸光度；$A_{B2} = c\sigma^2$。

$$A = f(\sigma) + a + b\sigma + c\sigma^2 \tag{9-2}$$
$$d^2A/d\sigma^2 = 2c + f''(\sigma)$$

该式表明，$A$ 的二阶导数除了恒定的 $2c$ 以外，背景吸收的影响可以消除，因此导数光谱主要用来分开叠加在主吸收带上的一些弱吸收带，适于微量的组分分析。另外，两个能级相邻的振动产生的宽频带，用导数技术可以将它们分开。如果信号中有噪声，则导数光谱技术在求高阶导数时把噪声放大，因此，高阶导数只有在仪器很稳定、噪声很小的情况下才有实际应用价值。

获得导数光谱的技术通常可分为两大类：一类是使用电子学方法作用于仪器的输出信号，如电子微分、数值微分等方式；另一类是利用光学方法作用于仪器光学部分的光束，如双波长分光光度法、波长调制技术等。

导数光谱技术常用方法：

①电子微分。将仪器的输出信号 $I$ 对时间 $r$ 微分得到 $dI/dt$。此时，如果波长扫描速度 $d\lambda/dt$ 保持为常数，即可得到输出信号对波长的导数：$dI/d\lambda = (dI/dt)/(d\lambda/dt)$。因 $d\lambda/dt = C$（常数），故 $d\lambda/dt = (I/C)(dI/dt)$，用简单的 RC 微分电路可实现此目的。电子微分装置相对比较简单、便宜，可用于各种扫描分光光度计、适于液体样品的双光束紫外-可见光度的测量。

②数值微分。即将以数值形式表达的谱线数据，用计算机进行原始数据的微分数值处理，然后输出导数信号。随着计算机的广泛使用，此技术已经获得迅速发展。

③波长调制。是目前广泛应用获得导数光谱的技术，最常见的是正弦调制。波长调制技术多用于单光束气体分析，它对光源漂移所引起的低频噪声具有较大的抑制性。

④双波长分光光度法。也是通过光学方法获得导数光谱的技术。在波长间隔足够小时，可视为 $\Delta I/\Delta\lambda = dI/d\lambda$，若在扫描时保持 $\Delta\lambda$ 为常数 $C$，即有 $dI/d\lambda = \Delta I/C$，因此，即可沿吸收曲线连续记录恒定波长间隔所产生的吸光度差来获得导数曲线。

导数光谱法具有的优点：①能检出两个或两个以上的重叠吸收带；②能分辨在强吸收曲线"肩部"的弱吸收带；③能精密确定单一吸收峰的位置；④能消除基线（背景）的影响；⑤能进行定量测定。总之，对于提高分析性能，改善选择性等十分有效，目前使用导数输出的分析方法已得到迅速发展，应用日益广泛。

**2. 随机背景的消除与降低**

随着计算机在农业信息采集中的广泛应用，用于数据采集和提高信噪比的软件技术愈加重要。原先由硬件完成的滤波、线性化、稀释等操作，现在已由计算机中的软件来完成。软件操作提供了灵活性和多样性的优点。例如，各种软件滤波可由改变计算机算法来改变，而同样的工作则可能需要更改硬件滤波器。然而，当计算机不能以满意的速度完成所需的功能时，更改硬件则是必需的。

模拟信号的取样和模数转换的速度必须足够快，以提供模拟信号足够的分辨率，从而保证信息的最少丢失。虽然分辨率随着取样速度而增加，但分辨率的上限由计算机的速度和可用于数据存储的内存所决定。每个数据点需要幅度和频率两个参数。准确取样的最小频率称为 Nyqmst 频率。如果取样频率低于最小频率，则哪个频率对应给定的幅度是不清楚的；如果取样频率超过最小频率很多，不但没有提供更多的信息，同时噪声还可能增加，因为快的取样速度引起了大的频率带宽。应该避免取样速度与固有噪声和已知的环境噪声的泛频相同。

模拟信号转换为数字信号以后，一系列软件增强技术可用来增加 $S/N$。虽然这些软件技术被广泛使用，但在应用它们时应给予注意。分析者应清楚每种技术的优点和潜在的问题，诸如取样不足，过度平滑，应用此技术到一系列数据点时所需的时间等。

（1）数字滤波技术。数字滤波技术是对数字信号进行滤波处理，以提高其信噪比。其常用的三种软件信号增强技术为厢车式（Boxcar）平均、整体平均和平滑。

1）厢车式平均。这个软件技术功能与前面讨论的硬件厢车式积分器相同。在此方法中，由 1 个点来代替 1 组描述慢变化模拟信号相邻空间数字数据点的平均值。因为此方法非常适合模拟信号随时间缓慢变化场合的应用，所以厢车式平均经常被用来实时分析（在采集数据的同时实施平均）。在此操作模式中，一组（厢车）数据点可在另一组数据点到达之前进行采集和平均。S/7V 的增强可由下式计算：

$$S/N = \sqrt{n} \; (S/N)_0 \qquad\qquad (9\text{-}3)$$

其中，$(S/N)_0$ 是未经处理数据的信噪比，$n$ 为每个厢车中要平均的点数。厢车式平均的缺点是图谱的分辨率降低了。解决此问题的方法是适当提高采样的频率。当短的延迟能精确控制及所需的取样间隔对所用仪器足够快时，厢车式平均也可用于变化非常快的信号，例如在纳秒时间量级的快速激光光谱中。

2）整体平均（多次测量取平均）。此技术是厢车式方法的补充，它可应用于快速变化的信号。同一现象的 $n$ 次重复测量结果相加，其和数除以 $n$ 得到平均的扫描。如果每次测量用同样的方式记录，包含在测量中的数据将等于相加平均，而随机噪声将平均到较信号增加值要小的 1 个数值。$S/N$ 的增强正比于扫描次数的平方根。

计算机实施的整体平均已经在仪器技术中用于从背景噪声中提取小信号，如 C-13 核磁共振谱。此技术的主要约束是获得 $S/N$ 显著增强所需的时间问题。

3）平滑（加权数字滤波）。在数字滤波中，计算平均值时，每个数据点对平均值都提供相等的贡献。若对数据点指定不同的权重作为它们相应于中心点位置的函数，则可获得较理想的滤波。可调整的滤波参数包括：数学平滑函数、在移动平均中的点数以及它们相对于中心点的位置、数据由平滑函数处理的次数等。虽然此信号增强技术在滤波算法的选择中提供了有利的灵活性，但信号被歪曲的可能性也很大。通常在所有数据采集完后应用加权数字滤波方法。加权数字滤波，信噪比的改善正比于窗口中点数的平方根。

若将所讨论的三种软件信号增强技术结合应用，可产生比任何单一技术更有用的算法。例如：应用 8 点厢车式平均、9 次扫描整体平均和 7 点滑平滤波结合，将使 $S/N$ 增加 22.4。要获得同样的结果，将需要多于 500 次的扫描。即使将整体平均和厢车式平均（8 点）结合，要获得同样的结果，也需要 64 次扫描。

（2）傅里叶变换滤波。傅里叶变换（FT）的数学运算提供了信噪比增强的有效方法。此技术在仪器技术中的应用通常有两种类型：第一种是用 FT 产生比常规频率域方法快得多的时间谱的方法。在时间域中，数据被快速收集，而后由 FT 将其变换到常规的频率域。因为单次扫描时间的缩短，整体平均所需时间也降低了，因而，整体平均的效率为 FT 光谱所改善。第二种类型是，通常的信号变换可能乘以 1 个适当的条件函数，以达到数字滤波和其他有用的信号修饰。虽然一种称之为快速傅里叶变换（FFT）的计算机软件算法已经比原先的变换算法降低执行时间几个量级，但软件 FFT 信号优化技术仍比硬件方法要慢。

（3）小波变换。傅里叶变换反映的是信号或函数的整体特征，信号的频谱表征了信号中各频率分量的强度，但不能反映频率分量是何时产生的。小波变换同时在时域和频域中具有较好的局部特性，将时、频统一于一体来研究信号。小波变换可以看作是一种数字滤波器，可以对特定频率的信号进行分析和处理，如信噪分离。小波变换是先将光谱信号进行频率分解，根据频率分量的大小进行幅度变换，然后根据各频率分量的幅度大小进行滤波。

傅里叶滤波是根据信号中频率分量的大小进行信号处理，因此，信号中的部分高频有价值的信息经过傅里叶滤波后会丢失，造成图谱失真较大。而小波变换是除去信号中的低幅信号，图谱失真较小。

### （四）农田环境生物多元信息提取技术

一方面，计算机技术的迅速发展和现代信息检测仪器的高度自动化，从农业生物环境中获取大量测量数据越来越容易，而分析和整理这些数据，迅速且尽可能多地从中提取有用信息相对来说就显得越来越困难；另一方面，农业生物环境非常复杂，因此必须研究受多种因素影响的复杂体系，并要对多因素变量进行测量和对多元数据进行分析提取。

对待复杂的农业环境生物体系，其信息可由信息检测仪器检测后，采集到计算机中以文件的形式储存于计算机的软、硬盘中。对于存储到计算机磁盘中的复杂样品图谱数据，可用多元信息处理技术从中提取信息，化学计量学就是一种有效的多元信息提取方法。

**1. 化学计量学方法的具体应用**

化学计量学就是应用数学与现代统计学的方法和计算机技术，设计和选择最佳测量程序与实验方法，并通过解析分析化学数据而获得最大限度的化学信息。化学计量学是近 20 年随着应用数学、统计学和计算机技术在分析化学中的应用而发展起来的一门新兴分支学科。进入 20 世纪 80 年代，化学计量学有了长足的进步，许多新的化学计量学算法及应用取得了重大进展，有许多化学计量学软件已成为现代化学测量分析仪器的主要组成部分。化学计量学杂志和化学计量学与智能实验室系统等化学计量学专业期刊也已问世。我国已经在化学计量学方面有了重大的发展，国内许多化学专业期刊中化学计量学方面的论文数正逐年增加，并且已有化学计量学专著出版。化学计量学研究的内容有：数理统计、最优化、模型建立与参数估计、校正、分辨、因子分析、模式识别、信号处理、数据及图谱库检索、定量构效关系、人工智能等。

化学计量学的研究内容是贯穿于实验设计、数据处理、结果分析、方法评价、构效关系研究等整个分析与物化领域及分析测试全过程。

化学计量学在农业上的应用主要是提取农业生物样品多组分信息。近些年来有许多人在这些方面做过了大量的基础工作，如应用化学计量学和反射光谱法进行作物活体叶片的叶绿素等色素含量的快速测定；谷物品质的快速测定应用研究中所做的工作也是应用化学计量学方法进行的，在农作物生育阶段信息采集及聚类分析的研究中也应用了化学计量学的方法。以上工作都已经显示出化学计量学在农业和生物学中的应用具有很大的潜力，因为农业生物信息的提取大多是在活体、动态和实时条件下，提取农业生物的物质组成和结构以及其他信息，它不能像常规多组分分析那样必须进行分离提纯，然后再进行定量或定性测定，农田生物信息的提取应该是实时、快速的，因此有时间上的要求。化学计量学在农业上的应用为农田生物信息的快速采集提供了有效的方法。

化学计量学在生物多元信息提取中的优点有六个方面：①多因素调优可以克服传统分析化学单因素调优的不足，使分析过程达到总体最优；②采集多元校正技术，既可充分利用测试仪器提供的全部有用信息，又能消除生物样品中共存组分之间的以及背景的干扰，实现不经分离的多组分直接同时测定；③应用信号处理技术如傅里叶滤波、导数法等可改善信噪比，降低和消除噪声，增加灵敏度，分辨多组分的信号重叠性，校正背景和消除仪器的漂移；④模糊数学和模糊聚类理论能解决生物多元信息中不确定性的问题；⑤因子分析可以估计出完全未知生物样品中可能存在的组分的数量；⑥模式识别（如聚类分析或判别）可以对研究对象进行判别并确定其归属，实现对分析测试数据的判断、分析和分类，等等。总之，化学计量学以及其中的信息理论能为农业生物学多元信息的获得提供理论指导，体现出现代数学方法和计算机技术在农业生物多元信息提取中的应用具有广阔的前景，会对未来农业的发展起到巨大的推动作用。

化学计量学提取多元信息的方法大体有以下几种：多元线性回归（muhivaHate liner regression，MLR）、逐步回归分析法（stepwise regression analysis，SRA）、主成分回归法（principal component regression，PCR）、卡尔曼滤波（kalman filtering，KF）、偏最小二乘法（partial least squares，PLS）、人工神经网络（artificial neutral network，ANN）等。这些分析方法都是通过一组待测成分含量已知的标准样品，对它们进行光谱区的全程扫描，然后通过计算机快速处理数据，建立样品组分含量与样品光谱之间的数学关系，再测出未知样品中待测组分的光谱，就可以确定其中待测成分的含量。

## 2. 生物多元信息的提取方式

在生物多元信息的提取过程中，由于吸光度与组分浓度成线性函数关系，光谱上表现为服从 Beer 定律，可获得标准物质的光谱。用最小二乘曲线拟合、回归分析法、Kalman 滤波、目标因子法等技术都能得到多组分信息。但是分析过程中，往往因组分间的相互作用而使得吸光度与组分浓度间的关系变得复杂化，使吸光度失去加合性，难以直接得到所需的多组分信息，因此必须先构造一系列的已知浓度多组分混合样品校正集，由校正集的吸光度与浓度建立预测模型，再通过模型对试样进行定量分析，为解决上述问题可用 MLR，SRA，PCR，PLS，KF，ANN 等一系列化学计量学方法得到满意的结果。

由于化学计量学正处于快速发展时期，各种新的算法和手段不断推出，现仅列举以下方面进行参考：

（1）逐步回归分析法（SRA）。为了由 $A_i$ 确定 $C_k$，$A_i$ 是自变量，$C_k$ 是因变量，$A_i$ 是一个多维的向量（如 $10^2$ 波长点），SRA 为减少 A 的维数，由几个（如 4 个～6 个）波长点确定某一组分的含量。

逐步回归分析就是从对因变量有影响的许多变量中，选择一些变量作为自变量建立"最优"回归方程，便于对因变量进行预测。所建立的"最优"方程是指回归方程中包含的所有自变量对因变量的影响是显著的，对因变量影响不显著的自变量不包含在回归方程中。

在选择回归自变量时，每一步都要对已引入回归方程的变量计算其偏回归平方和，然后选一个偏回归平方和最小的变量，在预先给定的 F 水平下进行显著性检验，如果显著，则该变量不必从回归方程中剔除，这时方程中的其他几个变量也都不需要剔除；相反，如果不显著，则剔除该变量，然后按偏回归方程由小到大依次对方程中的其他变量进行 F 检验。将对因变量影响不显著的变量全部剔除，保留的都是对因变量影响显著的变量。然后对未引入回归方程中的变量计算其偏回归平方和，选其中偏回归平方和最大的一个变量，在给定的 F 水平下作显著性检验，如果显著，则该变量引入回归方程。直到在回归方程中的变量都不能剔除，又无新的变量可以引入为止，逐步回归过程结束。

逐步回归分析法是从众多的光谱因子中选择出对测试生物样品的多元组分贡献最大的光谱因子作为最佳变量矩阵，并以该最佳变量矩阵的线性方程来预测未知样品，实现对混合组分的光谱进行同时定量分析。由于 SRA 只选择了几个波长点，而丢失了大部分波长点，必然会丢失信息。

（2）主成分回归法（PCR）。主成分回归法就是借助数学方法，将一组包含众多关系复杂的变量分解为少数的变量，从而找出更能反映表面现象的本质联系和影响观察数据的主要因素。该方法的特点是能够将维数较大的数据矩阵降维，而保留其有效的信息。在光谱分析中，PCR 法先求出样品光谱 $A_i$ 的主成分，建立样品组分含量与主成分的线性关系，用建立的线性方程来预测未知样品，与 SRA 相比，减少了信息的丢失，PCR 充分利用了样品光谱所提供的信息。

PCR 的原理是：测得 $n$ 个已知不同浓度或含量的生物样品在 $m$ 个波长处的吸光度数据矩阵为 $A_{n \times m}$，其浓度或含量的数据矩阵为 $c_{n \times l}$（$l$ 为组分数），采用非线性迭代偏最小二乘法（NTPALS）对数据矩阵 $A_{n \times m}$ 进行主成分计算得：

$$C_{test} = a'_{test}(P)'(G) \tag{9-4}$$

式中，$T_{n \times d}$ 为主成分矩阵，$P_{d \times m}$ 为载荷矩阵。$d$ 为最佳维数，用交叉证实法确定。进而建立主成分矩阵 $T_{n \times d}$ 和浓度矩阵 $c_{n \times l}$，之间的转换关系：

$$C_{n \times l} = T_{d \times l} G_{g \times l} \tag{9-5}$$

$G_{d \times l}$ 为转换矩阵，$G_{d \times l} = (TT)^{-1} TC$。

可利用迭代方法对未知样品进行浓度预测，亦可用：

$$C'_{test} = a'_{test}(P)'(G) \tag{9-6}$$

直接进行计算，求出多组分组成的信息。其中，$C'_{test}$ 和 $a'_{test}$ 分别为未知样品的浓度向量和吸光度向量。

PCR 法消除线性相关的问题，但在分解光谱矩阵 $A$ 时，没有考虑 $A$ 和 $C$ 之间的内在联系。

（3）偏最小二乘法（PLS）。PLS 法能实现对多组分生物样品重叠谱图进行解析，而不需要知道单组分的信息。其基本意思是：根据不同的影响源，把观测数据分为几个区域，然后用 1 组特征向量来描述每个区域，这些特征向量是初始观测变量的线性组合，在相同的区域内，它们是相互正交的，对于来自不同区域的特征向量，根据预先调测的通道模型使其相关联。

$A_{n\times m}$ 为 $n$ 个校正试样在 $m$ 个波长处的吸光度矩阵，$C_{n\times p}$ 为 $n$ 个校正试样中 $p$ 个组分的浓度（或含量）矩阵。测量可以得到以上两组数据矩阵，同时还可以测量得到 $r$ 个试样在 $m$ 个波长处的吸光度矩阵 $A_{test}$。

首先将 $A_{n\times m}$ 分解成两个小矩阵的乘积：$A_{n\times m}=TP$，$T$ 为列正交矩阵，是 $A_{n\times m}$ 的特征向量矩阵；$P$ 为行正交矩阵，是 $A_{n\times m}$ 的载荷矩阵。

$C_{n\times p}$ 也分解为潜变量矩阵 $U$ 与载荷矩阵 $Q$ 的乘积：

$$C_{n\times p}=UQ \tag{9-7}$$

然后以 $U$ 矩阵对 $T$ 矩阵构造回归式，获得系数矩阵 $B$：

$$U=TB \tag{9-8}$$

因此可以得到 $C=TBQ$。

因已知 $R$ 个试样的吸光度矩阵 $A_{test}$，则 $C_{test}$ 可以确定：

$$A_{test}=T_{test}P$$
$$U_{test}=T_{test}B \tag{9-9}$$

所以

$$C_{test}=U_{test}Q \tag{9-10}$$

其中，$P$，$Q$，$B$ 由校正集求得。

（4）卡尔曼滤波法（KF）。卡尔曼滤波法在多组分光度测量中的应用是借助滤波算法解决线性统计估计问题，能滤除噪声，能对结构相近而光谱严重重叠的生物样品多组分进行定量分析测量。其基本思路是：通过多组分在波长 $i$ 点的吸光度 $A_i$ 的测量，经过滤波修正后可获得各状态（即多组分浓度向量 C）的最佳估计值 $Q$。当给定初值后，即能进行滤波，如果进行滤波前对数据先进行平滑处理，可以进一步改善分析结果。

滤波估计值 $C_j$ 随波长数目 $j$ 的增多，滤波估计值区域趋于稳定，滤波的方差迅速下降趋于稳定的有限下界，可以确定测量的波长的数目。卡尔曼滤波法处理多组分光度分析数据，计算速度快，所用微机内存小，适用联机处理与实时分析，所取参数少，省去许多中间运算与矩阵逆运算，该法也是不经分离即可进行多组分同时测定。

化学计量学日趋成熟，它能为分析数据处理提供更有效的工具，随着分析方法和分析仪器的改进，化学计量学方法也在不断地发展，化学计量学在生物学和农业上的应用研究领域非常广阔，有许多领域有待生物学家、化学家和农学家去研究开拓。应用化学计量学处理农学和生物学的信息，能够快速而全面地获得有效的处理结果。随着计算机技术的发展，多功能接口技术为实现分析仪器和计算机联机进行自动分析采集信息提供了有力的工具，快速实时提取农业和生物多元信息已经成为可能。

### （五）　农田环境生物宏观形态结构信息的提取技术

关于农业生物物质组成和微观结构的信息提取，是将农田生物样品作为某个均匀分布的体系，进行信息的测定与处理。但是，农田的宏观结构信息是不均匀的，是具有时间、空间分布的复杂体系，以下探讨应用计算机图像处理技术提取宏观结构的信息。

#### 1. 计算机图像处理技术的具体应用

人所获得的信息中有 $70\%\sim80\%$ 是通过视觉获得的。数字图像处理涉及人类生活的所有领域，若把图像化了的不可见信息，如 X 光照片、超声波图像，红外线成像等也包括进去，数字图像处理的对象范围可以进一步扩大。图像处理技术已在办公自动化、医学辅助诊断、工业产品质量检查、生产自动化控制、**航天航空**遥感以及公安侦破技术上早有应用，农业、生物学应用数字图**像处理技术**近几年来也有较大的发展。

在计算机图像处理出现以前，图像处理方法都是光学照相处理和视频信号处理，称为模拟信号处理。计算机图像处理是在计算机中把图像用数字信号的形式表达，并根据需要进行各种处理称为数字图像处理。所谓数字图像，就是图像各点的灰度值的二维数组，把它表示为 $f(x, y)$，则 $f(i, j)$ 表示图像 $f$ 位于 $(i, j)$ 处像素的同时，还表示该点的灰度。因此任何图像都可以用多个二维数组表示，形成计算机容易处理的形式。根据灰度层次、光谱轴和时间轴上的组合方式的不同，数字图像可分为表 9-1 的类别。

**表 9-1　数字图像的类别**

| 类别 | 描述形式 | 描述的对象 |
| --- | --- | --- |
| 二值图像 | $f(x, y) = 0.1$ | 文字、线条图、指纹等 |
| 浓淡图像 | $0 \leqslant f(x, y) \leqslant 2^n - 1$ | 黑白照片、一般 $n = 6 \sim 8$ |
| 彩色图像 | $\{f_i(x, y)\}, i = R, G, B$ | 以三基色表示的彩色图像 |
| 多光谱图像 | $\{f_i(x, y)\}, i = 1, 2, \cdots, m$ | 遥感图像、一般 $m = 4 \sim 8$ |
| 立体图像 | $F_L, f_R$ | 由左、右视点得到的同一物体的象对 |
| 动图像（时间序列） | $\{f_t(x, y)\}, t = t_1, t_2, \cdots, t_n$ | 动态分析、动画制作等 |

从图像处理的原理上讲，模拟图像处理使用的是物理手段，灵活性小，再现性和精度不高，处理图像的能力受到很大的限制。而数字图像处理是将图像

在计算机中转化成数字形式，具有应用程序自由地进行处理的灵活性，而且还有再现性好、精度高、适应面广等优点。

**2. 图像输入的方法**

照片、胶片或实地拍摄的电视图像等一系列模拟图像，在输入计算机的过程中，由输入设备将其转换成二维阵列（$X \times N$）个像素，然后将这些点阵的灰度信息（包括色彩信息）数字化，每一个象元的灰度值是从 0～255 中的某一个值，而彩色信息是将自然界中的各种颜色分解成红（R）、绿（G）、蓝（B）3 种基色，每种基色又分成 0～255 个不同的数量级，几乎所有颜色都可用 RGB 三基色的含量多少来反映，目前计算机真彩色显示都用 RGB 合成，色度信息就是将这三种颜色的不同数量级相互混合而成，因此我们可以用 RGB 来反映农田生物色度信息。

**3. 图像处理的方法**

图像处理的目的就是从图像中提取有用的信息，而图像处理的手段取决于被处理的图像的性质和处理的目的。

（1）二值图像处理法。二值图像处理法是在图像的几何形状处理中应用非常广泛的一种方法，具有简单、高速的特点，常需把对象从背景中分离出来，从而将图形和背景作为分离的二值图。

在二值图像处理法中，根据实际情况确定 1 个灰度的域值，使所有像素中灰度大于等于该域值的像素点划分为一类，小于该域值的像素点归为另一类：

$$f_1(i, j) = \begin{cases} 1; & f(i, j) \geq 1 \\ 0; & f(i, j) < 1 \end{cases} \tag{9-11}$$

通过划分归类，二值图像中为 1 的部分表示对象图像，值为 0 的部分表示背景。

域值选择的好坏决定了处理的效果。

域值的选择方法有状态法、P 参数法、微分直图法、判别分析法、可变域值法等，各种选择方法的具体算法在此不再叙述，使用者可以参考有关文献。

（2）图像变换和图像质量的改善。由于被观测的图像中存在各种各样的背景噪声，使图像处理的最终目的——特征提取和识别难于进行，因此必须对所观测的图像进行预处理。通过图像变换使处理后的图像质量得到改善，图像中的信息易于观察和处理。预处理的方法主要包括对比度增强、噪声的去除、畸变的校正等。

1）对比度增强法。由于图像记录仪的灰度范围窄、图像原来曝光不足或进行数字化时灰度范围设定不合理等因素造成在图像灰度允许范围内只有其中一部分灰度分布的现象，线性灰度变换是将这一部分灰度值延伸到允许的灰度范围内分布，增强对比度；非线性灰度变换能使图像所具有的细微灰度变化的图像加强，但有时会丢失部分信息；直方图平坦化使灰度分布较密的部分（直方图的峰）被延伸，灰度分布较疏的部分（直方图的谷）被压缩。与灰度范围被压缩的部分相比，被延伸部分的像素数多，对比度增强。

2）平滑和噪声消除。对于随机产生的背景噪声，可以用平滑的方法消除。移动平均法就是把输入的图像中点 $(i, j)$ 的领域的平均灰度值确定为输出图像的点 $(i, j)$ 的值，即利用所有的元素都是 $1/n^2$ 的加权矩阵进行空间滤波，可以降低由于图像中的噪声而引起的灰度偏差；中值滤波就是把 $n \times n$ 局部区域中的灰度平均值设为区域中央的像素的输出灰度，该方法可以防止图像边缘模糊；有选择的局部平均化，是在各像素周围寻找不含有边缘的局部区域，并把这个区域的平均灰度设为该像素位置上的输出灰度，既可消除噪声，边缘还不模糊。

3）图像的校正。模拟图像形成是为了识别由于受周围减光作用，照明不均匀或扫描器的传感部位灵敏度的变化引起的畸形为辐射量畸变，可以通过对位置不变的辐射量畸变校正和依赖于位置的辐射量畸变校正；几何的畸变往往是由于拍摄的角度、摄影系统的光学歪曲象差引起的，这种畸变影响以图像为基础的面积和位置测量，校正的方法有纵横比校正、斜校正、正切校正、偏位校正、参考点校正等。

（3）图像的特征提取。分析图像是为了识别和理解图像所表示的对象，必须提取图像中的二维特征。图像中被研究的对象除具有形状特征之外，还有纹理特征。形状特征和纹理特征都具有二维特征，也都有边缘和区域。图像分析的顺序包括三个方面：第一，从图像中提取认为是对应于对象或构成对象部分的图像特征；第二，求出被提取的图像特征的属性或它们之间的关系；第三，利用上述取得的信息来决定如何使用这些信息。

被提取的图像特征是有边缘和区域的，因此可以用边缘检测法和区域分割法提取图像特征。边缘检测法提取不连续部分的特征，根据闭合的边缘求区域；在区域分析中把图像分割成特征相同的连续区域，区域间的边界为边缘，边缘检测与区域分割相互补充，能起到良好的处理效果。

以上对计算机图像处理的方法进行了简单的叙述，计算机图像处理技术随着数学、统计学和计算机水平的不断提高而出现许多新的方法，为计算机图像处理提供了有力的工具。另外，由于农业生产系统的复杂性，所获取的原始图像中存在着复杂的背景，同时由于获取图像的技术手段和环境因素造成图像的畸变，要从中提取有效的信息，必须对图像进行预处理，计算机图像处理技术的发展使其成为可能并已经做了大量工作。应用计算机图像处理技术提取的农业信息可以分为几何形态结构的信息、纹理特征的信息和光谱特征的信息。

1）几何形状结构信息的提取。农田群体几何形状信息包括叶面积指数、覆盖率、田间基本苗数、田间作物动态生长状态等，通过计算机对农田作物群体图像的几何形状进行处理可以获得整个农田的形态结构的信息，实现对农田整体结构的监控，以求得到最佳的栽培模式。个体形状的信息，如个体植株的生长动态，个体形态特征，植株某个器官、组织、细胞的形态特征等，了解这些信息，可以实现对于不同类型植株进行分类，如对紧凑型玉米和伸展型玉米可以通过计算机图像处理的方法获得其株型的特征信息，省去人工测量计算的烦琐工作，其效率、精确度、准确度都明显地提高，对合理选择株型和育种工作都有很大的帮助；对生物组织、细胞和细胞内的亚显微结构也可以通过显微摄影获得图像，再通过计算机图像方法进行处理，是各种生物形态学的一个新的发展方向。

2）纹理特征信息的提取。所谓纹理特征就是图像中灰度和颜色的二维变化图案，是图像中被研究对象所具有的重要特征之一。纹理具有规则和不规则之分，对于规则的纹理可以用结构的方法进行分析，而对于不规则的纹理则需要用统计的方法进行分析。纹理特征的计算方法有直方图法、灰度共生矩阵法和傅里叶变换法等。

农田生物系统中的大部分生物具有纹理特征，提取生物的纹理特征信息对于鉴别生物种类具有特别重要的意义，也是动、植物和微生物分类学的新的研究方向。在昆虫学上，某些昆虫成虫翅的纹理具有特征性，将这些昆虫翅的特征性纹理建成纹理特征信息库，为昆虫学的研究和鉴别昆虫的种类开辟了新的研究领域。某些真菌包子的表面也具有纹理特征性，通过图像处理提取其特征信息也可以建立纹理特征信息库。以上方法可用于农田病虫害的防治，做到对症对虫下药，提高防治效果，是植保工作强有力的工具。高等植物的花粉粒外表也具有特征性纹理，提取这些特征性纹理不仅可以作为植物分类工作的有力工具，而且有助于育种工作的进一步发展。从宏观上讲，不同作物、不同栽培方式、不同密度下的农田都具有不同的纹理特征，不同作物之间的不同套作方式也具有不同的纹理特征，不同生育期的作物其冠丛的表面也具有不同的纹理特征，提取这些纹理特征可以为研究栽培模式提供依据，是农业栽培学的一个重要的研究方向。

3）颜色特征信息的提取。色度也即色调，用于反映颜色的种类，如红、黄、绿、蓝、紫等；饱和度反映某种颜色的深浅，如同为红色，但由于饱和度不同又可分为深红、浅红；亮度表示肉眼所感觉的颜色明亮程度。人眼对于颜色的亮度感觉与颜色的不同光谱分布有关，对于各种不同的颜色，尽管它们以相同的量（即相同的发光强度）照到人眼上，亮度感觉却不同。色度、饱和度和亮度是色的三要素。

颜色特征信息的提取由计算机图像处理技术完成，计算机图像处理技术也可以提取农田作物的颜色特征信息，其颜色特征反映在色度、饱和度和亮度的变化上，不同作物种类具有不同的颜色特征，同种作物不同品种的颜色特征也有所不同。在不同的栽培条件下，栽培密度不同造成透光率不同，使作物叶绿体的形成和光合作用受到影响，都可以反映到颜色的变化上。农作物的不同生育阶段各个器官的各种色素的含量也不相同，生理功能不同，因此这些信息也能在彩色图像中反映出来。

农作物遭受到病虫害侵袭以后，其形态结构和颜色发生一系列的变化，主要表现在叶色的变化，叶片、植株的变形，叶片内组织结构的变化，叶绿素等色素含量的变化以及叶片上残留物的产生等。这些变化的结果使受病虫害的作物在颜色特征性和形态上发生很大的变化，这些变化可以通过计算机图像处理方法观察得到，从而能够快捷地对农田进行大面积的监测。

### （六）　农田环境生物信息采集与处理系统在农业上的应用

计算机农业生物环境信息采集与处理系统中，农田环境生物信息采集与处理系统是很重要的一个子系统，它直接与农作物生产发生联系，该系统主要反映作物的各种生物学信息，因此农田环境生物信息在农业生产系统的应用地位非常重要。

**1. 农业环境生物形态结构信息的应用**

农业生产栽培中主要研究作物的形态结构、作物产量的形成、作物的生理功能，因此，应用农田环境生物信息采集与处理系统可以获得有关这几个方面的信息，如能应用计算机图像处理进行部分整体结构指标（如覆盖率、群体株高等）和个体所有形态结构指标的处理。现已经成功地应用计算机图像处理技术提取不同品种玉米单株的形态结构特征，如株高、叶长、叶夹角、穗长、叶弦长、不同叶片的叶位等，这些信息不仅为农作物育种工作提供理论依据，而且可为农作物栽培提供可靠的数据。

在形态结构信息处理软件方面北京农业大学应用物理系做过了一些工作，主要应用计算机图像处理技术和多元统计方法进行真菌孢子纹理的模式识别。各种不同种类真菌孢子的纹理特征用计算机图像处理技术和多元统计的方法提取，找出它们的最显著的差异，能迅速地鉴别不同种类的真菌孢子，作为真菌分类的依据。在农业真菌病害的发生和分类的研究中，采用纹理模式识别可以达到快速识别的目的，是植物病害检疫的主要手段，这一系列的处理软件包括灰度处理、直方图处理、色彩处理、逐步判别回归、多重判别、聚类分析等。

应用计算机图像处理技术的色度学原理可以研究各种农作物不同生育阶段，不同器官的颜色变化，农作物的缺素症，为农业栽培措施的制定提供理论依据。

### 2. 农业生物物质组成研究的应用

在农业生物物质组成方面，国内外已经利用漫反射光谱法成功地进行了作物产量的预测和草原草场的估产。在谷物成分测定、叶绿素等光合作用色素含量的测定方面也取得了成功，这些测定全部利用漫反射光谱法进行。测定过程所使用的数据处理软件基本上使用弱信息提取技术和化学计量学多组分信息处理的方法，做到了在复杂背景下多组分同时测定。

### 3. 生理生态研究的应用

通过生物信息采集与处理系统，可以得到大量的植物生理学知识，加深对作物群体的实际生产能力、影响作物产量的群体结构以及环境因子的认识，研究的最终目的在于弄清整个农田物质和能量系统的动态变化过程及其影响该过程变化的各因素之间的相互关系。

例如，作物群体的光合作用不仅与环境条件光照、$CO_2$ 浓度、温度、湿度的变化有关，而且还与作物自身叶绿素含量、光合作用系统的种类和作物群体形态结构等因素有关，通过信息采集再进行计算机处理，进行微机模拟试验，可以得到在不同自然条件下不同作物的不同栽培方式，该方式可以通过计算机传送给各个终端指导农业生产。

这方面的研究工作已在日本用于计算机信息采集与处理。利用 $C_3$ 型水稻、小麦、大豆、马铃薯、甘薯、$C_4$ 型玉米、甘蔗和 CAM 型的菠萝等 8 种作物，在几个气候条件差异很大的地区以同样的栽培管理方式种植，通过生长分析法进行干物质积累过程和叶面积变化以及干物质产量，能量—产量的研究，同时测定气象因素，研究气象条件对干物质生产的影响，特别是以太阳能利用率为主要研究对象。

### 4. 病虫害研究防治的应用

利用计算机图像处理方法，依据真菌孢子的纹理特征进行分类已经取得了成功。对昆虫的分类工作正在进行之中。

在病虫害预测预报方面，利用信息采集与处理系统可以随时获取农作物的漫反射光谱或获取其图像，通过预测模型进行随时监测，也可以通过环境及群体结构因子进行病虫害的预测预报，将获取的信息处理后，定时地通过终端传送给农业工作者，能将病虫害消灭于萌芽之势。

# 参考文献 《

## 一、著作类

[1] 傅江华．农村经营管理［M］．北京：中国农业出版社，2016．

[2] 傅泽田，张领先，李鑫星．互联网＋现代农业：迈向智慧农业时代［M］．北京：电子工业出版社，2016．

[3] 李勇亮，万妮，张学芳．现代农业与生产经营［M］．北京：中国农业科学技术出版社，2016．

[4] 廖飞，黄志强．现代农业生产经营［M］．石家庄：河北科学技术出版社，2019．

[5] 刘西涛，王炜．现代农业发展政策研究［M］．北京：中国财富出版社，2016．

[6] 孙月强．计算机技术与农业现代化［M］．成都：电子科技大学出版社，2015．

[7] 万忠，林伟君，邓保国．农业经济信息管理实用技能［M］．广州：中山大学出版社，2012．

[8] 王人潮，史舟．农业信息科学与农业信息技术［M］．北京：中国农业出版社，2003．

[9] 吴沛良．现代农业建设迈上新台阶［M］．南京：江苏人民出版社，2015．

[10] 衣明圣，曹德贵，杨光领．现代农业生产经营［M］．北京：中国林业出版社，2017．

## 二、期刊类

[1] 白硕．论农业信息化与农民增收［J］．农村经济，2003，（6）：57-59．

[2] 陈宏金，邱新棉．信息技术给农业带来的契机［J］．中国农学通报，2000，16（6）：50-51．

[3] 董亮．计算机网络技术与信息农业发展［J］．西北农林科技大学学报（社会科学版），2005，5（6）：21-24．

[4] 范慧敏．对我国农业生产经营模式的思考［J］．商场现代化，2006，（19）：157-158．

[5] 耿玉春．我国农业生产经营模式的演变及今后的选择［J］．山西师大学报（社会科学版），2004，31（4）：5-9．

[6] 郭斌．农业企业"公司＋农户"的生产经营模式创新［J］．西北农林科技大学学报（社会科学版），2014，（6）：76-82．

[7] 胡成胜．着力创新农业生产经营体制机制［J］．农业经济，2013，（7）：16-17．

[8] 黄元仿，李韵珠，李保国，等．区域农田土壤水和氮素行为的模拟［J］．水利学报，

2001，(11)：87-92.

[9] 冀名峰，李琳. 农业生产托管：农业服务规模经营的主要形式 [J]. 农业经济问题，2020，(1)：68-75.

[10] 金登宇. 农业生产经营体制创新中的农业高职教育改革探索 [J]. 高等农业教育，2014，(6)：96-99.

[11] 李虹. 论信息技术与我国农业的发展 [J]. 农业经济，2006，(2)：65-66.

[12] 李佳，黄席樾. 智能化信息技术在农业中的应用 [J]. 重庆邮电学院学报（自然科学版），2001，13（zl）：96-97.

[13] 李宛燚. 以生产经营组织化加快推进农业产业化 [J]. 农业经济，2010，(5)：11-12.

[14] 李应林，高素华. 利用人工增雨为农田需水服务的信息系统框架 [J]. 干旱区研究，2004，21（3）：246-249.

[15] 林兰芬，王瑞松，于鹏华. 基于GIS的农田小气候环境可视监测系统 [J]. 农业机械学报，2015，46（3）：254-260.

[16] 刘静. 新型农业生产经营主体的生产效率研究 [J]. 中国农业资源与区划，2017，38（1）：157-161.

[17] 刘立杰. 计算机技术在现代农业中的应用 [J]. 湖北农业科学，2009，48（11）：2911-2912.

[18] 刘燕德，应义斌. 信息技术的发展与农业生态工程创新 [J]. 农机化研究，2003，(2)：9-11.

[19] 刘渝琴，吴琳，雷昊. 信息技术在设施农业上的应用 [J]. 种子，2006，25（6）：97-98.

[20] 刘雨辰，王佳，陈云霁，等. 计算机系统模拟器研究综述 [J]. 计算机研究与发展，2015，52（1）：3-15.

[21] 罗锡文，廖娟，邹湘军，等. 信息技术提升农业机械化水平 [J]. 农业工程学报，2016，32（20）：1-14.

[22] 隋玉银. 谈我国农业生产经营主体的发展方向 [J]. 经济问题，2005，(8)：59-60.

[23] 王国刚，刘合光，钱静斐，等. 中国农业生产经营主体变迁及其影响效应 [J]. 地理研究，2017，36（6）：1081-1090.

[24] 王亚东，徐晓飞，黄梯云，等. 农业种植业计算机集成应用研究 [J]. 情报学报，2002，21（3）：314-318.

[25] 杨洪伟. 以计算机为核心的信息技术在农业领域的应用 [J]. 安徽农业科学，2007，35（2）：619-620.

[26] 姚自立，张红. 农业现代化进程中农民生产经营观念的变迁 [J]. 西北农林科技大学学报（社会科学版），2016，16（4）：30-35.

[27] 张良，谢佳慧，徐翔. 空气污染、生产资料与农业生产经营 [J]. 财经问题研究，2017，(10)：119-125.

[28] 张社梅，冉瑞平，蒋远胜. 当前构建新型农业生产经营体系面临的问题与对策 [J].

现代经济探讨，2014，（10）：49-52，56.

[29] 张淑杰，班显秀，纪瑞鹏，等 . 基于 GIS 的农田土壤含水量预报方法研究 ［J］. 土壤通报，2010，（5）：1043-1047.

[30] 章云兰，郑江平，陈振宇 . 农业信息技术现状分析与我国的发展对策 ［J］. 浙江大学学报（农业与生命科学版），2001，27（2）：229-232.

[31] 赵中华，于新文 . 计算机及信息技术在日本农业上的应用 ［J］. 世界农业，2003，（10）：30-32.